21世纪高等学校计算机类
课程创新系列教材·微课版

Python程序设计

从基础开发到数据分析（第2版）微课版

夏敏捷 田地 / 主编

杨瑞敏 金秋 牛艳霞 陈海蕊 / 副主编

清华大学出版社

北京

内 容 简 介

本书以 Python 3.7 为编程环境，从基本的程序设计思想入手，逐步展开 Python 语言教学，是一本面向广大编程学习者的程序设计类图书。本书共分为三篇：基础篇、开发篇和提高篇，共 17 章。其中，基础篇（第 1～9 章）主要讲解 Python 的语法基础、控制语句、函数与模块、文件、面向对象程序设计、Tkinter 图形界面设计、数据库应用、网络编程和多线程等知识，并以小游戏案例作为各章的阶段性任务；开发篇（第 10 章和第 11 章）讲解函数式编程和 Python 文本处理；提高篇（第 12～17 章）介绍 Python 流行的第三方库，讲解 Pygame 游戏设计、科学计算和可视化应用、图像处理，以及数据挖掘、机器学习和数据分析工具 Pandas 等。本书的最大特色是以游戏开发案例为导向，让学习 Python 语言充满乐趣。书中不仅列出了完整的源代码，而且对所有的源代码进行了非常详细的解释，做到通俗易懂、图文并茂。

本书可作为高等院校相关专业 Python 课程的教材，也可作为 Python 语言学习者、程序设计人员和游戏编程爱好者的参考用书。

图书在版编目（CIP）数据

Python 程序设计：从基础开发到数据分析：微课版/夏敏捷，田地主编. —2 版. —北京：清华大学出版社，2022.1（2024.8重印）

21 世纪高等学校计算机类课程创新系列教材：微课版

ISBN 978-7-302-59010-1

Ⅰ．①P… Ⅱ．①夏… ②田… Ⅲ．①软件工具－程序设计－高等学校－教材 Ⅳ．①TP311.561

中国版本图书馆 CIP 数据核字（2021）第 176425 号

策划编辑：魏江江
责任编辑：王冰飞
封面设计：刘　键
责任校对：时翠兰
责任印制：曹婉颖

出版发行：清华大学出版社
　　　　网　　　址：https://www.tup.com.cn,https://www.wqxuetang.com
　　　　地　　　址：北京清华大学学研大厦 A 座　　　　　　邮　　编：100084
　　　　社 总 机：010-83470000　　　　　　　　　　　　邮　　购：010-62786544
　　　　投稿与读者服务：010-62776969，c-service@tup.tsinghua.edu.cn
　　　　质量反馈：010-62772015，zhiliang@tup.tsinghua.edu.cn
　　　　课件下载：https://www.tup.com.cn,010-83470236
印 装 者：三河市铭诚印务有限公司
经　　销：全国新华书店
开　　本：185mm×260mm　　　　印　　张：26.5　　　　字　　数：645 千字
版　　次：2019 年 7 月第 1 版　2022 年 1 月第 2 版　　印　　次：2024 年 8 月第 6 次印刷
印　　数：21001～23000
定　　价：69.80 元

产品编号：092382-01

前　言

党的二十大报告指出：教育、科技、人才是全面建设社会主义现代化国家的基础性、战略性支撑。必须坚持科技是第一生产力、人才是第一资源、创新是第一动力,深入实施科教兴国战略、人才强国战略、创新驱动发展战略,开辟发展新领域新赛道,不断塑造发展新动能新优势。高等教育与经济社会发展紧密相连,对促进就业创业、助力经济社会发展、增进人民福祉具有重要意义。

Python 语言自 20 世纪 90 年代初诞生至今,被广泛应用于处理系统管理任务和科学计算,是非常受欢迎的程序设计语言之一。

学习编程是工程专业学生教育的重要部分。除了直接的应用外,学习编程还是了解计算机科学本质的方法。计算机科学对现代社会产生了毋庸置疑的影响。Python 是一种解释型、面向对象、动态数据类型的高级程序设计语言,同时也是一门近乎"全能"的编程语言,可以使用 Python 进行网页数据采集、Web 开发、数据分析与挖掘、量化投资分析和游戏开发等。在 TIOBE 公布的 2021 年 10 月编程语言排行榜中,Python 首次排名处于第一位。TIOBE 排行榜能反映某个编程语言的热门程度,是作为当前业内程序开发语言的流行使用程度的有效指标。

本书编者长期从事程序设计语言的教学与应用开发,在长期的工作中积累了丰富的经验,了解在学习编程时需要什么样的书,如何提高 Python 开发能力,如何以最少的时间投入得到最快的实际应用。

本书内容

本书共分为三篇：基础篇、开发篇和提高篇,共 17 章。

基础篇(第 1～9 章)主要讲解 Python 的基础知识和面向对象编程基础,以及 Tkinter 图形界面设计、Python 数据库应用、网络编程和多线程等知识,第 3～9 章提供了应用本章知识点的游戏案例,例如猜单词、扑克牌、网络五子棋等。

开发篇(第 10 章和第 11 章)主要讲解函数式编程和 Python 文本处理。

提高篇(第 12～17 章)主要介绍 Python 最流行的第三方库,讲解 Pygame 游戏设计、科学计算和可视化应用、图像处理,以及数据挖掘、机器学习和数据分析工具 Pandas 等内容。

本书特点

(1) Python 程序设计涉及的范围非常广泛,本书的内容编排并不求全、求深,而是考虑零基础读者的接受能力,语法介绍以够用、实用和应用为原则,选择 Python 中必备、实用的知识进行讲解,强化对程序思维能力的培养。

（2）选取的游戏案例贴近生活，有助于提高学习兴趣。

（3）所有案例均提供详细的设计思路、关键技术分析和具体的解决方案，并且提供源码，可以正常运行。

需要说明的是，学习编程是一个实践的过程，而不只是看书、看资料的过程，亲自动手编写、调试程序才是至关重要的。通过实际的编程及积极的思考，读者可以很快地积累并掌握许多宝贵的编程经验，这些编程经验对开发者来说尤为宝贵。

本书配套资源丰富，包括教学大纲、教学课件、电子教案和程序源码，本书还提供 700 分钟的微课视频。

资源下载提示

课件等资源：扫描封底的"课件下载"二维码，在公众号"书圈"下载。

素材（源码）等资源：扫描目录上方的二维码下载。

在线作业：扫描封底的作业系统二维码，登录网站在线做题及查看答案。

视频等资源：扫描封底的文泉云盘防盗码，再扫描书中相应章节中的二维码，可以在线学习。

本书由夏敏捷（中原工学院）和田地（河南财政金融学院）主持编写，金秋（中原工学院）编写第 1 章和第 2 章，杨瑞敏（中原工学院）编写第 3 章和第 4 章，曲晓东（中原工学院）编写第 5 和 6 章，刘芳华（郑州轻工业大学）编写第 7～9 章，田地（河南财政金融学院）编写第 12 章和第 13 章，牛艳霞（中原工学院）编写第 14 章和第 15 章，陈海蕊（中原工学院）编写第 17 章，其余章节由夏敏捷编写。

在编写本书的过程中，为确保内容的正确性，编者参阅了很多资料，并且得到了中原工学院计算机学院的郑秋生教授和资深 Web 程序员的支持，在此谨向他们表示衷心的感谢。

由于编者水平有限，书中难免有疏漏之处，敬请广大读者批评指正。

夏敏捷

目 录

源码下载

基 础 篇

开　发　篇

提　高　篇

基 础 篇

第1章　Python 语言介绍

Python 是一种跨平台、开源、免费的解释型高级动态编程语言,Python 作为动态语言更适合初学者。Python 可以让初学者把精力集中在编程对象和思维方法上,而不用担心语法、类型等外在因素。Python 易于学习,拥有大量的库,可以高效地开发各种应用程序。本章介绍 Python 语言的优缺点、安装 Python 的方法和 Python 开发环境 IDLE 的使用。

1.1　Python 语言简介

视频讲解

Python 语言是在 1989 年由荷兰人吉多·范罗苏姆(Guido van Rossum)开发的一种编程语言,被广泛应用于处理系统管理任务和科学计算,是广受欢迎的程序设计语言之一。2011 年 1 月,Python 被 TIOBE 编程语言排行榜评为 2010 年度语言。自 2004 年以后,Python 的使用率呈线性增长,在 TIOBE 公布的 2020 年编程语言指数排行榜中,其排名处于第三位(前两位是 C 和 Java)。2019 年 9 月,根据 IEEE Spectrum 发布的研究报告显示,Python 已经成为世界上广受欢迎的程序设计语言之一。

Python 支持命令式编程、函数式编程,完全支持面向对象程序设计,语法简洁、清晰,并且拥有大量的几乎支持所有领域应用开发的成熟扩展库。

众多开源的科学计算软件包都提供了 Python 的调用接口,例如著名的计算机视觉库 OpenCV、三维可视化库 VTK、医学图像处理库 ITK。Python 专用的科学计算扩展库就更多了,例如十分经典的科学计算扩展库 Numpy、SciPy 和 Matplotlib,它们分别为 Python 提供了快速数组处理、数值运算及绘图功能。Python 语言及其众多的扩展库所构成的开发环境十分适合工程技术、科研人员处理实验数据、制作图表,甚至开发科学计算应用程序。

Python 为用户提供了非常完善的基础代码库,覆盖网络、文件、GUI、数据库、文本等大量内容。用 Python 进行开发,许多功能不必从零编写,直接使用现成的即可。除了内置的库外,Python 还有大量的第三方库,也就是别人开发的,供其他人直接使用的资源。当然,如果开发的代码通过很好的封装,也可以作为第三方库给其他人使用。Python 就像胶水一样,可以把多种不同语言编写的程序融合到一起实现无缝拼接,更好地发挥不同语言和工具的优势,满足不同应用领域的需求。所以 Python 程序看上去总是简单、易懂,初学者学 Python,不仅入门容易,而且将来容易深入下去,可以编写非常复杂的程序。

Python 同时支持伪编译,将 Python 源程序转换为字节码来优化程序和提高运行速度,可以在没有安装 Python 解释器和相关依赖包的平台上运行。

许多大型网站就是用 Python 开发的,例如 YouTube、Instagram,还有国内的豆瓣等。

很多大公司,包括 Google、Yahoo 等,甚至 NASA(美国航空航天局)都大量地使用 Python。

任何编程语言都有缺点,Python 的主要缺点如下:

(1) 运行速度慢。Python 和 C 程序相比非常慢,因为 Python 是解释型语言,代码在执行时会一行一行地翻译成 CPU 能理解的机器码,这个翻译过程非常耗时,所以很慢。而 C 程序是在运行前直接编译成 CPU 能执行的机器码,所以非常快。

(2) 代码不能加密。发布 Python 程序,实际上就是发布源代码,这一点跟 C 语言不同,C 语言不用发布源代码,只需要把编译后的机器码(也就是在 Windows 系统上常见的 xxx. exe 文件)发布出去。要从机器码反推出 C 代码是不可能的,所以,凡是编译型的语言,都没有这个问题,而解释型的语言,都必须把源代码发布出去。

(3) 用缩进来区分语句关系的方式给很多初学者带来了困惑。即便是很有经验的 Python 程序员也可能陷入陷阱当中。最常见的情况是 tab 和空格的混用会导致错误。

视频讲解

1.2　安装与配置 Python 环境

Python 是跨平台的,它可以运行在 Windows、Mac 和各种 Linux/UNIX 系统上。在 Windows 上编写的 Python 程序,放到 Linux 上也是能够运行的。

学习 Python 编程,首先需要把 Python 安装到计算机中。安装后,用户会得到 Python 解释器(负责运行 Python 程序)、一个命令行交互环境,还有一个简单的集成开发环境。

目前 Python 有两个版本,一个是 2. x 版,另一个是 3. x 版,这两个版本是不兼容的。由于 3. x 版越来越普及,本书将以 Python 3.7 版本为基础进行介绍。

1.2.1　安装 Python

1. 在 Mac 上安装 Python

如果使用 Mac,系统是 OS X 10.8～10.10,那么系统自带的 Python 版本是 2.7。如果要安装 Python 3.7,有以下两个方法。

方法一:从 Python 官网(http://www.python.org)下载 Python 3.7 的安装程序,双击运行并安装。

方法二:如果安装了 Homebrew,直接通过命令 brew install python3 安装即可。

2. 在 Linux 上安装 Python

如果使用 Linux,假定用户有 Linux 系统管理经验,下载 Python-3.7.0b4. tgz,使用解压命令 tar -zxvf Python-3.7.0b4. tgz,然后切换到解压的安装目录,执行如下命令:

```
[root@www python]#cd Python-3.7.0
[root@www Python-3.7.0]#./configure
[root@www Python-3.7.0]#make
[root@www Python-3.7.0]#makeinstall
```

至此,安装完成。

输入 python,如果出现下面的提示:

```
Python 3.7.0 (#1, Jun 16 2019, 14:04:52)
[GCC 4.1.1 20061130 (Red Hat 4.1.1 - 43)] on linux2
Type "help", "copyright", "credits" or "license" for more information.
```

则说明安装成功了。因为 Linux 系统版本不一样,所以第二行有可能不同。

3. 在 Windows 上安装 Python

首先根据 Windows 版本(64 位或 32 位)从 Python 的官方网站下载 Python 3.7 对应的 64 位安装程序或 32 位安装程序,然后运行下载的 exe 安装包。安装界面如图 1-1 所示。

图 1-1 在 Windows 上安装 Python 3.7 时的界面

特别要注意在图 1-1 中选中 Add Python 3.7 to PATH,然后单击 Install Now 即可完成安装。

1.2.2 运行 Python

安装成功后,输入 cmd,打开命令提示符窗口,输入 python 后,会出现如图 1-2 所示的命令提示符窗口。在该窗口中如果看到 Python 的版本信息,就说明 Python 安装成功。

图 1-2 命令提示符窗口

提示符>>>表示已经在 Python 交互式环境中了,可以输入任何 Python 代码,按 Enter 键后会立刻得到执行结果。如果输入 exit() 并按 Enter 键,可以退出 Python 交互式环境(直接关掉命令提示符窗口也可以)。

假如得到一个错误:"Python 不是内部或外部命令,也不是可运行的程序或批处理文件",这是因为 Windows 会根据 Path 环境变量设定的路径去查找 python. exe,如果没有找到,就会报错。如果在安装时漏掉了选中 Add Python 3.7 to PATH,那就要把 python. exe 所在的路径添加到 Path 环境变量中。如果用户不知道怎么修改环境变量,建议把 Python 安装程序重新运行一遍,务必记得选中 Add Python 3.7 to PATH。

1.3   Python 开发环境简介

1.3.1   IDLE 的启动

Python 开发环境 IDLE 是 Python 官方提供的交互式运行编程环境。在安装 Python 后,可单击"开始"按钮,通过选择"所有程序"→Python 3.7→IDLE(Python 3.7)来启动 IDLE。IDLE 启动后的初始窗口如图 1-3 所示。

图 1-3   IDLE 的交互式编程模式(Python Shell)初始窗口

如图 1-3 所示,启动 IDLE 后首先映入眼帘的是它的 Python Shell,通过它可以在 IDLE 内部使用交互式编程模式来执行 Python 命令。

如果使用交互式编程模式,那么直接在 IDLE 提示符>>>后面输入相应的命令并按 Enter 键执行即可,如果执行顺利,马上就可以看到执行结果,否则会抛出异常。

例如,查看已安装版本的方法如下(在 IDLE 界面中的标题栏上也可以直接看到):

```
>>> import sys
>>> sys.version
```

结果为:'3. 7. 2 (tags/v3. 7. 2:9a3ffc0492, Dec 23 2018, 23:09:28) [MSC v. 1916 64 bit (AMD64)]'

```
>>> 3 + 4
```

结果为:7

```
>>> 5/0
```

结果如下：

```
Traceback (most recent call last):
  File "<pyshell#3>", line 1, in <module>
    5/0
ZeroDivisionError: division by zero
```

除此之外，IDLE 还带有一个编辑器，用来编辑 Python 程序（或者脚本）文件；还有一个调试器，用来调试 Python 脚本。下面从 IDLE 的编辑器开始介绍。

用户可在 IDLE 界面中选择 File→New File 菜单项启动编辑器（如图 1-4 所示）来创建一个程序文件，输入代码并保存为文件（务必要保证扩展名为 .py）。

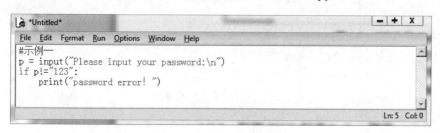

图 1-4   IDLE 的编辑器

1.3.2   利用 IDLE 创建 Python 程序

IDLE 为开发人员提供了许多有用的特性，例如自动缩进、语法高亮显示、单词自动完成及命令历史等，这些特性能够帮助开发人员有效地提高开发效率。下面通过一个实例对这些特性分别加以介绍。示例程序的源代码如下：

```
#示例一
p = input("Please input your password:\n")
if p!= "123":
    print("password error!")
```

由图 1-4 可知，不同部分颜色不同，即所谓语法高亮显示。默认时，关键字（如 if）显示为橘红色，注释（如 #示例一）显示为红色，字符串（如"Please input your password:\n"）显示为绿色，解释器的输出显示为蓝色。在输入代码时会自动应用这些颜色突出显示。语法高亮显示的好处是可以更容易区分不同的语法元素，从而提高可读性；与此同时，语法高亮显示还降低了出错的可能性。例如，如果输入的变量名显示为橘红色，那么就需要注意了，这说明该名称与预留的关键字冲突，必须给变量更换名称。

单词自动完成指的是，当用户输入单词的一部分后，从 Edit 菜单中选择 Expand Word 项，或者直接按 Alt+/组合键自动完成该单词。

当在 if 关键字所在行的冒号后面按 Enter 键后，IDLE 自动进行了缩进。在一般情况下，IDLE 将代码缩进一级，即 4 个空格。如果想改变这个默认的缩进量，可以从 Format 菜单中选择 New Indent Width 项进行修改。对初学者来说，需要注意尽管自动缩进功能非常方便,但是不能完全依赖它,因为有时候自动缩进未必完全符合我们的要求,所以还需要仔细检查一下。

在创建好程序之后,从 File 菜单中选择 Save 项保存程序。如果是新文件,会弹出 Save As 对话框,可以在该对话框中指定文件名和保存位置。保存后,文件名会自动显示在屏幕顶部的蓝色标题栏中。如果文件中存在尚未存盘的内容,标题栏中文件名的前后会有星号出现。

1.3.3 IDLE 的常用编辑功能

下面介绍编写 Python 程序时常用的 IDLE 选项,按照不同的菜单分别列出,供初学者参考。

对于 Edit 菜单,除了前面介绍的几个选项之外,常用的选项及解释如下。

➢ Undo:撤销上一次的修改。
➢ Redo:重复上一次的修改。
➢ Cut:将所选文本剪切至剪贴板。
➢ Copy:将所选文本复制到剪贴板。
➢ Paste:将剪贴板中的文本粘贴到光标所在的位置。
➢ Find:在窗口中查找单词或模式。
➢ Find in Files:在指定的文件中查找单词或模式。
➢ Replace:替换单词或模式。
➢ Go to Line:将光标定位到指定的行首。

对于 Format 菜单,常用的选项及解释如下。

➢ Indent Region:使所选内容右移一级,即增加缩进量。
➢ Dedent Region:使所选内容左移一级,即减少缩进量。
➢ Comment Out Region:将所选内容变成注释。
➢ Uncomment Region:去除所选内容每行前面的注释符。
➢ New Indent Width:重新设定制表位的缩进宽度,范围为 2~16,宽度为 2 相当于一个空格。
➢ Expand Word:单词自动完成。
➢ Toggle Tabs:打开或关闭制表位。

1.3.4 在 IDLE 中运行和调试 Python 程序

1. 运行 Python 程序

如果要使用 IDLE 执行程序,可以从 Run 菜单中选择 Run Module 菜单项(或按 F5 快捷键),该菜单项的功能是执行当前文件。对于示例程序,运行情况如图 1-5 所示。

用户输入的密码是 777,由于错误,输出"password error!"。

2. 使用 IDLE 的调试器调试程序

在软件开发过程中总免不了出现这样或那样的错误,其中有语法方面的,也有逻辑方面的。对于语法错误,Python 解释器能很容易地检测出来,这时它会停止程序的运行并给出错误提示。对于逻辑错误,解释器就鞭长莫及了,这时程序会一直执行下去,但得到的运行结果是错误的。所以,开发人员经常需要对程序进行调试。

图 1-5 程序运行界面

最简单的调试方法是直接显示程序数据,例如可以在某些关键位置用 print 语句显示出变量的值,从而确定有没有出错。但是这个办法比较麻烦,因为开发人员必须在所有可疑的地方都插入打印语句。等到程序调试完后,还必须将这些打印语句全部清除。

除此之外,还可以使用调试器进行调试。利用调试器,可以分析被调试程序的数据,并监视程序的执行流程。调试器的功能包括暂停程序的执行、检查和修改变量、调用方法而不更改程序代码等。IDLE 也提供了一个调试器,帮助开发人员来查找逻辑错误。下面简单介绍 IDLE 中调试器的使用方法。

在 Python Shell 窗口中选择 Debug 菜单下的 Debugger 菜单项,就可以启动 IDLE 的交互式调试器。这时 IDLE 会打开如图 1-6 所示的 Debug Control 的调试窗口,在 Python Shell 窗口中输出[DEBUG ON]并且其后跟一个提示符>>>。这样就能像平时那样使用这个 Python Shell 窗口了,只不过现在输入的任何命令都是在调试器下。

图 1-6 Debug Control 的调试窗口

可以在 Debug Control 窗口中查看局部变量和全局变量等有关内容。如果要退出调试器,可以再次选择 Debug 菜单的 Debugger 菜单项,IDLE 会关闭 Debug Control 窗口,并在 Python Shell 窗口中输出[DEBUG OFF]。

Python 语言介绍

1.3.5 在 PyCharm 中运行和调试 Python 程序

PyCharm 是一款功能强大的 Python IDE(集成开发环境),带有一整套可以帮助用户在使用 Python 语言进行开发时提高其效率的工具,例如调试、语法高亮、Project 管理、代码跳转、智能提示、自动完成、单元测试、版本控制等。另外,PyCharm 还提供了一些很好的功能用于 Django 开发,同时支持 Google App Engine。这些功能使 PyCharm 成为 Python 专业开发人员和初学者开发工具的首选。

1. 安装 PyCharm 程序

以下是 PyCharm 的下载地址:

http://www.jetbrains.com/pycharm/download/#section=windows

进入该网站后,可以看到有 professional 专业版、community 社区版,推荐安装社区版,因为它是免费使用的。双击下载好的 exe 文件进行安装,首先选择安装目录,因为 PyCharm 需要的内存较多,建议将其安装在 D 盘或者 E 盘;在安装过程中根据自己的计算机选择 32 位还是 64 位,然后单击 Install 按钮就开始安装了。

2. 新建 Python 程序项目

在 PyCharm 中选择 File→Create New Project,进入 Create Project 对话框界面,其中的 Location 是选择新建的 Python 程序的存储位置和项目名(例如 C:\Users\xmj\PycharmProjects\my1),选择好后单击 Create 按钮。

在进入如图 1-7 所示的窗口后,右击项目名 my1,然后选择 New→Python File,在弹出的对话框中填写文件名(例如 first.py)。

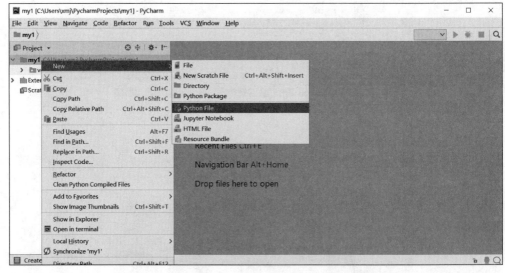

图 1-7 PyCharm 窗口

3. 运行和调试 Python 程序

编写好 Python 程序的代码以后,在编写代码的窗口中右击,然后选择"Run first(程序的文件名)",就可以运行 Python 程序。另外,也可以选择菜单 Run→Run first(程序的文件名)命令运行 Python 程序。在如图 1-8 所示窗口的下端可以看到运行结果。

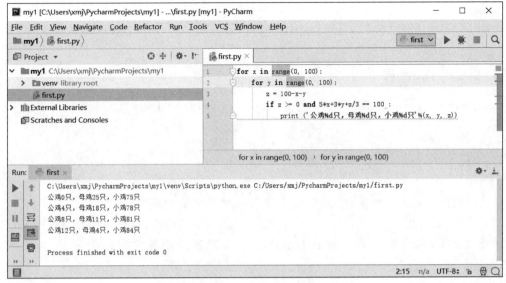

图 1-8　PyCharm 程序文件的编辑窗口

调试 Python 程序的步骤如下。

（1）设置断点。在需要调试的代码块的那一行的行号的右边单击，将出现一个红色的圆点标志，这就是断点（如图 1-9 所示的第 3 行）。

（2）右击代码编辑区后选择 Debug first（程序的文件名）命令调试程序；或者在工具栏上选择运行的文件 first.py，单击 Debug 图标按钮 ❈。

（3）在图 1-9 中下部显示出 Debugger 控制台面板。单击 Step Over 按钮 ⏬ 开始逐步调试，每单击一次执行一步。在解释区显示变量内容。

（4）执行完最后一步，解释区会被清空。在整个过程中能清楚地看到代码的运行位置。

图 1-9　PyCharm 调试窗口

12

1.4 Python 的基本输入与输出

1.4.1 Python 的基本输入

用 Python 进行程序设计,输入是通过 input() 函数来实现的。input() 的一般格式如下:

```
x = input('提示: ')
```

该函数返回输入的对象,可输入数字、字符串和其他任意类型对象。

尽管 Python 2.7 和 Python 3.7 的形式一样,但是它们对该函数的解释略有不同。在 Python 2.7 中,该函数返回结果的类型由输入值时所使用的界定符决定,例如下面的 Python 2.7 代码:

```
>>> x = input("Please input:")
Please input:3                          ♯没有界定符,整数
>>> print type(x)
< type 'int'>
>>> x = input("Please input:")
Please input:'3'                        ♯单引号,字符串
>>> print type(x)
< type 'str'>
```

在 Python 2.7 中还有一个内置函数 raw_input() 也可以用来接收用户输入的值。与 input() 函数不同的是,raw_input() 函数返回结果的类型均为字符串,而不论用户使用什么界定符。

在 Python 3.7 中不存在 raw_input() 函数,只提供了 input() 函数用来接收用户的键盘输入。在 Python 3.7 中,不论用户输入数据时使用什么界定符,input() 函数的返回结果都是字符串,需要将其转换为相应的类型再处理,相当于 Python 2.7 中的 raw_input() 函数。例如下面的 Python 3.7 代码:

```
>>> x = input('Please input:')
Please input:3
>>> print(type(x))
< class 'str'>
>>> x = input('Please input:')
Please input:'1'
>>> print(type(x))
< class 'str'>
>>> x = input('Please input:')
Please input:[1,2,3]
>>> print(type(x))
< class 'str'>
```

1.4.2 Python 的基本输出

Python 2.7 和 Python 3.7 的输出方法也不完全一样。在 Python 2.7 中使用 print 语句进行输出,而在 Python 3.7 中使用 print()函数进行输出。

另外一个重要的不同是,对于 Python 2.7 而言,在 print 语句之后加上逗号","表示输出内容之后不换行,例如:

```
for i in range(10):
    print i,
```

结果:0 1 2 3 4 5 6 7 8 9

在 Python 3.7 中,为了实现上述功能需要使用下面的方法:

```
for i in range(10,20):
    print(i, end = ' ')
```

结果:10 11 12 13 14 15 16 17 18 19

1.5　Python 代码规范

本书介绍 Python 代码规范。

(1) 缩进。Python 程序是依靠代码块的缩进来体现代码之间的逻辑关系的,缩进结束就表示一个代码块结束了。对于类定义、函数定义、选择结构、循环结构,行尾的冒号表示缩进的开始。同一个级别的代码块的缩进量必须相同。

例如:

```
for i in range(10):          #循环输出数字 0～9
    print(i, end = ' ')
```

一般而言,以 4 个空格为基本缩进单位,而不要使用制表符 tab。可以在 IDLE 开发环境中通过下面的操作进行代码块的缩进和反缩进:选择 Format→Indent Region/Dedent Region 命令。

(2) 注释。一个好的、可读性强的程序一般包含 20% 以上的注释。常用的注释方法主要有以下两种。

方法一:以 # 开始,表示本行 # 之后的内容为注释。

```
#循环输出数字 0～9
for i in range(10):
    print(i, end = ' ')
```

方法二:包含在一对三引号'''…'''或"""…"""之间且不属于任何语句的内容将被解释

器认为是注释。

```
'''循环输出数字 0~9,可以为多行文字'''
for i in range(10):
    print(i, end = ' ')
```

在 IDLE 开发环境中可以通过下面的操作快速注释/解除注释大段内容：选择 Format→ Comment Out Region/Uncomment Region 命令。

（3）每个 import 只导入一个模块,而不要一次导入多个模块。

```
>>> import math                    ♯ 导入 math 数学模块
>>> math.sin(0.5)                  ♯ 求 0.5 的正弦
>>> import random                  ♯ 导入 random 随机模块
>>> x = random.random()            ♯ 获得[0,1)内的随机小数
>>> y = random.random()
>>> n = random.randint(1,100)      ♯ 获得[1,100]内的随机整数
```

import math/import random 可以一次导入多个模块,在语法上可以,但不提倡。

import 的次序是,先 import Python 内置模块,再 import 第三方模块,最后 import 自己开发的项目中的其他模块。

不要使用 from module import * ,除非是 import 常量定义模块或其他可以确保不会出现命名空间冲突的模块。

（4）如果一行语句太长,可以在行尾加上反斜杠"\"来换行分成多行,但是建议使用圆括号来包含多行内容。例如：

```
x = '这是一个非常长非常长非常长非常长 \
    非常长非常长非常长非常长非常长的字符串'       ♯ 加上"\"来换行
x = ('这是一个非常长非常长非常长非常长 '
    '非常长非常长非常长非常长非常长的字符串')       ♯ 圆括号中的行会连接起来
```

又如：

```
if (width == 0 and height == 0 and
    color == 'red' and emphasis == 'strong'):   ♯ 圆括号中的行会连接起来
    y = '正确'
else:
    y = '错误'
```

（5）必要的空格与空行。运算符两侧、函数参数之间、逗号两侧建议使用空格分开。不同功能的代码块之间、不同的函数定义之间建议增加一个空行,以增加可读性。

（6）在常量名中所有字母大写,由下画线连接各个单词。在类名中首字母大写。例如：

```
WHITE = 0XFFFFFF
THIS_IS_A_CONSTANT = 1
```

1.6　使　用　帮　助

使用 Python 的帮助对学习和开发都是很重要的。在 Python 中可以使用 help()方法
来获取帮助信息,使用格式如下:

```
help(对象)
```

下面分 3 种情况进行说明。

1. 查看内置函数和类型的帮助信息

在 IDLE 环境下输入以下命令:

```
>>> help(max)
```

此时将出现内置 max 函数的帮助信息,如图 1-10 所示。

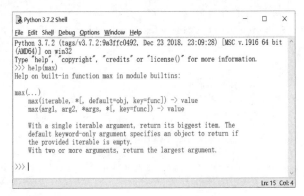

图 1-10　内置 max 函数的帮助信息

在 IDLE 环境下输入以下命令可以查看类型的帮助信息:

```
>>> help(list)        ♯可以获取 list 列表类型的成员方法
>>> help(tuple)       ♯可以获取 tuple 元组类型的成员方法
```

2. 查看模块中的成员函数信息

例如:

```
>>> import os
>>> help(os.fdopen)
```

该例查看 os 模块中的 fdopen 成员函数信息,得到如下提示:

```
Help on function fdopen in module os:
fdopen(fd, * args, ** kwargs)
    ♯Supply os.fdopen()
```

Python 语言介绍

3. 查看整个模块的信息

使用 help(模块名)就能查看整个模块的帮助信息。注意,先用 import 导入该模块。例如,查看 math 模块的方法如下:

```
>>> import math
>>> help(math)
```

该模块的帮助信息如图 1-11 所示。

图 1-11　math 模块的帮助信息

查看 Python 中所有模块(modules)的方法如下:

```
help("modules")
```

1.7　习　　题

1. Python 语言有哪些特点和缺点?
2. Python 的基本输入与输出函数是什么?
3. 如何在 IDLE 中运行和调试 Python 程序?
4. 为什么要在程序中加入注释? 怎么在程序中加入注释?

第 2 章　Python 语法基础

数据类型是程序中最基本的概念,确定了数据类型,才能确定变量的存储及操作。表达式是用来计算求值的式子。数据类型和表达式是程序员编写程序的基础。因此,本章所介绍的内容都是进行 Python 程序设计的基础。

2.1　Python 数据类型

视频讲解

计算机可以处理各种数值。计算机能处理的远不止数值,还可以处理文本、图形、音频、视频、网页等各种各样的数据。不同的数据需要定义不同的数据类型。

2.1.1　数值类型

Python 数值类型用于存储数值。Python 支持以下 4 种不同的数值类型。

➤ 整型(int):通常被称为整数,可以是正整数或负整数,不带小数点。

➤ 长整型(long):无限大小的整数,整数最后是一个大写或小写的 L。在 Python 3 中只有 int,没有 Python 2 中的 long。

➤ 浮点型(float):由整数部分和小数部分组成。浮点型也可以使用科学记数法表示,例如 2.78e2 就是 $2.78 \times 10^2 = 278$。

➤ 复数(complex):由实数部分和虚数部分构成,可以用 a+bj 或者 complex(a,b)表示,复数的虚部以字母 j 或 J 结尾,例如 2+3j。

数据类型是不允许改变的,这就意味着如果改变数据类型的值,将重新分配内存空间。

2.1.2　字符串

字符串是 Python 中最常用的数据类型,可以使用引号来创建字符串。Python 不支持字符类型,单字符在 Python 中也作为一个字符串使用。在 Python 中可以使用单引号、双引号或 3 个引号来表示字符串。

1. 创建和访问字符串

创建字符串很简单,只要为变量分配一个值即可。例如:

```
var1 = 'Hello World!'
var2 = "Python Programming"
```

Python 访问子字符串,可以使用方括号来截取字符串。例如:

```
var1 = 'Hello World!'
var2 = "Python Programming"
print("var1[0]: ", var1[0])        # 取索引 0 的字符,注意索引号从 0 开始
print("var2[1:5]: ", var2[1:5])    # 切片
```

以上实例的执行结果如下：

```
var1[0]: H
var2[1:5]: ytho
```

说明：切片是字符串(或序列等)后跟一个方括号,方括号中有一对可选的数字,并用冒号分隔,例如[1:5]。切片操作中的第一个数(冒号之前)表示切片开始的位置,第二个数(冒号之后)表示切片到哪里结束。

如果在切片操作中没有指定第一个数,Python 就从字符串(或序列等)首开始。如果没有指定第二个数,Python 会停止在字符串(或序列等)尾。注意,返回的切片内容从开始位置开始,刚好在结束位置之前结束。例如[1:5]取第 2 个字符到第 6 个字符之前的字符(第 5 个字符)。

2. Python 转义字符

当需要在字符中使用特殊字符时,Python 用反斜杠(\)转义字符,如表 2-1 所示。

表 2-1 Python 转义字符

转 义 字 符	描　　述	转 义 字 符	描　　述
\(在行尾时)	续行符	\n	换行
\\	反斜杠符号	\v	纵向制表符
\'	单引号	\t	横向制表符
\"	双引号	\r	回车
\a	响铃	\f	换页
\b	退格(Backspace)	\e	转义
\oyy	八进制数 yy 代表的字符,例如:\o12 代表换行	\000	空
\xyy	十六进制数 yy 代表的字符,例如:\x0a 代表换行		

3. Python 字符串运算符

Python 字符串运算符如表 2-2 所示。实例中变量 a 的值为字符串"Hello",变量 b 的值为"Python"。

表 2-2 Python 字符串运算符

运算符	描　　述	实　　例
+	字符串的连接	a+b 输出的结果：HelloPython
*	重复输出字符串	a*2 输出的结果：HelloHello
[]	通过索引获取字符串中的字符	a[1]输出的结果：e
[:]	截取字符串中的一部分	a[1:4]输出的结果：ell
in	成员运算符,如果字符串中包含给定的字符则返回 True	'H' in a 输出的结果：True

运算符	描　　述	实　　例
not in	成员运算符,如果字符串中不包含给定的字符则返回 True	'M' not in a 输出的结果：True
r 或 R	原始字符串,所有的字符串都是直接按照字面的意思来使用,没有转义特殊或不能打印的字符。原始字符串除在字符串的第一个引号前加上字母"r"(可以为大写或小写)以外,与普通字符串有着几乎完全相同的语法	print(r'\n prints \n')和 print(R'\n prints \n')

4. 字符串的格式化

Python 支持格式化字符串的输出,尽管这样可能会用到非常复杂的表达式,其最基本的用法是将一个值插入有字符串格式符的模板中。

在 Python 中,字符串的格式化使用与 C 语言中的 printf 函数一样的语法。例如：

```
print ("我的名字是 %s 年龄是 %d " % ('xmj', 41))
```

Python 用一个元组将多个值传递给模板,每个值对应一个字符串格式符。上例将'xmj'插入%s 处,将 41 插入%d 处,所以输出结果如下：

```
我的名字是 xmj 年龄是 41
```

Python 字符串格式化符如表 2-3 所示。

表 2-3　Python 字符串格式化符

符号	描　　述	符号	描　　述
%c	格式化字符	%f	格式化浮点数,可指定小数点后的精度
%s	格式化字符串	%e	用科学记数法格式化浮点数
%d	格式化十进制整数	%E	作用同%e,用科学记数法格式化浮点数
%u	格式化无符号整数	%g	%f 和%e 的简写
%o	格式化八进制数	%G	%f 和%E 的简写
%x	格式化十六进制数	%p	用十六进制数格式化变量的地址
%X	格式化十六进制数(大写)		

字符串格式化举例：

```
charA = 65
charB = 66
print("ASCII 码 65 代表: %c" % charA)
print("ASCII 码 66 代表: %c" % charB)
Num1 = 0xFF
Num2 = 0xAB03
print('转换成十进制分别为: %d 和 %d' % (Num1, Num2))
Num3 = 1200000
print('转换成科学记数法为: %e' % Num3)
Num4 = 65
print('转换成字符为: %c' % Num4)
```

输出结果如下：

```
ASCII 码 65 代表：A
ASCII 码 66 代表：B
转换成十进制分别为：255 和 43779
转换成科学记数法为：1.200000e+06
转换成字符为：A
```

2.1.3　布尔类型

Python 支持布尔类型的数据，布尔类型只有 True 和 False 两种值，但是布尔类型有以下几种运算。

（1）and（与运算）：只有当两个布尔值都为 True 时，计算结果才为 True。

```
True and True      ♯结果是 True
True and False     ♯结果是 False
False and True     ♯结果是 False
False and False    ♯结果是 False
```

（2）or（或运算）：只要有一个布尔值为 True，计算结果就为 True。

```
True or True       ♯结果是 True
True or False      ♯结果是 True
False or True      ♯结果是 True
False or False     ♯结果是 False
```

（3）not（非运算）：把 True 变为 False，或者把 False 变为 True。

```
not True    ♯结果是 False
not False   ♯结果是 True
```

布尔运算在计算机中用来做条件判断，根据计算结果为 True 或者 False，计算机可以自动执行不同的后续代码。

在 Python 中，布尔类型还可以与其他数据类型做 and、or 和 not 运算，这时下面的几种情况会被认为是 False：为 0 的数，包括 0、0.0；空字符串''、""；表示空值的 None；空集合，包括空元组（）、空序列[]、空字典{}。其他的值都为 True。例如：

```
a = 'python'
print(a and True)      ♯结果是 True
b = ''
print(b or False)      ♯结果是 False
```

2.1.4　空值

空值是 Python 中一个特殊的值，用 None 表示。它不支持任何运算，也没有任何内置函数方法。None 和任何其他的数据类型比较永远返回 False。在 Python 中未指定返回值的函数会自动返回 None。

2.1.5　Python 的数值类型转换

Python 的数值类型转换函数如表 2-4 所示。

表 2-4　Python 的数值类型转换函数

函　　数	描　　述
int(x [,base])	将 x 转换为一个整数
long(x [,base])	将 x 转换为一个长整数
float(x)	将 x 转换为一个浮点数
complex(real [,imag])	创建一个复数
str(x)	将对象 x 转换为字符串
repr(x)	将对象 x 转换为表达式字符串
eval(str)	用来计算在字符串中的有效 Python 表达式,并返回一个对象
tuple(s)	将序列 s 转换为一个元组
list(s)	将序列 s 转换为一个列表
chr(x)	将一个 ASCII 整数(Unicode 编码)转换为一个字符
ord(x)	将一个字符转换为它的 ASCII 整数值(汉字为 Unicode 编码)
bin(x)	将整数 x 转换为二进制字符串,例如 bin(24) 的结果是 '0b11000'
oct(x)	将整数 x 转化为八进制字符串,例如 oct(24) 的结果是 '0o30'
hex(x)	将整数 x 转换为十六进制字符串,例如 hex(24) 的结果是 '0x18'
chr(i)	返回整数 i 对应的 ASCII 字符,例如 chr(65) 的结果是 'A'

例如:

```
x = 20                      # 八进制为 24
y = 345.6
print(oct(x))               # 打印结果是 0o24
print(int(y))               # 打印结果是 345
print(float(x))             # 打印结果是 20.0
print(chr(65))              # A 的 ASCII 为 65,打印结果是 A
print(ord('B'))             # B 的 ASCII 为 66,打印结果是 66
print(ord('中'))            # '中'的 Unicode 为 20013,打印结果是 20013
print(chr(20018))           # '串'的 Unicode 为 20018,打印结果是'串'
```

2.2　变量和常量

视频讲解

2.2.1　变量

变量的概念基本上和初中代数方程中的变量一致,只是在计算机程序中变量不仅可以是数,还可以是任意数据类型。

变量在程序中用一个变量名表示,变量名必须是大小写英文字母、数字和_的组合,且不能以数字开头。例如:

```
a = 1             #变量 a 是一个整数
t_007 = 'T007'    #变量 t_007 是一个字符串
Answer = True     #变量 Answer 是一个布尔值 True
```

在 Python 中,等号"="是赋值语句,可以把任意数据类型赋值给变量,同一个变量可以反复赋值,而且可以是不同类型的变量。例如:

```
a = 123           #a 是整数
a = 'ABC'         #a 变为字符串
```

这种变量本身类型不固定的语言称为动态语言,与之对应的是静态语言。静态语言在定义变量时必须指定变量类型,如果赋值的时候类型不匹配,就会报错。例如,C 语言是静态语言,赋值语句如下(//表示注释):

```
int a = 123;      // a 是整型变量
a = "ABC";        // 错误,不能把字符串赋给整型变量
```

和静态语言相比动态语言更灵活就是这个原因。

不要把赋值语句的等号等同于数学中的等号。例如下面的代码:

```
x = 10
x = x + 2
```

如果从数学上理解 x = x + 2,那么无论如何都是不成立的。在程序中,赋值语句先计算右侧的表达式 x + 2,得到结果 12,再赋给变量 x。由于 x 之前的值是 10,重新赋值后 x 的值变成 12。

理解变量在计算机内存中的表示也非常重要。例如:

```
a = 'ABC'
```

Python 解释器做了以下两件事情:

(1) 在内存中创建一个'ABC'的字符串。

(2) 在内存中创建一个名为 a 的变量,并把它指向'ABC',如图 2-1 所示。

图 2-1 变量 a 指向'ABC'

另外,也可以把一个变量 a 赋值给另一个变量 b,这个操作实际上是把变量 b 指向变量 a 所指向的数据。例如下面的代码:

```
a = 'ABC'
b = a
a = 'XYZ'
print(b)
```

最后一行打印出变量 b 的内容到底是'ABC'还是'XYZ'呢？如果从数学意义上理解，就会错误地得出 b 和 a 相同，也应该是'XYZ'，但实际上 b 的值是'ABC'。我们一行一行地执行代码，就可以看到到底发生了什么事。

（1）执行 a = 'ABC'，Python 解释器创建了字符串'ABC'和变量 a，并把 a 指向'ABC'。

（2）执行 b = a，解释器创建了变量 b，并把 b 指向 a 指向的字符串'ABC'，如图 2-2 所示。

（3）执行 a = 'XYZ'，解释器创建了字符串'XYZ'，并把 a 的指向改为'XYZ'，但 b 没有更改，如图 2-3 所示。

图 2-2　变量 a、b 指向'ABC'　　　图 2-3　变量 a 指向'XYZ'

所以，最后打印变量 b 的结果自然是'ABC'了。

当变量不再需要时，Python 会自动回收内存空间，也可以使用 del 语句删除一些变量。del 语句的语法如下：

```
del var1[,var2[,var3[…,varN]]]
```

可以通过使用 del 语句删除单个或多个变量对象。例如：

```
del a                #删除单个变量对象
del a, b             #删除多个变量对象
```

2.2.2　常量

所谓常量就是不能变的变量，例如常用的数学常数 π 就是一个常量。在 Python 中，通常用全部大写的变量名表示常量。例如：

```
PI = 3.14159265359
```

但事实上 PI 仍然是一个变量，Python 根本没有任何机制保证 PI 不会被改变，所以用全部大写的变量名表示常量只是一个习惯上的用法，实际上可以改变变量 PI 的值。

2.3　运算符与表达式

在程序中，表达式是用来计算求值的，它是由运算符（操作符）和运算数（操作数）组成的式子。运算符是表示进行某种运算的符号。运算数包含常量、变量和函数等。例如，表达式 4 + 5，在这里 4 和 5 被称为运算数，+ 被称为运算符。

下面分别对 Python 中的运算符和表达式进行介绍。

Python 语法基础

2.3.1 运算符

Python 语言支持以下几种运算符：算术运算符、关系(即比较)运算符、逻辑运算符、赋值运算符、位运算符、成员运算符、标识运算符。

1. 算术运算符

算术运算符实现数学运算。Python 语言中的算术运算符如表 2-5 所示。假设其中的变量 a＝10,变量 b＝20。

表 2-5 Python 语言中的算术运算符

运算符	描述	示例
＋	加法	a ＋ b ＝ 30
－	减法	a － b ＝ －10
＊	乘法	a ＊ b ＝ 200
/	除法	b / a ＝ 2
％	模运算符或称求余运算符,返回余数	b ％ a ＝ 0 7％3＝1
＊＊	指数,执行对操作数的幂计算	a ＊＊ b ＝ 10^{20}(10 的 20 次方)
//	整除,其结果是将商的小数点后的数舍去	9//2 ＝4,而 9.0//2.0 ＝ 4.0

注意:

① Python 语言中的算术表达式的乘号(＊)不能省略。例如,数学式 $b^2 － 4ac$ 相应的表达式应该写成 b ＊ b-4 ＊ a ＊ c。

② Python 表达式中只能出现字符集允许的字符。例如,数学式 πr^2 相应的表达式应该写成 math.pi ＊ r ＊ r,其中 math.pi 是 Python 已经定义的模块变量。

例如:

```
>>> import math
>>> math.pi
```

其结果为 3.141592653589793。

③ Python 语言中的算术表达式只使用圆括号改变运算的优先顺序(不能使用{}或[ ]),可以使用多层圆括号,此时左右括号必须配对,运算时从内层括号开始,由内向外依次计算表达式的值。

2. 关系运算符

关系运算符用于对两个值进行比较,运算结果为 True(真)或 False(假)。Python 语言中的关系运算符如表 2-6 所示。假设其中的变量 a＝10,变量 b＝20。

表 2-6 Python 语言中的关系运算符

运算符	描述	示例
＝＝	检查两个操作数的值是否相等,如果是则结果为 True	(a ＝＝ b)为 False
!=	检查两个操作数的值是否相等,如果否则结果为 True	(a != b)为 True
＞	检查左操作数的值是否大于右操作数的值,如果是则结果为 True	(a ＞ b)为 False
＜	检查左操作数的值是否小于右操作数的值,如果是则结果为 True	(a ＜ b)为 True
＞＝	检查左操作数的值是否大于或等于右操作数的值,如果是则结果为 True	(a ＞＝ b)为 False
＜＝	检查左操作数的值是否小于或等于右操作数的值,如果是则结果为 True	(a ＜＝ b)为 True

关系运算符的优先级低于算术运算符。例如,a+b>c 等价于(a+b)>c。

3. 逻辑运算符

在 Python 中提供了以下 3 种逻辑运算符。

➤ and:逻辑与,二元运算符。

➤ or:逻辑或,二元运算符。

➤ not:逻辑非,一元运算符。

设 a 和 b 是两个参加运算的逻辑量,a and b 的意义是:当 a、b 均为真时,表达式的值为真;否则为假。a or b 的含义是:当 a、b 均为假时,表达式的值为假;否则为真。not a 的含义是:当 a 为假时,表达式的值为真;否则为假。逻辑运算符如表 2-7 所示。

表 2-7   Python 语言中的逻辑运算符

运算符	描　　述	示　　例
and	逻辑与运算符。如果两个操作数都是真(非零),则结果为真	(True and True)为 True
or	逻辑或运算符。如果两个操作数至少一个为真(非零),则结果为真	(True or False)为 True
not	逻辑非运算符,用于反转操作数的逻辑状态。如果操作数为真,将返回 False;否则返回 True	not (True)为 False

例如:

```
x = True
y = False
print("x and y = ", x and y)
print("x or y = ", x or y)
print("not x = ", not x)
print("not y = ", not y)
```

以上实例的执行结果如下:

```
x and y = False
x or y = True
not x = False
not y = True
```

注意:

① x>1 and x<5 是判断某数 x 是否大于 1 且小于 5 的逻辑表达式。

② 如果逻辑表达式的操作数不是逻辑值 True 和 False,Python 则将非零作为真,将零作为假进行运算。

例如,当 a=0,b=4 时,a and b 的结果为假(0),a or b 的结果为真。

```
>>> a = 0
>>> b = 4
>>> print(a and b)        #结果为 0
0
>>> print(a or b)         #结果为 4
4
```

说明：Python 中的 or 是从左到右计算表达式,返回第一个为真的值。

在 Python 中若逻辑值 True 作为数值则为 1,若逻辑值 False 作为数值则为 0。

例如：

```
>>> True + 5      # 结果为 6
6
```

由于 True 作为数值则为 1,所以 True+5 的结果为 6。

又如：

```
>>> False + 5     # 结果为 5
5
```

由于 False 作为数值则为 0,所以 False+5 的结果为 5。

4. 赋值运算符

赋值运算符"="的一般格式如下：

```
变量 = 表达式
```

它表示将其右侧的表达式求出结果,赋给其左侧的变量。例如：

```
i = 3 * (4 + 5)          # i 的值变为 27
```

说明：

① 赋值运算符的左边必须是变量,右边可以是常量、变量、函数调用或由常量、变量、函数调用组成的表达式。例如：

```
x = 10
y = x + 10
y = func()
```

都是合法的赋值表达式。

② 赋值符号"="不同于数学中的等号,它没有相等的含义。

例如,x=x+1 是合法的(在数学上不合法)。它的含义是取出变量 x 的值加 1,再存放到变量 x 中。

赋值运算符如表 2-8 所示。

表 2-8   Python 语言中的赋值运算符

运算符	描　　述	示　　例
=	直接赋值	c = a
+=	加法赋值	c += a 相当于 c = c + a
-=	减法赋值	c -= a 相当于 c = c - a

运算符	描　述	示　例
*=	乘法赋值	c *= a 相当于 c = c * a
/=	除法赋值	c /= a 相当于 c = c / a
%=	取模赋值	c %= a 相当于 c = c % a
**=	指数幂赋值	c **= a 相当于 c = c ** a
//=	整除赋值	c //= a 相当于 c = c // a

5. 位运算符

位(bit)是计算机中表示信息的最小单位,位运算符作用于位和位操作。Python 中的位运算符如下:&(按位与)、|(按位或)、^(按位异或)、~(按位求反)、<<(左移)、>>(右移)。

位运算符是对其操作数按其二进制形式逐位进行运算,参加位运算的操作数必须为整数,下面分别进行介绍。假设 a = 60 且 b = 13,现在以二进制格式表示它们的位运算,如下:

```
a   =       0011 1100
b   =       0000 1101
a&b =       0000 1100
a|b =       0011 1101
a^b =       0011 0001
~a  =       1100 0011
```

1) &(按位与)

运算符"&"将其两边的操作数的对应位逐一进行逻辑与运算。每位二进制数(包括符号位)均参加运算。例如:

```
        a = 3
        b = 18
        c = a & b
        a   0000   0011
 &      b   0001   0010
        c   0000   0010
```

所以,变量 c 的值为 2。

2) |(按位或)

运算符"|"将其两边的操作数的对应位逐一进行逻辑或运算。每位二进制数(包括符号位)均参加运算。例如:

```
        a = 3
        b = 18
        c = a | b
        a   0000   0011
 |      b   0001   0010
        c   0001   0011
```

所以,变量 c 的值为 19。

注意: 尽管在位运算过程中按位进行逻辑运算,但位运算表达式的值不是一个逻辑值。

3) ^(按位异或)

运算符"^"将其两边的操作数的对应位逐一进行逻辑异或运算。每位二进制数(包括符号位)均参加运算。异或运算的定义是: 若对应位相异,则结果为 1; 若对应位相同,则结果为 0。

例如:

```
a = 3
b = 18
c = a^ b
a    0000 0011
^    b    0001 0010
c    0001 0001
```

所以,变量 c 的值为 17。

4) ～(按位求反)

运算符"～"是一元运算符,结果为将操作数的对应位逐一取反。

例如:

```
a = 3
c = ～a
～    a    00000011
c    11111100
```

所以,变量 c 的值为 -4。因为补码形式带符号二进制数的最高位为 1,所以是负数。

5) <<(左移)

设 a、n 是整型量,左移运算的一般格式为 a<<n,其意义是将 a 按二进制位向左移动 n 位,移出的高 n 位舍弃,低 n 位补 n 个 0。

例如 a=7,a 的二进制形式是 0000 0000 0000 0111,做 x=a<<3 运算后 x 的值是 0000 0000 0011 1000,其十进制数是 56。

左移一位,相当于乘以 2 的操作; 左移 n 位,相当于乘以 2^n 的操作。

左移运算有溢出问题,因为整数的最高位是符号位,当左移一位时,若符号位不变,则相当于乘以 2 的操作,若符号位变化,就发生溢出。

6) >>(右移)

设 a、n 是整型量,右移运算的一般格式为 a>>n,其意义是将 a 按二进制位向右移动 n 位,移出的低 n 位舍弃,高 n 位补 0 或 1。若 a 是有符号的整型数,则高位补符号位; 若 a 是无符号的整型数,则高位补 0。

右移一位,相当于除以 2 的操作; 右移 n 位,相当于除以 2^n 的操作。例如:

```
>>> a = 7
>>> x = a >> 1
>>> print(x)      # 输出结果为 3
```

a=7,做 x=a>>1 运算后 x 的值是 3。

6. 成员运算符

除了前面讨论的运算符以外,Python 语言中还提供了成员运算符,用于判断序列中是否有某个成员。成员运算符如表 2-9 所示。

表 2-9　Python 语言中的成员运算符

运算符	描　述	示　例
in	x in y,如果 x 是序列 y 的成员,则计算结果为 True;否则为 False	3 in [1,2,3,4]的计算结果为 True 5 in [1,2,3,4]的计算结果为 False
not in	x not in y,如果 x 不是序列 y 的成员,则计算结果为 True;否则为 False	3 not in [1,2,3,4]的计算结果为 False 5 not in [1,2,3,4]的计算结果为 True

7. 标识运算符

标识运算符用于比较两个对象的内存位置。标识运算符如表 2-10 所示。

表 2-10　Python 语言中的标识运算符

运算符	描　述	示　例
is	如果操作符两侧的变量指向相同的对象,计算结果为 True;否则为 False	如果 id(x)的值为 id(y),x 为 y,这里结果是 True
is not	如果两侧的变量操作符指向相同的对象,计算结果为 False;否则为 True	当 id(x)不等于 id(y)时,x 不为 y,这里结果是 True

8. 运算符的优先级

当在一个表达式中出现多种运算时,将按照预先确定的顺序计算并解析各部分,这个顺序称为运算符的优先级。当表达式中包含不止一种运算符时,按照表 2-11 所示的优先级规则进行计算。表 2-11 列出了从最高优先级到最低优先级的所有运算符。

表 2-11　Python 语言中运算符的优先级

优先级	运　算　符	描　述	优先级	运　算　符	描　述
1	**	幂	8	<=、<、>、>=	关系(即比较)运算符
2	~、+、-	求反、一元加号、一元减号	9	==、!=	关系(即比较)运算符
3	*、/、%、//	乘、除、取模、整除	10	=、%=、/=、//=、-=、+=、*=、**=	赋值运算符
4	+、-	加法、减法	11	is、is not	标识运算符
5	>>、<<	左、右按位移动	12	in、not in	成员运算符
6	&	按位与	13	not、or、and	逻辑运算符
7	^、|	按位异或、按位或			

2.3.2 表达式

表达式是一个或多个运算的组合。Python语言的表达式与其他语言的表达式没有显著的区别。每个符合Python语言规则的表达式的计算都能得到一个确定的值。对于常量、变量的运算和对于函数的调用都可以构成表达式。

在本书后续章节中介绍的序列、函数、对象都可以成为表达式的一部分。

2.4　序列数据结构

数据结构是计算机存储、组织数据的方式。序列是Python中最基本的数据结构。序列中的每个元素都分配一个数字，即它的位置或索引，第一个索引是0，第二个索引是1，以此类推。另外，也可以使用负数索引值访问元素，-1表示最后一个元素，-2表示倒数第二个元素。序列都可以进行的操作包括索引、截取(切片)、加、乘以及成员检查。Python已经内置确定序列的长度以及确定最大和最小元素的方法。Python内置序列类型最常见的是列表、元组和字符串。另外，Python提供了字典和集合这样的数据结构，它们属于无顺序的数据集合体，不能通过位置索引来访问数据元素。

视频讲解

2.4.1 列表

列表(list)是最常用的Python数据类型，列表的数据项不需要具有相同的类型。列表类似其他语言的数组，但功能比数组强大得多。

创建一个列表，只要把用逗号分隔的不同数据项使用方括号括起来即可。实例如下：

```
list1 = ['中国', '美国', 1997, 2000]
list2 = [1, 2, 3, 4, 5]
list3 = ["a", "b", "c", "d"]
```

列表的索引从0开始。列表可以进行截取(切片)、组合等操作。

1. 访问列表中的值

可以使用下标索引来访问列表中的值，同样也可以使用方括号切片的形式截取。例如：

```
list1 = ['中国', '美国', 1997, 2000]
list2 = [1, 2, 3, 4, 5, 6, 7]
print("list1[0]: ", list1[0] )
print("list2[1:5]: ", list2[1:5] )
print("list2[1:-2]: ", list2[1:-2] )      #索引号-2,实际上就是正索引号5
print("list2[1:5:2]: ", list2[1:5:2] )    #步长(step)是2,当步长为负数时,表示反向切片
print("list2[::-1]: ", list2[::-1])       #切片实现倒序输出
```

以上实例的输出结果如下：

```
list1[0]: 中国
list2[1:5]: [2, 3, 4, 5]
list2[1:-2]: [2, 3, 4, 5]
```

```
list2[1:5:2]: [2, 4]
list2[::-1]: [7, 6, 5, 4, 3, 2, 1]
```

2. 更新列表

可以对列表的数据项进行修改或更新。实例如下:

```
list = ['中国', 'chemistry', 1997, 2000]
print("Value available at index 2: ")
print(list[2] )
list[2] = 2001;
print("New value available at index 2: ")
print(list[2] )
```

以上实例的输出结果如下:

```
Value available at index 2:
1997
New value available at index 2:
2001
```

3. 删除列表的元素

方法一:使用 del 语句删除列表的元素。实例如下:

```
list1 = ['中国', '美国', 1997, 2000]
print(list1)
del list1[2]
print("After deleting value at index 2: ")
print(list1)
```

以上实例的输出结果如下:

```
['中国', '美国', 1997, 2000]
After deleting value at index 2:
['中国', '美国', 2000]
```

方法二:使用 remove()方法删除列表的元素。实例如下:

```
list1 = ['中国', '美国', 1997, 2000]
list1.remove(1997)
list1.remove('美国')
print(list1)
```

以上实例的输出结果如下:

```
['中国', 2000]
```

方法三：使用 pop()方法删除列表中指定位置的元素,无参数时删除最后一个元素。实例如下：

```
list1 = ['中国', '美国', 1997, 2000]
list1.pop(2)                ♯ 删除位置 2 的元素 1997
list1.pop()                 ♯ 删除最后一个元素 2000
print(list1)
```

以上实例的输出结果如下：

```
['中国', '美国']
```

4. 添加列表元素

可以使用 append()方法在列表末尾添加元素。实例如下：

```
list1 = ['中国', '美国', 1997, 2000]
list1.append(2003)
print(list1)
```

以上实例的输出结果如下：

```
['中国', '美国', 1997, 2000, 2003]
```

5. 列表的排序

Python 列表有一个内置的 list.sort()排序方法,可以对原列表进行排序,还有一个 sorted()内置函数,它会从原列表构建一个新的排序列表。例如：

```
list1 = [5, 2, 3, 1, 4]
list1.sort()                       ♯ list1 是[1, 2, 3, 4, 5]
```

调用 sorted()函数即可,它会返回一个新的已排序列表。

```
list1 = [5, 2, 3, 1, 4]
list2 = sorted([5, 2, 3, 1, 4])      ♯ list2 是[1, 2, 3, 4, 5],list1 不变
```

list.sort() 和 sorted() 可以接受布尔值的 reverse 参数,这用于标记是否降序排序。

```
list1 = [5, 2, 3, 1, 4]
list1.sort(reverse = True)          ♯ list1 是[5, 4, 3, 2, 1],True 是降序排序,False 是升序排序
```

6. 定义多维列表

可以将多维列表视为列表的嵌套,即多维列表的元素值也是一个列表,只是维度比父列表小 1。二维列表(即其他语言的二维数组)的元素值是一维列表,三维列表的元素值是二

维列表。例如定义一个存储成绩信息的二维列表：

```
a = ["张海",90,80,70]        #3门课程(语文、数学、英语)的成绩
b = ["李晶晶",98,88,77]
c = ["黄晓佶",99,89,77]
score = [a,b,c]
```

score 就是一个二维列表，其中每个元素本身又是一个列表。另外，还可以直接创建二维列表，而不需要创建 a、b、c 列表。

```
score = [['张海', 90, 80, 70], ['李晶晶', 98, 88, 77], ['黄晓佶', 99, 89, 77]]
```

二维列表比一维列表多一个索引，可以如下获取元素：

```
列表名[索引 1][索引 2]
```

二维列表可以看成二维表格，通过索引 1(行索引)和索引 2(列索引)获取元素值。例如获取张海的第 2 门课(数学)的成绩：

```
print(score[0][2])
```

定义 3 行 6 列的二维列表，打印出元素值。

```
rows = 3
cols = 6
matrix = [[0 for col in range(cols)] for row in range(rows)]    #通过列表生成式生成二维列表
for i in range(rows):
    for j in range(cols):
        matrix[i][j] = i * 3 + j
        print(matrix[i][j],end = ",")
    print('\n')
```

以上实例的输出结果如下：

```
0,1,2,3,4,5,
3,4,5,6,7,8,
6,7,8,9,10,11,
```

列表生成式即 List Comprehensions，它是 Python 内置的一种极其强大的生成 list 的表达式，详见 3.2.5 节。本例中第 3 行生成的列表如下：

matrix = [[0, 0, 0, 0, 0, 0], [0, 0, 0, 0, 0, 0], [0, 0, 0, 0, 0, 0]]

7. Python 列表的操作符

列表的＋和＊操作符与字符串相似。＋用于组合列表，＊用于重复列表。Python 列表的操作符如表 2-12 所示。

表 2-12　Python 列表的操作符

Python 表达式	描　述	结　果
len([1，2，3])	长度	3
[1，2，3] + [4，5，6]	组合	[1，2，3，4，5，6]
['Hi!'] * 4	重复	['Hi!'，'Hi!'，'Hi!'，'Hi!']
3 in [1，2，3]	判断元素是否存在于列表中	True
for x in [1，2，3]：print(x, end=" ")	迭代	1 2 3

Python 列表的方法和内置函数如表 2-13 所示。假设列表名为 list。

表 2-13　Python 列表的方法和内置函数

方法和内置函数	描　述
list. append(obj)	在列表末尾添加新的对象
list. count(obj)	统计某个元素在列表中出现的次数
list. extend(seq)	在列表末尾一次性追加另一个序列中的多个值(用新列表扩展原来的列表)
list. index(obj)	从列表中找出某个值的第一个匹配项的索引位置
list. insert(index, obj)	将对象插入列表
list. pop(index)	移除列表中的一个元素(默认最后一个元素)，并且返回该元素的值
list. remove(obj)	移除列表中某个值的第一个匹配项
list. reverse()	反转列表中元素的顺序
list. sort([func])	对原列表进行排序
len(list)	内置函数，返回列表中元素的个数
max(list)	内置函数，返回列表中元素的最大值
min(list)	内置函数，返回列表中元素的最小值
list(seq)	内置函数，将元组转换为列表

视频讲解

2.4.2　元组

Python 的元组(tuple)与列表类似，不同之处在于元组的元素不能修改。元组使用圆括号()，列表使用方括号[]。元组中的元素类型也可以不相同。

1. 创建元组

元组的创建很简单，只需要在圆括号中添加元素，并使用逗号隔开即可。实例如下：

```
tup1 = ('中国', '美国', 1997, 2000)
tup2 = (1, 2, 3, 4, 5 )
tup3 = "a", "b", "c", "d"
```

如果创建空元组，只需写一个空括号即可。

```
tup1 = ()
```

当元组中只包含一个元素时，需要在第一个元素的后面添加逗号。

```
tup1 = (50,)
```

元组与字符串类似,下标索引从 0 开始,可以进行截取、组合等操作。

2. 访问元组

可以使用下标索引来访问元组中的值。实例如下:

```
tup1 = ('中国', '美国', 1997, 2000)
tup2 = (1, 2, 3, 4, 5, 6, 7 )
print("tup1[0]: ", tup1[0])          ♯输出元组的第 1 个元素
print("tup2[1:5]: ", tup2[1:5])      ♯切片,输出从第 2 个元素开始到第 5 个元素
print(tup2[2:])                      ♯切片,输出从第 3 个元素开始的所有元素
print(tup2 * 2)                      ♯输出元组两次
```

以上实例的输出结果如下:

```
tup1[0]: 中国
tup2[1:5]: (2, 3, 4, 5)
(3, 4, 5, 6, 7)
(1, 2, 3, 4, 5, 6, 7, 1, 2, 3, 4, 5, 6, 7)
```

3. 元组的连接

元组中的元素值是不允许修改的,但可以对元组进行连接组合。实例如下:

```
tup1 = (12, 34,56)
tup2 = (78, 90)
♯tup1[0] = 100          ♯修改元组中元素的操作是非法的
tup3 = tup1 + tup2      ♯连接元组,创建一个新的元组
print(tup3)
```

以上实例的输出结果如下:

```
(12, 34,56, 78, 90)
```

4. 删除元组

元组中的元素值是不允许删除的,但可以使用 del 语句来删除整个元组。实例如下:

```
tup = ('中国', '美国', 1997, 2000);
print(tup)
del tup
print("After deleting tup: ")
print(tup)
```

以上实例的元组被删除后,输出变量时会有异常信息,如下所示:

Python 语法基础

```
('中国', '美国', 1997, 2000)
After deleting tup:
NameError: name 'tup' is not defined
```

5. 元组的操作符

与字符串一样,元组之间可以使用＋和 * 操作符进行运算。这就意味着它们可以组合和复制,运算后会生成一个新的元组。Python 元组的操作符如表 2-14 所示。

表 2-14　Python 元组的操作符

Python 操作符	描　　述	结　　果
len((1, 2, 3))	计算元素的个数	3
(1, 2, 3) + (4, 5, 6)	连接	(1, 2, 3, 4, 5, 6)
('a','b') * 4	复制	('a','b','a','b','a','b','a','b')
3 in (1, 2, 3)	判断元素是否存在	True
for x in (1, 2, 3): print(x, end=" ")	遍历元组	1 2 3

Python 元组有如表 2-15 所示的内置函数。

表 2-15　Python 元组的内置函数

内置函数	描　　述	内置函数	描　　述
len(tuple)	计算元组中元素的个数	min(tuple)	返回元组中元素的最小值
max(tuple)	返回元组中元素的最大值	tuple(seq)	将列表转换为元组

例如:

```
tup1 = (12, 34, 56, 6, 77)
y = min(tup1)
print(y)              #输出结果为 6
```

注意:可以使用元组一次性对多个变量赋值。例如:

```
>>>(x,y,z) = (1,2,3)    #或者 x,y,z = 1,2,3
>>> print(x,y,z)        #输出结果为 1 2 3
```

如下代码可以实现 x、y 的交换:

```
>>> x,y = y,x
>>> print(x,y)         #输出结果为 2 1
```

6. 元组与列表的转换

因为元组中的元素值不能改变,所以可以将元组转换为列表,从而改变数据。实际上列表、元组和字符串之间是可以互相转换的,需要使用 3 个函数,即 str()、tuple()和 list()。

可以使用下面的方法将元组转换为列表:

列表对象＝list(元组对象)

例如：

```
tup = (1, 2, 3, 4, 5)
list1 = list(tup)          #元组转换为列表
print(list1)               #返回[1, 2, 3, 4, 5]
```

可以使用下面的方法将列表转换为元组：

元组对象＝tuple（列表对象）

例如：

```
nums = [1, 3, 5, 7, 8, 13, 20]
print(tuple(nums))         #列表转换为元组,返回(1, 3, 5, 7, 8, 13, 20)
```

将列表转换成字符串的代码如下：

```
nums = [1, 3, 5, 7, 8, 13, 20]
str1 = str(nums)  #列表转换为字符串,返回含方括号及逗号的'[1, 3, 5, 7, 8, 13, 20]'字符串
print(str1[2])    #打印出逗号,因为字符串中索引号为2的元素是逗号
num2 = ['中国', '美国', '日本', '加拿大']
str2 = "%"
str2 = str2.join(num2)     #用百分号连接起来的字符串——'中国％美国％日本％加拿大'
str2 = ""
str2 = str2.join(num2)     #用空字符连接起来的字符串——'中国美国日本加拿大'
```

2.4.3 字典

视频讲解

Python 字典(dictionary)是一种可变容器模型,且可存储任意类型对象,例如字符串、数字、元组等其他容器模型。字典也被称作关联数组或哈希表。

1. 创建字典

字典由键和对应值(key=> value)成对组成。字典中每个键/值对中的键和值用冒号分隔,键/值对之间用逗号分隔,整个字典包括在花括号中。其创建字典的基本语法如下：

```
d = {key1: value1, key2: value2 }
```

另外也可以用 dict()函数形式创建字典,即 d＝dict(key1＝value1,key2＝value2)。

注意：键必须是唯一的,但值不必。值可以取任何数据类型,但键必须是不可变的,例如字符串、数字或元组。

一个简单的字典实例如下：

```
dict = {'xmj': 40,'zhang': 91,'wang': 80}
dict1 = dict(xmj = 40 , zhang = 91 , wang = 80)      #注意此处是函数关键字参数
```

也可以如下方式创建字典：

37

```
dict1 = { 'abc': 456 };
dict2 = { 'abc': 123, 98.6: 37 };
```

字典有如下特性：

（1）字典值可以是任何 Python 对象，例如字符串、数字、元组等。

（2）不允许同一个键出现两次。在创建时如果同一个键被赋值两次，后一个值会覆盖前面的值。例如：

```
dict = {'Name': 'xmj', 'Age': 17, 'Name': 'Manni'};
print("dict['Name']: ", dict['Name']);
```

以上实例的输出结果如下：

```
dict['Name']: Manni
```

（3）键必须不可变，所以可以用数字、字符串或元组充当，用列表就不行。实例如下：

```
dict = {['Name']: 'Zara', 'Age': 7};
```

以上实例输出错误结果：

```
Traceback(most recent call last):
  File "< pyshell#0>", line 1, in < module>
    dict = {['Name']: 'Zara', 'Age': 7}
TypeError: unhashable type: 'list'
```

2. 访问字典中的值

在访问字典中的值时把相应的键放入方括号里。实例如下：

```
dict = {'Name': '王海', 'Age': 17, 'Class': '计算机一班'}
print("dict['Name']: ", dict['Name'])
print("dict['Age']: ", dict['Age'])
```

以上实例的输出结果如下：

```
dict['Name']: 王海
dict['Age']: 17
```

如果用字典中没有的键访问数据，会输出错误信息：

```
dict = {'Name': '王海', 'Age': 17, 'Class': '计算机一班'}
print("dict['sex']: ", dict['sex'] )
```

由于没有 sex 键,以上实例输出错误结果:

```
Traceback(most recent call last):
  File "< pyshell♯10 >", line 1, in < module >
    print("dict['sex']: ", dict['sex'] )
KeyError: 'sex''
```

3. 修改字典

向字典添加新内容的方法是增加新的键/值对、修改或删除已有键/值对。实例如下:

```
dict = {'Name': '王海', 'Age': 17, 'Class': '计算机一班'}
dict['Age'] = 18                  #更新键/值对(update existing entry)
dict['School'] = "中原工学院"      #增加新的键/值对(add new entry)
print("dict['Age']: ", dict['Age'] )
print( "dict['School']: ", dict['School']);
```

以上实例的输出结果如下:

```
dict['Age']: 18
dict['School']: 中原工学院
```

4. 删除字典元素和字典

del()方法允许使用键从字典中删除元素(条目)。clear()方法可以清空字典中的所有元素。删除一个字典用 del 命令。实例如下:

```
dict = {'Name': '王海', 'Age': 17, 'Class': '计算机一班'}
del dict['Name']        #删除键是'Name'的元素(条目)
dict.clear()            #清空字典中的所有元素
del dict                #删除字典,用 del 命令删除后字典不再存在
```

5. in 运算

in 运算用于判断某键是否在字典中,对 value 值不适用。其功能与 has_key(key)方法相似,但 Python 3.x 不支持该方法。例如:

```
dict = {'Name': '王海', 'Age': 17, 'Class': '计算机一班'}
print('Age' in dict )     #等价于 print(dict.has_key('Age'))
```

以上实例的输出结果如下:

```
True
```

6. 获取字典中的所有值

dict.values()以列表形式返回字典中的所有值。在 Python 新版本中,此方法的返回类型实际上是 dict_values 类型(属于迭代器),可以通过 list()函数将 dict.values()返回类

型转换成列表。例如：

```
dict = {'Name': '王海', 'Age': 17, 'Class': '计算机一班'}
print(dict.values())            #返回类型为< class'dict_values'>
print(list(dict.values()))      #转换成列表
```

以上实例的输出结果如下：

```
dict_values(['王海', 17, '计算机一班'])
[17, '王海', '计算机一班']
```

7. 获取字典中的所有键

dict.keys()以列表形式返回字典中的所有键。在 Python 新版本中，此方法的返回类型实际上是 dict_ keys 类型(属于迭代器)，可以通过 list()函数将返回类型转换成列表。例如：

```
dict = {'Name': '王海', 'Age': 17, 'Class': '计算机一班'}
print(dict.keys())                              #返回类型为< class'dict_keys'>
print(list(dict.keys()))                        #转换成列表
```

以上实例的输出结果如下：

```
dict_keys(['Name', 'Age', 'Class'])
['Name', 'Age', 'Class']
```

8. items()方法

items()方法把字典中的每对 key 和 value 组成一个元组，并把这些元组放在列表中返回。此方法的返回类型实际上是 dict_ items 类型(属于迭代器)。

```
dict = {'Name': '王海', 'Age': 17, 'Class': '计算机一班'}
for key, value in dict.items():
    print( key, value)
```

以上实例输出结果：

```
Name 王海
Class 计算机一班
Age 17
```

注意：字典打印出来的顺序与创建之初的顺序不同，这不是错误。字典中的各个元素并没有顺序之分(因为不需要通过位置查找元素)，因此在存储元素时进行了优化，使字典的存储和查询效率最高。这也是字典和列表的另一个区别：列表保持元素的相对关系，即序列关系；而字典是完全无序的，也称为非序列。如果想保持一个集合中元素的顺序，需要使用列表，而不是字典。大家需要知道，从 Python 3.6 版本开始，字典进行优化后变成有顺序的,字典输出的顺序与创建之初的顺序相同,但仍不能使用位置下标索引访问。

字典的方法和内置函数如表 2-16 所示。假设字典名为 dict1。

表 2-16 字典的方法和内置函数

方法和内置函数	描 述
dict1.clear()	删除字典中的所有元素
dict1.copy()	返回一个字典副本(浅复制)
dict1.fromkeys(seq,value)	创建一个新字典,以序列 seq 中的元素作为字典的键,value 为字典所有键对应的初始值
dict1.get(key,default=None)	返回指定键的值,如果值不在字典中,则返回 default 值
dict1.has_key(key)	如果键在字典 dict1 中,返回 True,否则返回 False(Python 3.0 以后的版本已经删除此方法)
dict1.items()	以列表形式返回可遍历的(键,值)元组数组
dict1.keys()	以列表形式返回一个字典中的所有键
dict1.setdefault(key,default=None)	和 get()类似,但如果键不存在于字典中,将会添加键并将值设为 default
dict1.update(dict2)	把字典 dict2 的键/值对更新到 dict1 中
dict1.values()	以列表形式返回字典中的所有值
cmp(dict1,dict2)	内置函数,比较两个字典元素
len(dict)	内置函数,计算字典元素的个数,即键的总数
str(dict)	内置函数,输出字典可打印的字符串表示
type(variable)	内置函数,返回输入的变量类型,如果变量是字典,则返回字典类型

2.4.4 集合

集合(set)是一个无序、不重复元素的序列,集合内的数据没有先后关系。集合的基本功能是进行成员关系测试和删除重复元素。

1. 创建集合

可以使用大括号({})或者 set()和 frozenset()函数创建集合,注意创建一个空集合必须用 set()和 frozenset()函数而不是 { },{ }用来创建一个空字典。set()和 frozenset()函数分别创建可变集合和不可变集合,其参数必须是可迭代的,即为一个序列、字典、迭代器等。例如:

```
s1 = set("hello")                              #利用字符串创建字典
print(s1)                                      #输出{'l', 'h', 'o', 'e'},因为是无序的
print(type(s1))                                #输出< class 'set'>
s2 = set([3,5,9,10])                           #创建一个数值集合
student = {'Tom', 'Jim', 'Mary', 'Tom', 'Jack', 'Rose'}
print(student)                                 #输出集合,重复的元素被自动去掉
```

以上实例的输出结果如下:

```
{'l', 'h', 'o', 'e'}
< class 'set'>
{'Jack', 'Rose', 'Mary', 'Jim', 'Tom'}
```

由于集合内的数据是不重复的,所以集合常用来对列表数据进行"去重操作"。例如:

```
student = ['Tom', 'Jim', 'Mary', 'Tom', 'Jack', 'Rose']
score = [12, 34,11, 12, 15, 34]
s1 = set(student)                 # {'Rose', 'Jim', 'Jack', 'Tom', 'Mary'}
s2 = set(score)                   # {34, 11, 12, 15}
```

2. 成员测试

由于集合本身是无序的,所以不能对集合进行索引或切片操作,只能循环遍历,或者使用 in、not in 来判断集合元素存在或不存在。例如:

```
if('Rose' in student):
    print('Rose 在集合中')
else:
    print('Rose 不在集合中')
```

以上实例的输出结果如下:

```
Rose 在集合中
```

3. 集合的运算

可以使用"-""|""&""^"运算符进行集合的差集、并集、交集和对称集运算。例如:

```
# set 可以进行集合运算
a = set('abcd')      # a = {'a', 'b', 'c', 'd'}
b = set('cdef')      # b = {'c', 'd', 'e', 'f'}
print(a)
print("a 和 b 的差集:", a - b)          # a 和 b 的差集
print("a 和 b 的并集:", a | b)          # a 和 b 的并集
print("a 和 b 的交集:", a & b)          # a 和 b 的交集
print("a 和 b 中不同时存在的元素:", a ^ b)   # a 和 b 中不同时存在的元素(对称集)
```

以上实例的输出结果如下:

```
{'a', 'c', 'd', 'b'}
a 和 b 的差集: {'a', 'b'}
a 和 b 的并集: {'b', 'a', 'f', 'd', 'c', 'e'}
a 和 b 的交集: {'c', 'd'}
a 和 b 中不同时存在的元素: {'a', 'e', 'f', 'b'}
```

4. 向集合中添加元素

可以使用 add()方法向集合中添加元素,如果添加的元素已经存在,则不执行任何操作。例如:

```
s1 = set(("Google", "Baidu", "Taobao"))
s1.add("Facebook")
print(s1)          #输出{'Taobao', 'Facebook', 'Google', 'Baidu'}
```

update()方法也可以用来添加元素,而且参数可以是列表、元组、字典等。update()方法可以有多个参数,各参数之间用逗号分开。例如:

```
s1 = set(("Google", "Baidu", "Taobao"))
s1.update([1,2,3])
print(s1)          #输出{1, 2, 3, 'Taobao', 'Google', 'Baidu'}
```

5. 删除集合中的元素

remove(x)方法将元素 x 从集合 s 中移除,如果元素不存在,则会发生 KeyError 错误。例如:

```
s1 = set(("Google", "Baidu", "Taobao"))
s1.remove("Baidu")
print(s1)          #输出{'Taobao', 'Google'}
```

还可以使用 pop()方法从集合中删除并且返回一个任意的值。例如:

```
s1 = set(("Google", "Baidu", "Taobao"))
a = s1.pop()       #返回一个任意的值,例如'Baidu'
b = s1.pop()       #返回一个任意的值,例如'Taobao'
```

6. 删除集合中的所有元素

clear()方法用来删除集合中的所有元素。例如:

```
s1 = set(("Google", "Baidu", "Taobao"))
s1.clear()    #空集合
```

7. 集合关系的子集和超集

当一个集合 s 中的元素包含另一个集合 t 中的所有元素时,称集合 s 是集合 t 的超集;反过来,称 t 是 s 的子集。当两个集合中的元素相同时,称两个集合等价。子集和超集的方法及对应运算符如表 2-17 所示。

表 2-17　子集和超集的方法及对应运算符

方　　法	运　算　符	含　　义
s.issubset(t)	s<=t	s 是 t 的子集,返回 True;否则返回 False
s.issuperset(t)	s>=t	s 是 t 的超集,返回 True;否则返回 False
—	s==t	s 是否与 t 相等,如果是,返回 True;否则返回 False

例如:

```
x = {1, 2, 3, 4}
x2 = {2, 6}
y = {2, 4, 5, 6}
#子集和超集
print(x.issubset(y))                    # False
print(y.issuperset(x2))                 # True
```

2.5 习　　题

1. Python 数据类型有哪些? 分别有什么用途?

2. 把下列数学表达式转换成等价的 Python 表达式。

(1) $\dfrac{-b+\sqrt{b^2-4ac}}{2a}$ (2) $\dfrac{x^2+y^2}{2a^2}$ (3) $\dfrac{x+y+z}{\sqrt{x^3+y^3+z^3}}$

(4) $\dfrac{(3+a)^2}{2c+4d}$ (5) $2\sin\left(\dfrac{x+y}{2}\right)\cos\left(\dfrac{x-y}{2}\right)$

提示:math.sin(x)函数返回 x 弧度的正弦值,math.cos(x)函数返回 x 弧度的余弦值,math.sqrt(x)函数返回数字 x 的平方根。函数请参考第 4 章。

3. 数学上的 3<x<10 表示成正确的 Python 表达式为_____。

4. 以 3 为实部、4 为虚部,Python 复数的表达形式为_____。

5. 表达式[1, 2, 3] * 3 的执行结果为_____。

6. 假设列表对象 aList 的值为[3, 4, 5, 6, 7, 9, 11, 13, 15, 17],那么切片 aList[3:7]得到的值是_____。

7. 语句[5 for i in range(10)]的执行结果为_____。

8. Python 内置函数_____可以返回列表、元组、字典、集合、字符串以及 range 对象中元素的个数。

9. 计算下列表达式的值(可在上机时验证),设 a=7,b=-2,c=4。

(1) 3 * 4 ** 5 / 2   (2) a * 3 % 2

(3) a%3 +b * b- c//5   (4) b ** 2-4 * a * c

10. 求列表 s=[9,7,8,3,2,1,55,6]中的元素个数以及最大数和最小数。如何在列表 s 中添加元素 10? 如何从列表 s 中删除元素 55?

11. 元组与列表的主要区别是什么? s=(9,7,8,3,2,1,55,6)能添加元素吗?

12. 已知有列表 list=[54,36,75,28,50],请完成以下操作:

(1) 在列表的尾部插入元素 52;(2) 在元素 28 的前面插入元素 66;(3) 删除并输出元素 28;(4) 将列表按降序排序;(5) 清空整个列表。

13. 有以下 3 个集合,集合成员分别是会 Python、C、Java 语言的人的姓名。

Pythonset={'王海', '李黎明', '王铭年', '李晗'}

Cset={'朱佳', '李黎明', '王铭年', '杨鹏'}

Javaset={'王海', '杨鹏', '王铭年', '罗明', '李晗'}

请使用集合运算分别输出只会 Python 不会 C 的人和 3 种语言都会的人。

第3章 Python 控制语句

对于 Python 程序中的执行语句，默认是按照书写顺序依次执行的，称这样的语句是顺序结构的。但是，仅有顺序结构还不够，因为有时需要根据特定的情况有选择地执行某些语句，这时就需要一种选择结构的语句。另外，有时还可以在给定条件下重复执行某些语句，这时称这些语句是循环结构的。有了这 3 种基本的程序结构，就能够构建任意复杂的程序了。

3.1 选择结构

3 种基本程序结构中的选择结构可用 if 语句、if…else 语句和 if…elif…else 语句实现。

3.1.1 if 语句

Python 中 if 语句的功能跟其他语言非常相似，都是用来判定给出的条件是否满足，然后根据判断的结果（即真或假）决定是否执行给出的操作。if 语句是一种单选结构，它选择的是做或不做。它由 3 部分组成，即关键字 if 本身、测试条件真假的表达式（简称为条件表达式）和表达式结果为真（即表达式的值为非零）时要执行的代码。if 语句的语法形式如下：

    if 表达式：
        语句 1

if 语句的流程如图 3-1 所示。

if 语句的表达式用于判断条件，可以用>（大于）、<（小于）、==（等于）、>=（大于或等于）、<=（小于或等于）来表示其关系。

现在用一个示例程序来演示一下 if 语句的用法。程序很简单，只要用户输入一个整数，如果这个数大于 6，那么就输出一行字符串；否则直接退出程序。代码如下：

图 3-1 if 语句的流程

```
# 比较输入的整数是否大于 6
a = input("请输入一个整数: ")      # 取得一个字符串
a = int(a)                       # 将字符串转换为整数
if a > 6:
    print( a, "大于 6")
```

通常，每个程序都会有输入和输出，这样可以与用户进行交互。用户输入一些信息，程序对用户输入的内容进行一些适当的操作,然后输出用户想要的结果。Python 可以用 input 进行输入,用 print 进行输出,这些都是简单的控制台输入与输出操作,复杂的操作有处理文件等。

3.1.2 if…else 语句

if 语句是一种单选结构,也就是说,如果条件为真(即表达式的值为非零),那么执行指定的操作;否则就会跳过该操作。if…else 语句是一种双选结构,是在两组备选动作中选择哪个的问题。if…else 语句由 5 部分组成,即关键字 if、测试条件真假的表达式、表达式结果为真(即表达式的值为非零)时要执行的代码,以及关键字 else 和表达式结果为假(即表达式的值为零)时要执行的代码。if…else 语句的语法形式如下:

```
if 表达式:
    语句 1
else:
    语句 2
```

if…else 语句的流程如图 3-2 所示。

下面对上面的示例程序进行修改,以演示 if…else 语句的使用方法。程序很简单,只要用户输入一个整数,如果这个数大于 6,那么就输出一行信息,指出输入的数大于 6;否则输出另一行字符串,指出输入的数小于或等于 6。代码如下:

图 3-2 if…else 语句的流程

```
a = input("请输入一个整数: ")    # 取得一个字符串
a = int(a)                      # 将字符串转换为整数
if a > 6:
    print( a, "大于 6")
else:
    print( a, "小于或等于 6")
```

再例如输入一个年份,判断是否为闰年。闰年的年份必须满足以下两个条件之一:

(1) 能被 4 整除,但不能被 100 整除的年份。

(2) 能被 400 整除的年份。

用变量 year 表示年份,判断 year 是否满足闰年的条件如下。

条件(1)的逻辑表达式是:year%4==0 and year%100!=0。

条件(2)的逻辑表达式是:year%400==0。

两者取"或",即得到判断闰年的逻辑表达式如下:

(year%4==0 and year%100!=0) or year%400==0

程序如下:

```
year = int(input('输入年份:'))              # input()获取的是字符串,所以需要转换成整型
if   year % 4 == 0 and year % 100!= 0 or year % 400 == 0:   # 注意运算符的优先级
    print(year, "是闰年")
```

```
else:
    print(year, "不是闰年")
```

【例 3-1】 任意输入 3 个数字,按从小到大的顺序输出。

分析:先将 x 与 y 比较,把较小者放入 x 中,较大者放入 y 中;再将 x 与 z 比较,把较小者放入 x 中,较大者放入 z 中,此时 x 为三者中的最小者;最后将 y 与 z 比较,把较小者放入 y 中,较大者放入 z 中,此时 x、y、z 已按从小到大的顺序排列。代码如下:

```
x = input('x = ')              ♯输入 x
y = input('y = ')              ♯输入 y
z = input('z = ')              ♯输入 z
if x > y:
    x, y = y, x                ♯x 和 y 互换
if x > z:
    x, z = z, x                ♯x 和 z 互换
if y > z:
    y, z = z, y                ♯y 和 z 互换
print(x, y, z)
```

假如 x、y、z 分别输入 1、4、3,以上代码的输出结果如下:

```
x = 1 ↙   (输入 x 的值,↙表示回车)
y = 4 ↙   (输入 y 的值)
z = 3 ↙   (输入 z 的值)
1 3 4
```

其中"x, y = y, x"这种语句是同时赋值,将赋值号右侧的表达式依次赋给左侧的变量。例如,"x, y = 1, 4"就相当于"x=1;y=4"的效果,可见 Python 语法多么简洁。

3.1.3 if…elif…else 语句

有时候需要在多组动作中选择一组执行,这时就会用到多选结构,对于 Python 语言来说就是 if…elif…else 语句。该语句可以利用一系列条件表达式进行检查,并在某个表达式为真的情况下执行相应的代码。需要注意的是,虽然 if…elif…else 语句的备选动作较多,但是有且只有一组动作被执行。该语句的语法形式如下:

if 表达式 1:
    语句 1
elif 表达式 2:
    语句 2
    ⋮
elif 表达式 n:
    语句 n
else:
    语句 n+1

注意,最后一个 elif 子句之后的 else 子句没有进行条件判断,它实际上处理跟前面所有条件都不匹配的情况,所以 else 子句必须放在最后。if…elif…else 语句的流程如图 3-3 所示。

图 3-3 if…elif…else 语句的流程

下面继续对上面的示例程序进行修改,以演示 if…elif…else 语句的使用方法。用户输入一个整数,如果这个数大于 6,那么就输出一行信息,指出输入的数大于 6;如果这个数小于 6,则输出另一行字符串,指出输入的数小于 6;否则指出输入的数等于 6。具体的代码如下:

```python
a = input("请输入一个整数: ")      ♯取得一个字符串
a = int(a)                        ♯将字符串转换为整数
if a > 6:
    print( a, "大于 6")
elif a == 6:
    print( a, "等于 6")
else:
    print( a, "小于 6")
```

【例 3-2】 输入学生的成绩 score,按分数输出其等级,其中 score≥90 为优,90>score≥80 为良,80>score≥70 为中等,70>score≥60 为及格,score<60 为不及格。

代码如下:

```python
score = int(input("请输入成绩"))        ♯ int()转换字符串为整型
if score > = 90:
    print("优")
elif score > = 80:
    print("良")
elif score > = 70:
    print("中")
```

```
elif score >= 60:
    print("及格")
else:
    print("不及格")
```

说明：在 3 种选择语句中，条件表达式都是必不可少的组成部分。当条件表达式的值为零时，表示条件为假；当条件表达式的值为非零时，表示条件为真。那么哪些表达式可以作为条件表达式呢？基本上，最常用的是关系表达式和逻辑表达式。例如：

```
if a == x and b == y:
    print("a = x, b = y")
```

除此之外，条件表达式还可以是任何数值类型表达式，甚至字符串也可以。例如：

```
if 'a': ♯'abc':也可以
    print("a = x, b = y")
```

另外，C 语言是用花括号{}来区分语句体的，而 Python 的语句体是用缩进形式来表示的，如果缩进不正确，则会导致逻辑错误。

3.1.4 pass 语句

Python 提供了一个关键字 pass，类似于空语句，可以用在类和函数的定义中或者选择结构中。当暂时没有确定如何实现功能，或者为以后的软件升级预留空间，又或者实现其他类型功能时，可以使用该关键字来"占位"。例如下面的代码是合法的：

```
if a < b:
    pass        ♯什么操作也不做
else:
    z = a
class A:         ♯类的定义
    pass
def demo():     ♯函数的定义
    pass
```

3.2 循 环 结 构

程序在一般情况下是按顺序执行的。编程语言提供了各种控制结构，允许更复杂的执行路径。循环语句允许执行一个语句或语句组多次，Python 提供了 while 循环（在 Python 中没有 do…while 循环）和 for 循环。

3.2.1 while 语句

在 Python 编程中，while 语句用于循环执行程序，即在某个条件下循环执行某段程序，

以便处理需要重复处理的相同任务。while 语句的流程如图 3-4 所示。其基本形式为:

while 判断条件:
　　执行语句

图 3-4　while 语句的流程

判断条件可以是任何表达式,任何非零或非空(null)的值均为真。当判断条件为假时循环结束。执行语句可以是单个语句或语句块。注意程序中的冒号和缩进。例如:

```
count = 0
while count < 9:
    print('The count is:', count)
    count = count + 1
print("Good bye!")
```

以上代码的输出结果如下:

```
The count is: 0
The count is: 1
The count is: 2
The count is: 3
The count is: 4
The count is: 5
The count is: 6
The count is: 7
The count is: 8
Good bye!
```

此外,while 语句中的判断条件还可以是一个常值,表示循环必定成立。例如:

```
count = 0
while 1:                          #判断条件是个常值 1
    print ('The count is:', count)
    count = count + 1
print ("Good bye!" )
```

这样就形成无限循环,可以借助后面学习的 break 语句结束循环。

【例 3-3】　输入两个正整数,求它们的最大公约数。

分析:求最大公约数可以用"辗转相除法",方法如下。

(1) 比较两个数 m 和 n,并使 m 大于 n。

(2) 将 m 作为被除数,n 作为除数,相除后余数为 r。

(3) 循环判断 r,若 r=0,则 n 为最大公约数,结束循环。若 r≠0,执行步骤 m←n,n←r;将 m 作为被除数,n 作为除数,相除后余数为 r。

代码如下:

```
num1 = int(input("输入第一个数字："))    #用户输入两个数字
num2 = int(input("输入第二个数字："))
m = num1
n = num2
if m < n:                                #m 和 n 交换值
    t = m
    m = n
    n = t
r = m % n
while r != 0:
    m = n
    n = r
    r = m % n
print(num1,"和", num2,"的最大公约数为", n)
```

以上代码的执行与输出结果如下：

```
输入第一个数字：36
输入第二个数字：48
36 和 48 的最大公约数为 12
```

3.2.2 for 语句

for 语句可以遍历任何序列的项目，例如一个列表、元组或者一个字符串。

1. for 循环的语法

for 循环的语法格式如下：

for 循环索引值 in 序列：

    循环体

for 语句的执行过程是：每次循环从序列中依次取出一个元素，存放于循环变量中，该元素提供给循环体内的语句使用，直到所有元素取完为止，则结束循环。例如：

for 循环把字符串中的字符遍历出来。

```
for letter in 'Python':                  #第一个实例
    print( '当前字母:', letter )
```

以上实例的输出结果如下：

```
当前字母: P
当前字母: y
当前字母: t
当前字母: h
当前字母: o
当前字母: n
```

for 循环把列表中的元素遍历出来。

```
fruits = ['banana', 'apple', 'mango']
for fruit in fruits:                         #第二个实例
    print( '元素:', fruit)
print( "Good bye!" )
```

此时会依次打印 fruits 中的每个元素。以上实例的输出结果如下：

```
元素: banana
元素: apple
元素: mango
Good bye!
```

【例 3-4】 计算 1~10 的整数之和,可以用一个 sum 变量做累加。
代码如下：

```
sum = 0
for x in [1, 2, 3, 4, 5, 6, 7, 8, 9, 10]:
    sum = sum + x
print(sum)
```

如果要计算 1~100 的整数之和,从 1 写到 100 有点困难,幸好 Python 提供了一个 range()
内置函数,可以生成一个整数序列,再通过 list()函数可以转换为 list。

例如,range(0,5)或 range(5)生成的序列是从 0 开始到小于 5 的整数,不包括 5。实例
如下：

```
>>> list(range(5))
[0, 1, 2, 3, 4]
```

range(1,101)就可以生成 1~100 的整数序列。计算 1~100 的整数之和的代码如下：

```
sum = 0
for x in range(1,101):
    sum = sum + x
print(sum)
```

请读者自行运行上述代码,查看结果是不是 5050。

2. 通过索引循环

对于一个列表,另外一种执行循环的遍历方式是通过索引(元素的下标)。实例如下：

```
fruits = ['banana', 'apple', 'mango']
for i in range(len(fruits)):
    print( '当前水果:', fruits[i] )
print("Good bye!")
```

以上实例的输出结果如下：

```
当前水果：banana
当前水果：apple
当前水果：mango
Good bye!
```

以上实例使用了内置函数 len() 和 range()。函数 len() 返回列表的长度，即元素的个数，通过索引 i 访问每个元素 fruits[i]。

字典提供了内置函数 keys()、values() 和 items()，可以获取字典中所有的"键""值"和"键一值"对。返回值是一个可迭代对象。

例如现有一个字典存放学生的学号和 3 门课程的成绩，以下代码返回每个学生的学号及其平均分。

```
dictScore = {"101":[67,88,45],"102":[97,68,85],"103":[98,97,95]
            ,"104":[67,48,45],"105":[82,58,75],"106":[96,49,65]}
for xuehao in dictScore.keys():           #输出每个学生的学号
    print(xuehao)
for key,value in dictScore.items():       #输出每个学生的平均分
    print(key,sum(value)/3)
```

3.2.3　continue 语句和 break 语句

continue 语句的作用是终止当前循环，并忽略 continue 之后的语句，然后回到循环的顶端，提前进入下一次循环。

break 语句在 while 循环和 for 循环中都可以使用，一般放在 if 选择结构中，一旦 break 语句被执行，将使得整个循环提前结束。

除非 break 语句让代码更简单或更清晰，否则不要轻易使用。

【例 3-5】　continue 和 break 用法示例。

代码如下：

```
#continue 和 break 用法
i = 1
while i < 10:
    i += 1
    if i%2 > 0:         #非双数时跳过输出
        continue
    print(i)            #输出双数 2、4、6、8、10
i = 1
while 1:                #循环条件为 1 必定成立
    print(i)            #输出 1～10
    i += 1
    if i > 10:          #当 i 大于 10 时跳出循环
        break
```

3.2.4 循环嵌套

Python 语言允许在一个循环体内嵌入另一个循环,例如可以在 while 循环中嵌入 for 循环,也可以在 for 循环中嵌入 while 循环。嵌套层次一般不超过 3 层,以保证程序的可读性。

注意:

(1) 在循环嵌套时,外层循环和内层循环之间是包含关系,即内层循环必须被完全包含在外层循环中。

(2) 当程序中出现循环嵌套时,程序每执行一次外层循环,其内层循环必须在循环所有的次数(即内层循环结束)后才能进入外层循环的下一次循环。

【例 3-6】 打印九九乘法表。

代码如下:

```
for i in range(1,10):
    for j in range(1,i+1):
        print(i,'*',j,'=',i*j,'\t',end="")    #end=""的作用是不换行
    print("")                                   #仅起换行作用
```

以上代码的输出结果如图 3-5 所示。

```
1 * 1 = 1
2 * 1 = 2    2 * 2 = 4
3 * 1 = 3    3 * 2 = 6    3 * 3 = 9
4 * 1 = 4    4 * 2 = 8    4 * 3 = 12   4 * 4 = 16
5 * 1 = 5    5 * 2 = 10   5 * 3 = 15   5 * 4 = 20   5 * 5 = 25
6 * 1 = 6    6 * 2 = 12   6 * 3 = 18   6 * 4 = 24   6 * 5 = 30   6 * 6 = 36
7 * 1 = 7    7 * 2 = 14   7 * 3 = 21   7 * 4 = 28   7 * 5 = 35   7 * 6 = 42   7 * 7 = 49
8 * 1 = 8    8 * 2 = 16   8 * 3 = 24   8 * 4 = 32   8 * 5 = 40   8 * 6 = 48   8 * 7 = 56   8 * 8 = 64
9 * 1 = 9    9 * 2 = 18   9 * 3 = 27   9 * 4 = 36   9 * 5 = 45   9 * 6 = 54   9 * 7 = 63   9 * 8 = 72   9 * 9 = 81
```

图 3-5　九九乘法表

【例 3-7】 使用嵌套循环输出 2~100 内的素数。

分析: 素数是除 1 和本身外不能被其他任何整数整除的整数。判断一个数 m 是否为素数,只要依次用 2、3、4、…、m−1 作为除数去除 m,如果有一个能被整除,m 就不是素数。代码如下:

```
m = int(input("请输入一个整数"))
j = 2
while j <= m-1:
    if m % j == 0: break    #退出循环
    j = j + 1
if (j > m-1):
    print(m, "是素数")
else:
    print(m, "不是素数")
```

应用上述代码,对于一个非素数而言,判断过程往往可以很快结束。例如,在判断 30009 时,因为该数能被 3 整除,所以只需判断 j=2,3 两种情况。在判断一个素数,尤其是当该数较大时,例如判断 30011,则要从 j=2,3,4,…,一直判断到 30010 都不能被整除,才能得出其为素数的结论。实际上,只要从 2 判断到 $\sqrt{m}$,若 m 不能被其中的任何一个数整

除,则 m 即为素数。

```
#找出 100 以内的所有素数
import math                           #导入 math 数学模块
m = 2
while m < 100:                        #外层循环
    j = 2
    while j <= math.sqrt(m):          #内层循环, math.sqrt()是求平方根函数
        if m % j == 0: break          #退出内层循环
        j = j + 1
    if (j > math.sqrt(m)):
        print(m, "是素数")
    m = m + 1
print("Good bye!")
```

【例 3-8】 使用嵌套循环输出如图 3-6 所示的金字塔图案。

图 3-6 金字塔图案

分析：观察图形包含 8 行,因此外层循环执行 8 次；每行内容由两部分组成,即空格和星号。假设第 1 行的星号在第 10 列,则第 i 行空格的数量为 $10-i$,星号的数量为 $2\times i-1$。代码如下：

```
for i in range(1,9):                  #外层循环
    for j in range(0,10 - i):         #循环输出每行的空格
        print(" ", end = "")
    for j in range(0,2 * i - 1):      #循环输出每行的星号
        print(" * ", end = "")
    print("")                         #仅起换行作用
```

另外也可以用如下代码实现：

```
for i in range(1,9):
    print(" " * (10 - i), " * " * (2 * i - 1))   #使用重复运算符输出每行的空格、星号
```

3.2.5 列表生成式

列表生成式(List Comprehensions)是 Python 内置的一种极其强大的生成列表的表达式。如果要生成一个列表 list [1，2，3，4，5，6，7，8，9],可以用 range(1, 10),代

码如下:

```
>>> L = list(range(1, 10))    #L是[1, 2, 3, 4, 5, 6, 7, 8, 9]
```

如果要生成[1 * 1, 2 * 2, 3 * 3, …, 10 * 10],可以使用如下循环:

```
>>> L = []
>>> for x in range(1 , 10):
    L.append(x * x)
>>> L
[1, 4, 9, 16, 25, 36, 49, 64, 81]
```

而使用列表生成式,可以用如下一行语句代替以上烦琐的循环来实现上面的操作:

```
>>> [x * x for x in range(1 , 11)]
[1, 4, 9, 16, 25, 36, 49, 64, 81, 100]
```

列表生成式的书写格式是把要生成的元素 x * x 放到前面,后面跟 for 循环。这样就可以把 list 创建出来。在 for 循环的后面还可以加上 if 判断。例如筛选出偶数的平方,代码如下:

```
>>> [x * x for x in range(1 , 11) if x % 2 == 0]
[4, 16, 36, 64, 100]
```

再如,把一个 list 列表中所有的字符串变成小写形式,代码如下:

```
>>> L = ['Hello', 'World', 'IBM', 'Apple']
>>> [s.lower() for s in L]
['hello', 'world', 'ibm', 'apple']
```

当然,列表生成式也可以使用两层循环。例如,生成'ABC'和'XYZ'中字母的全部组合,代码如下:

```
>>> print( [m + n for m in 'ABC' for n in 'XYZ'] )
['AX', 'AY', 'AZ', 'BX', 'BY', 'BZ', 'CX', 'CY', 'CZ']
```

再如,生成所有的扑克牌的列表,代码如下:

```
>>> color = ["草花","方块","红桃","黑桃"]
>>> rank = ["A","2","3","4","5","6","7","8","9","10","J","Q","K"]
>>> print( [m + n for m in color for n in rank])
['草花A', '草花2', '草花3', '草花4', '草花5', '草花6', '草花7', '草花8', '草花9', '草花10',
'草花J', '草花Q', '草花K', '方块A', '方块2', '方块3', '方块4', '方块5', '方块6', '方块7',
'方块8', '方块9', '方块10', '方块J', '方块Q', '方块K', '红桃A', '红桃2', '红桃3', '红桃4',
'红桃5', '红桃6', '红桃7', '红桃8', '红桃9', '红桃10', '红桃J', '红桃Q', '红桃K', '黑桃A',
'黑桃2', '黑桃3', '黑桃4', '黑桃5', '黑桃6', '黑桃7', '黑桃8', '黑桃9', '黑桃10', '黑桃J',
'黑桃Q', '黑桃K']
```

for 循环其实可以同时使用两个甚至多个变量,例如字典的 items() 可以同时迭代 key 和 value,代码如下:

```
>>> d = {'x': 'A', 'y': 'B', 'z': 'C'}          #字典(dict)
>>> for k, v in d.items():
        print(k, '键 = ', v, endl = ';')
```

输出结果如下:

```
y 键 = B; x 键 = A; z 键 = C;
```

因此,列表生成式也可以使用两个变量来生成 list,代码如下:

```
>>> d = {'x': 'A', 'y': 'B', 'z':'C'}
>>>[ k + ' = ' + v for k, v in d.items()]
['y = B', 'x = A', 'z = C']
```

3.3 常用算法及应用实例

3.3.1 累加与累乘

累加与累乘是最常见的一类算法,这类算法就是在原有的基础上不断地加上或乘以一个新的数。例如求 $1+2+3+\cdots+n$、求 n 的阶乘、计算某个数列前 n 项的和,以及计算一个级数的近似值等。

【例 3-9】 求自然对数 e 的近似值。其近似公式如下:

$$e=1+1/1!+1/2!+1/3!+\cdots+1/n!$$

分析:这是一个收敛级数,可以通过求其前 n 项和来实现近似计算。通常该类问题会给出一个计算误差,例如可设定当某项的值小于 10^{-5} 时停止计算。

此题既涉及累加,也包含了累乘。程序如下:

```
i = 1
p = 1
sum_e = 1
t = 1/p
while t > 0.00001:
    p = p * i            //计算 i 的阶乘
    t = 1/ p
    sum_e = sum_e + t
    i = i + 1            //为计算下一项做准备
print("自然对数 e 的近似值" , sum_e)
```

运行结果如下:

自然对数 e 的近似值 2.7182815255731922

3.3.2 求最大数和最小数

求数据中的最大数和最小数的算法是类似的,可以采用"打擂"算法。以求最大数为例,可以先用其中的第一个数作为最大数,再用其与其他数逐个比较,并将找到的较大数替换为最大数。

【例 3-10】 求区间[100,200]内 10 个随机整数中的最大数。

分析:本题随机产生整数,所以引入 random 模块的随机数函数,其中 random. randrange() 可以从指定范围内获取一个随机数。例如,random. randrange(6)从 0~5 中随机挑选一个整数,不包括数字 6;random. randrange(2,6)从 2~5 中随机挑选一个整数,不包括数字 6。代码如下:

```
import random
x = random. randrange(100,201)        #产生[100, 200]的一个随机数 x
maxn = x                              #设定最大数
print(x,end = " ")
for i in range(2, 11):
    x = random. randrange(100,201)    #再产生[100, 200]的一个随机数 x
    print(x,end = " ")
    if x > maxn:
        maxn = x;                     #若新产生的随机数大于最大数,则进行替换
print("最大数: ",maxn)
```

运行结果如下:

```
185 173 112 159 116 168 111 107 190 188 最大数: 190
```

当然,在 Python 中求最大数有相应的函数 max(序列)。例如:

```
print("最大数: ",max([185,173, 112, 159, 116, 168, 111, 107, 190, 188])) #求序列的最大数
```

运行结果如下:

```
最大数: 190
```

所以上例可以修改如下:

```
import random
a = []                    #列表
for i in range(1, 11):
```

```
    x = random. randrange(100,201)        #产生[100, 200]的一个随机数 x
    print(x,end = " ")
    a. append(x)
print("最大数: ",max(a))
```

3.3.3　枚举法

枚举法又称为穷举法,此算法将所有可能出现的情况一一进行测试,从中找出符合条件的所有结果。例如计算"百钱买百鸡"问题,又如列出满足 x×y＝100 的所有组合等。

【例 3-11】　公鸡每只 5 元,母鸡每只 3 元,小鸡 3 只 1 元,现要求用 100 元钱买 100 只鸡,问公鸡、母鸡和小鸡各买几只?

分析:设买公鸡 x 只,母鸡 y 只,小鸡 z 只。根据题意可列出以下方程组:

$$\begin{cases} x+y+z=100 \\ 5x+3y+z/3=100 \end{cases}$$

由于两个方程式中有 3 个未知数,属于无法直接求解的不定方程,故可采用"枚举法"进行试根,即逐一测试各种可能的 x、y、z 组合,并输出符合条件者。代码如下:

```
for x in range(0, 100):
    for y in range(0, 100):
        z = 100 - x - y
        if z > = 0 and 5 * x + 3 * y + z/3 == 100 :
            print('公鸡%d只,母鸡%d只,小鸡%d只'%(x, y, z))
```

运行结果如下:

```
公鸡 0 只,母鸡 25 只,小鸡 75 只
公鸡 4 只,母鸡 18 只,小鸡 78 只
公鸡 8 只,母鸡 11 只,小鸡 81 只
公鸡 12 只,母鸡 4 只,小鸡 84 只
```

【例 3-12】　输出"水仙花数"。

分析:所谓水仙花数是指一个 3 位的十进制数,其各位数字的立方和等于该数本身。例如,153 是水仙花数,因为 $153=1^3+5^3+3^3$。代码如下:

```
for i in range(100,1000):
    ge = i % 10
    shi = i // 10 % 10
    bai = i // 100
    if ge ** 3 + shi ** 3 + bai ** 3 == i:
        print(i,end = " ")
```

运行结果如下:

```
153 370 371 407
```

【例 3-13】 编写程序,输出由 1、2、3、4 这 4 个数字组成的每位数都不相同的所有 3 位数。代码如下:

```
digits = (1, 2, 3, 4)
for i in digits:
    for j in digits:
        for k in digits:
            if i!= j and j!= k and i!= k:
                print(i * 100 + j * 10 + k)
```

3.3.4 递推与迭代

1. 递推

利用递推算法或迭代算法可以将一个复杂的问题转换为一个简单的过程重复执行。这两种算法的共同特点是通过前一项的计算结果推出后一项;不同点是递推算法不存在变量的自我更迭,而迭代算法在每次循环中用变量的新值取代其原值。

【例 3-14】 输出斐波那契(Fibonacci)数列的前 20 项。该数列的第 1 项和第 2 项为 1,从第 3 项开始,每项均为其前面两项之和,即 1,1,2,3,5,8,…。

分析:设数列中相邻的 3 项分别为变量 f1、f2 和 f3,则有如下递推算法。

① f1 和 f2 的初值为 1。

② 每次执行循环,用 f1 和 f2 产生后项,即 f3 = f1 + f2。

③ 通过递推产生新的 f1 和 f2,即 f1 = f2,f2 = f3。

④ 如果未达到规定的循环次数,则返回步骤②;否则停止计算。

代码如下:

```
f1 = 1
f2 = 1
print("1:", f1)
print("2:", f2)
for i in range(3, 21):
    f3 = f1 + f2          #递推公式
    print(i,":",f3)
    f1 = f2
    f2 = f3
```

说明:解决递推问题必须具备两个条件,即初始条件和递推公式。本题的初始条件为 f1=1 和 f2=1,递推公式为 f3=f1+f2,f1=f2,f2=f3。

【例 3-15】 有一分数序列 2/1,3/2,5/3,8/5,13/8,21/13,…,求出这个数列的前 20 项之和。

分析:根据分子与分母的变化规律,可知后项分母为前项分子,后项分子为前项分子与分母之和。

代码如下:

```
number = 20
a = 2
b = 1
```

```
s = 0
for n in range(1, number + 1):
    s = s + a/b
    ♯以下 3 句是程序的关键
    t = a
    a = a + b
    b = t        ♯以上 3 句可以改为 a,b = a + b,a
print(s)
```

2. 迭代

迭代法也称辗转法,是一种不断用变量的旧值递推新值的过程。迭代法是用计算机解决问题的一种基本方法。它利用计算机运算速度快、适合做重复性操作的特点,让计算机重复执行一组指令(或一定步骤),在每次执行这组指令(或这些步骤)时都从变量的原值推出它的一个新值。

【例 3-16】 用迭代法求 a 的平方根。求平方根的公式为 $x_{n+1} = (x_n + a/x_n)/2$,求出的平方根的精度是前后项差的绝对值小于 10^{-5}。

分析:用迭代法求 a 的平方根的算法如下。

(1) 设定一个 x 的初值 x_0(在如下程序中取 $x_0 = a/2$)。

(2) 用求平方根的公式 $x_1 = (x_0 + a/x_0)/2$ 求出 x 的下一个值 x_1;求出的 x_1 与真正的平方根相比,误差很大。

(3) 判断 $x_1 - x_0$ 的绝对值是否满足大于 10^{-5},如果满足,则将 x_1 作为 x_0,重新求出新的 x_1,如此继续下去,直到前后两次求出的 x 值(x_1 和 x_0)的差的绝对值满足小于 10^{-5}。

代码如下:

```
a = int(input("Input a positive number:"))    ♯输入被开方数
x0 = a / 2                                      ♯任意取的初值
x1 = (x0 + a / x0) / 2                          ♯x0 和 x1 分别代表前一项和后一项
while abs(x1 - x0) > 0.00001:                   ♯abs(x)函数用来求参数 x 的绝对值
    x0 = x1
    x1 = (x0 + a / x0) / 2
print("The square root is: ", x1)
```

运行结果如下:

```
Input a positive number:2 ✓
The square root is: 1.4142137800471977
```

视频讲解

3.4 程序的异常处理

程序在运行过程中总会遇到一些问题,例如编程人员要求输入数值数据,用户却输入字符串数据,这样必会导致严重错误。这些错误统称为异常,异常也称为例外,是在程序运行中发生的会打断程序正常执行的事件。Python 提供了 try…except…finally 处理程序异常语句。

Python 控制语句

有时程序会出现一些错误或异常,导致程序中止,如做除法时除数为 0,会引起一个 ZeroDivisionError。例如:

```
a = 10
b = 0
c = a/b
print("done")
```

程序的运行结果如下:

```
Traceback(most recent call last):
File "C:/openfile.py", line 3, in < module >
c = a/b
ZeroDivisionError: integer division or modulo by zero
```

在运行时程序因为 ZeroDivisionError 而中断了,语句 print("done")没有运行。为了保证程序运行的稳定性,这类运行异常错误应该被程序捕获并合理控制。Python 提供了 try …except…finally 机制处理异常,语法格式如下:

```
try:
    可能触发异常的语句块
except [exceptionType]:
    捕获可能触发的异常[可以指定处理的异常类型]
except [exceptionType][,date]:
    捕获异常并获取附加数据
except:
    没有指定异常类型,捕获任意异常
[else:
    没有触发异常时执行的语句块]
[finally:
    无论异常是否发生都要执行的语句块]
```

try…except 的工作过程如下。

(1) 在执行一个 try 语句块时,当出现异常后,则向下匹配执行第一个与该异常匹配的 except 子句,如果没有找到与异常匹配的 except 子句(也可以不指定异常类型)将结束程序。

更改上面的代码如下:

```
a = 10
b = 0
try:
    c = a/b
    print(c)
except ZeroDivisionError,e:      #处理 ZeroDivisionError 异常
    print(e.message)
print("done")
```

程序的运行结果如下:

```
integer division or modulo by zero
done
```

这样一来,程序就不会因为异常而中断,从而 print ("done")语句正常执行。

在开发程序时把可能发生错误的语句放在 try 模块里,用 except 来处理异常。except 可以处理一个专门的异常,也可以处理一组圆括号中的异常,如果 except 后没有指定异常,则默认处理所有的异常。每个 try 必须至少有一个 except。

(2) 如果在 try 语句块执行时没有发生异常,Python 将执行 else 中的语句,注意 else 语句是可选的,不是必需的。例如:

```
a = 10
b = 0
try:
    c = b/a
    print c
except(IOError ,ZeroDivisionError),x:
    print(x)
else:
    print("no error")
print("done")
```

程序的运行结果如下:

```
0
no error
done
```

其中 IOError 是输入/输出操作失败异常类,ZeroDivisionError 是除 0(或取模)异常类。

(3) 不管异常是否发生,在程序结束前 finally 中的语句都会被执行。例如:

```
a = 10
b = 0
try:
    print(a/b)
except:
    print("error")
finally:
    print("always excute")
```

程序的运行结果如下:

```
error
always excute
```

3.5　游戏初步——猜单词游戏

视频讲解

【案例 3-1】　游戏初步——猜单词游戏。计算机随机产生一个单词,打乱字母的顺序,让玩家去猜。

分析:在游戏中需要随机产生单词及随机数,所以引入 random 模块的随机数函数,其中 random.choice()可以从序列中随机选取元素。例如:

```python
WORDS = ("python", "jumble", "easy", "difficult", "answer", "continue"
        , "phone", "position", "pose", "game")
# 从序列中随机挑出一个单词
word = random.choice(WORDS)
```

word 就是从单词序列中随机挑出的一个单词。

在从游戏中随机挑出一个单词 word 后,如何把单词 word 的字母顺序打乱?方法是随机从单词字符串中选择一个位置 position,把 position 位置上的字母加入乱序后的单词 jumble,同时将原单词 word 中 position 位置上的字母删除(通过连接 position 位置前的字符串及其后字符串实现)。通过多次循环就可以产生新的乱序后的单词 jumble。

```python
while word:  # word 不是空串循环
    # 根据 word 的长度产生 word 的随机位置
    position = random.randrange(len(word))
    # 将 position 位置上的字母组合到乱序后的单词
    jumble += word[position]
    # 通过切片将 position 位置上的字母从原单词中删除
    word = word[:position] + word[(position + 1):]
print("乱序后的单词:", jumble)
```

猜单词游戏程序的代码如下:

```python
# 猜单词游戏
import random
# 创建单词序列
WORDS = ("python", "jumble", "easy", "difficult", "answer", "continue",
        "phone", "position", "position", "game")
# 开始游戏
print(
"""
    欢迎参加猜单词游戏
  把字母组合成一个正确的单词.
"""
)
iscontinue = "y"
while iscontinue == "y" or iscontinue == "Y":
    # 从序列中随机挑出一个单词
```

```
word = random.choice(WORDS)
#一个用于判断玩家是否猜对的变量
correct = word
#创建乱序后的单词
jumble = ""
while word: #word 不是空串时循环
    #根据 word 的长度产生 word 的随机位置
    position = random.randrange(len(word))
    #将 position 位置上的字母组合到乱序后的单词
    jumble += word[position]
    #通过切片将 position 位置上的字母从原单词中删除
    word = word[:position] + word[(position + 1):]
print("乱序后的单词:", jumble)
guess = input("\n 请你猜: ")
while guess != correct and guess != "":
    print("对不起,不正确.")
    guess = input("继续猜: ")
if guess == correct:
    print("真棒,你猜对了!\n")
iscontinue = input("\n\n 是否继续(Y/N): ")
```

运行结果如下:

```
    欢迎参加猜单词游戏
    把字母组合成一个正确的单词.
乱序后的单词: yaes
请你猜: easy
真棒,你猜对了!
是否继续(Y/N): y
乱序后的单词: diufctlfi
请你猜: difficutl
对不起,不正确.
继续猜: difficult
真棒,你猜对了!
是否继续(Y/N): n
>>>
```

3.6 习　　题

1. 输入一个整数 n,判断其能否同时被 5 和 7 整除,如能则输出"xx 能同时被 5 和 7 整除",否则输出"xx 不能同时被 5 和 7 整除",要求 xx 为输入的具体整数。

2. 输入一个百分制的成绩,经判断后输出该成绩的对应等级。其中,90 分以上为 A,80~89 分为 B,70~79 分为 C,60~69 分为 D,60 分以下为 E。

3. 某百货公司为了促销采用购物打折的办法。消费 1000 元以上者,按九五折优惠;消费 2000 元以上者,按九折优惠;消费 3000 元以上者,按八五折优惠;消费 5000 元以上者,按八折优惠。编写程序,输入购物款数,计算并输出优惠价。

4. 编写一个求整数 n 的阶乘(n!)的程序。

5. 编写程序,求 1!+3!+5!+7!+9!。

6. 编写程序,计算下列公式中 s 的值(n 是运行程序时输入的一个正整数)。

$$s=1+(1+2)+(1+2+3)+\cdots+(1+2+3+\cdots+n)$$
$$s=12+22+32+\cdots+(10\times n+2)$$
$$s=1\times2-2\times3+3\times4-4\times5+\cdots+(-1)^{(n-1)}\times n\times(n+1)$$

7. 百马百瓦问题:有 100 匹马驮 100 块瓦,大马驮 3 块,小马驮两块,两个马驹驮一块,问大马、小马、马驹各有多少匹?

8. 有一个数列,其前 3 项分别为 1、2、3,从第 4 项开始,每项均为其相邻的前 3 项之和的 1/2,问该数列从第几项开始其数值超过 1200?

9. 找出 1～100 内的全部同构数。同构数是这样一种数:它出现在它的平方数的右端。例如,5 的平方是 25,5 是 25 中右端的数,5 就是同构数;25 也是一个同构数,它的平方是 625。

10. 猴子吃桃问题:猴子第一天摘下若干桃子,当即吃了一半,还不过瘾,又多吃了一个,第二天早上将剩下的桃子吃掉一半,又多吃了一个。以后每天早上都吃前一天剩下的桃子的一半再加一个。到第 10 天早上想再吃时,发现只剩下一个桃子。求第一天共摘了多少个桃子。

11. 开发猜数字小游戏。计算机随机生成 100 以内的数字,让玩家去猜,如果猜的数字过大或过小都会给出提示,直到猜中该数,显示"恭喜! 你猜对了",同时要统计玩家猜的次数。

12. 数字重复统计问题。(1)随机生成 1000 个整数,数字的范围为[20,100];(2)升序输出所有不同的数字及每个数字重复的次数。

13. 求每个学生的平均成绩,结果保留两位小数。

学生成绩 s = {"Teddy":[100,90,90],"Sandy":[100,90,80],"Elmo":[90,90,80]}

输出结果为{'Teddy': 93.3, 'Sandy': 90, 'Elmo': 86.7}。

14. 现有如下一个字典存放学生的学号和 3 门课程的成绩:

dictScore = {"101":[67,88,45],"102":[97,68,85],"103":[98,97,95],"104":[67,48,45],"105":[82,58,75],"106":[96,49,65]}

编程返回每个学生的学号及其最高分。

第4章 Python 函数与模块

本书到目前为止所编写的代码都是以一个代码块的形式出现的。当某些任务(例如求一个数的阶乘)需要在一个程序中的不同位置重复执行时,会造成代码的重复率高,应用程序代码烦琐。解决这个问题的方法就是使用函数。无论在哪种编程语言中,函数(在类中称作方法,其意义是相同的)都扮演着至关重要的角色。模块是 Python 的代码组织单元,它将函数、类和数据封装起来以便重用,模块往往对应 Python 程序文件,Python 标准库和第三方提供了大量的模块。

4.1 函数的定义和使用

视频讲解

在 Python 程序的开发过程中将完成某一特定功能并经常使用的代码编写成函数,放在函数库(模块)中供大家选用,在需要使用时直接调用,这就是程序中的函数。开发人员要善于使用函数,以提高编码的效率,减少编写程序段的工作量。

4.1.1 函数的定义

在某些编程语言中,函数声明和函数定义是分开的(在这些编程语言中函数声明和函数定义可以出现在不同的文件中,例如 C 语言),但是在 Python 中,函数声明和函数定义是视为一体的。在 Python 中,函数定义的基本形式如下:

def 函数名(函数参数):
　　函数体
　　return 表达式或者值

在这里说明几点:

① 在 Python 中采用 def 关键字进行函数的定义,不用指定返回值的类型。

② 函数参数可以是零个、一个或者多个。同样地,函数参数也不用指定参数类型,因为在 Python 中变量都是弱类型的,Python 会自动根据值来维护其类型。

③ 在 Python 函数的定义中缩进部分是函数体。

④ 函数的返回值是通过函数中的 return 语句获得的。return 语句是可选的,它可以在函数体内的任何地方出现,表示函数调用执行到此结束。如果没有 return 语句,会自动返回 None(空值);如果有 return 语句,但是 return 后面没有接表达式或者值,也是返回 None (空值)。

下面代码定义了 3 个函数:

```
def printHello():              #打印'hello'字符串
    print('hello')
def printNum():                #输出数字 0～9
    for i in range(0,10):
        print(i)
    return
def add(a,b):                  #实现求两个数的和
    return a + b
```

4.1.2 函数的使用

在定义了函数之后就可以使用该函数了。但是在 Python 中要注意一个问题,就是在 Python 中不允许前向引用,即在函数定义之前不允许调用该函数。大家看一个例子就明白了:

```
print(add(1,2))
def add(a,b):
    return a + b
```

这段程序运行的错误提示如下:

```
Traceback(most recent call last):
    File "C:/Users/xmj/4 - 1.py", line 1, in <module>
        print(add(1,2))
NameError: name 'add' is not defined
```

从报错的信息可以知道,名字为 add 的函数未进行定义。所以在任何时候调用某个函数必须确保其定义在调用之前。

【例 4-1】 编写函数实现最大公约数算法,通过函数调用代码实现求最大公约数。

分析:这里求两个数 x、y 的最大公约数的算法是遍历法。循环变量 i 从 1 到较小的数,用 x、y 同时去除它,如果能整除则赋值给 hcf,最后返回最大的 hcf(当然最后一次赋值最大)。代码如下:

```
#Filename: 4 - 1.py
#定义一个函数
def hcf(x, y):
    """该函数返回两个数的最大公约数"""
    #获取较小的数
    if x > y:
        smaller = y
    else:
        smaller = x
    for i in range(1,smaller + 1):
```

```
        if((x % i == 0) and (y % i == 0)):              #x、y同时整除i,则i是最大公约数
            hcf = i
    return hcf
#用户输入两个数
num1 = int(input("输入第一个数："))
num2 = int(input("输入第二个数："))
print( num1,"和", num2,"的最大公约数为", hcf(num1, num2))      #调用 hcf(num1, num2)函数
```

程序的运行结果如下：

```
输入第一个数：54
输入第二个数：24
54 和 24 的最大公约数为 6
```

4.1.3 Lambda 表达式

Lambda 表达式可以用来声明匿名函数，即没有函数名字的临时使用的小函数，它只可以包含一个表达式，且该表达式的计算结果为函数的返回值，不允许包含其他复杂的语句，但在表达式中可以调用其他函数。

例如：

```
f = lambda x,y,z:x + y + z
print(f(1,2,3))
```

执行以上代码输出的结果如下：

```
6
```

等价于如下定义：

```
def f(x,y,z):
    return x + y + z
print(f(1,2,3))
```

可以将 Lambda 表达式作为列表的元素，从而实现跳转表的功能，也就是函数的列表。Lambda 表达式列表的定义方法如下：

列表名 = [(Lambda 表达式 1)，(Lambda 表达式 2)，……]

调用列表中 Lambda 表达式的方法如下：

列表名[索引](Lambda 表达式的参数列表)

例如：

```
L = [(lambda x:x ** 2),(lambda x:x ** 3),(lambda x:x ** 4)]
print(L[0](2),L[1](2),L[2](2))
```

Python 函数与模块

程序分别计算并打印 2 的平方、立方和四次方。执行以上代码输出的结果为:

```
4 8 16
```

4.1.4 函数的返回值

函数使用 return 返回值,也可以将 Lambda 表达式作为函数的返回值。

【例 4-2】 定义一个函数 math。当参数 k=1 时返回计算加法的 Lambda 表达式;当参数 k=2 时返回计算减法的 Lambda 表达式;当参数 k=3 时返回计算乘法的 Lambda 表达式;当参数 k=4 时返回计算除法的 Lambda 表达式。

代码如下:

```
def math(k):
    if(k == 1):
        return lambda x,y: x + y
    if(k == 2):
        return lambda x,y: x - y
    if(k == 3):
        return lambda x,y: x * y
    if(k == 4):
        return lambda x,y: x/y
# 调用函数
action = math(1)              # 返回加法 Lambda 表达式
print("10 + 2 = ", action(10,2))
action = math(2)              # 返回减法 Lambda 表达式
print("10 - 2 = ",action(10,2))
action = math(3)              # 返回乘法 Lambda 表达式
print("10 * 2 = ",action(10,2))
action = math(4)              # 返回除法 Lambda 表达式
print("10/2 = ",action(10,2))
```

程序的运行结果如下:

```
10 + 2 = 12
10 - 2 = 8
10 * 2 = 20
10/2 = 5.0
```

最后需要补充一点:在 Python 中函数是可以返回多个值的,如果返回多个值,会将多个值放在一个元组或者其他类型的集合中来返回。例如:

```
def function():
    x = 2
    y = [3,4]
```

```
    return(x,y)
print(function())
```

程序的运行结果如下：

```
(2, [3, 4])
```

【例 4-3】 编写函数实现求字符串中大写、小写字母的个数。

分析：需要返回大写、小写字母的个数，即返回两个数，所以使用列表返回。代码如下：

```
def demo(s):
    result = [0,0]
    for ch in s:
        if 'a'< = ch < = 'z':
            result[1] += 1
        elif 'A'< = ch < = 'Z':
            result[0] += 1
    return result                  #返回列表
print(demo('aaaabbbbC'))
```

程序的运行结果如下：

```
[1, 8]
```

4.2 函数的参数

视频讲解

在学习 Python 语言函数的时候，遇到的问题主要有形参和实参的区别、参数的传递和改变、变量的作用域。下面逐一讲解。

4.2.1 函数形参和实参的区别

形参的全称是形式参数，在用 def 关键字定义函数时函数名后面括号中的变量称为形式参数。实参的全称为实际参数，在调用函数时提供的值或者变量称为实际参数。例如：

```
#这里的 a 和 b 就是形参
def add(a,b):
    return a + b
#下面是调用函数
add(1,2)            #这里的 1 和 2 是实参
x = 2
y = 3
add(x,y)            #这里的 x 和 y 是实参
```

Python 函数与模块

4.2.2 参数的传递

在大多数高级语言中,对参数的传递方式这个问题的理解一直是难点和重点,因为它理解起来并不是那么直观明了,但是不理解在编写程序的时候又极其容易出错。下面来探讨 Python 中函数参数的传递问题。

在讨论这个问题之前首先需要明确一点,就是在 Python 中一切皆对象,变量中存放的是对象的引用。这确实有点难以理解,"一切皆对象"在 Python 中确实是这样,之前经常用到的字符串常量、整型常量都是对象。读者如果不信可以验证一下:

```python
x = 2
y = 2
print(id(2))
print(id(x))
print(id(y))
z = 'hello'
print(id('hello'))
print(id(z))
```

程序的运行结果如下:

```
1353830160
1353830160
1353830160
51231464
51231464
```

先解释一下函数 id()的作用。id(object)函数是返回对象 object 的 id 标识(在内存中的地址),id 函数的参数类型是一个对象,因此对于这个语句 id(2)没有报错,就可以知道 2 在这里是一个对象。

从结果可以看出,id(x)、id(y)和 id(2)的值是一样的,id(z)和 id('hello')的值也是一样的。

在 Python 中一切皆对象,像 2、'hello'这样的值都是对象,只不过 2 是一个整型对象,而 'hello'是一个字符串对象。上面的 x＝2,在 Python 中实际的处理过程是这样的:先申请一段内存分配给一个整型对象来存储整型值 2,然后让变量 x 去指向这个对象,实际上就是指向这段内存(这里和 C 语言中的指针有点类似)。而 id(2)和 id(x)的结果一样,说明 id 函数在作用于变量时,其返回的是变量指向的对象的地址。在这里可以将 x 看成对象 2 的一个引用。同理,y＝2,所以变量 y 也指向这个整型对象 2,如图 4-1 所示。

下面讨论函数的参数传递问题。

在 Python 中参数传递采用的是值传递,这和 C 语言有点类似。在绝大多数情况下,在函数内部直接修改形参的值不会影响实参。例如下面的示例:

图 4-1 两个变量引用同一个对象的示意图

```
def addOne(a):
    a += 1
    print(a)        #输出 4
a = 3
addOne(a)
print(a)            #输出 3
```

在有些情况下,可以通过特殊的方式在函数内部修改实参的值。例如下面的代码:

```
def modify1(m,K):
    m = 2
    K = [4,5,6]
    return
def modify2(m,K):
    m = 2
    K[0] = 0        #同时修改了实参的内容
    return
#主程序
n = 100
L = [1,2,3]
modify1(n,L)
print(n)
print(L)
modify2(n,L)
print(n)
print(L)
```

程序的运行结果如下:

```
100
[1, 2, 3]
100
[0, 2, 3]
```

从结果可以看出,执行 modify1() 之后,n 和 L 都没有发生任何改变;执行 modify2() 后,n 还是没有改变,L 发生了改变。因为在 Python 中参数传递采用的是值传递方式,在执行函数 modify1() 时,先获取 n 和 L 的 id() 值,然后为形参 m 和 K 分配空间,让 m 和 K 分别指向对象 100 和对象[1,2,3]。m=2 让 m 重新指向对象 2,而 K=[4,5,6]让 K 重新指向对象[4,5,6]。这种改变并不会影响实参 n 和 L,所以在执行 modify1() 之后 n 和 L 没有发生任何改变。

同理,在执行函数 modify2() 时,让 m 和 K 分别指向对象 2 和对象[1,2,3],然而 K[0]=0 让 K[0]重新指向了对象 0(注意这里 K 和 L 指向的是同一段内存),所以对 K 指向的内存数据进行的任何改变也会影响 L,因此在执行 modify2() 之后 L 发生了改变,如图 4-2 所示。

下面两个例子也是在函数内部修改实参的值。

图 4-2 执行 modify2()前后的示意图

```
def modify(v, item):    ♯为列表增加元素
    v.append(item)
♯主程序
a = [2]
modify(a,3)
print(a)              ♯输出为[2, 3]
```

程序的运行结果如下:

```
[2, 3]
```

再如,修改字典元素值:

```
def modify(d):     ♯修改字典元素值或为字典增加元素
    d['age'] = 38
♯主程序
a = {'name':'Dong', 'age':37, 'sex':'Male'}
print(a)           ♯输出为{'age': 37, 'name': 'Dong', 'sex': 'Male'}
modify(a)
print(a)           ♯输出为{'age': 38, 'name': 'Dong', 'sex': 'Male'}
```

程序的运行结果如下:

```
{'sex': 'Male', 'age': 37, 'name': 'Dong'}
{'sex': 'Male', 'age': 38, 'name': 'Dong'}
```

4.2.3 函数参数的类型

在 C 语言中,调用函数时必须依照函数定义时的参数个数及类型来传递参数,否则将会发生错误,这是有严格规定的,然而在 Python 中函数参数的定义和传递方式相比而言就灵活多了。

1. 默认值参数

默认值参数是指它能够给函数参数提供默认值。例如:

```
def display(a = 'hello',b = 'world'):
    print(a + b)
```

```
# 主程序
display()
display(b = 'world')
display(a = 'hello')
display('world')
```

程序的运行结果如下:

```
helloworld
helloworld
helloworld
worldworld
```

在上面的代码中,分别给 a 和 b 指定了默认参数,即如果不给 a 或者 b 传递参数,它们分别采用默认值。在给参数指定了默认值后,如果传递参数时不指定参数名,则会从左到右依次传递参数,如 display('world')没有指定'world'是传递给 a 还是 b,则默认从左向右匹配,即传递给 a。

默认值参数如果使用不当,会导致很难发现的逻辑错误。

2. 关键字参数

前面接触到的函数参数叫作位置参数,即参数是通过位置进行匹配的,从左到右依次进行匹配,这对参数的位置和个数都有严格的要求。在 Python 中还有一种参数是通过名字来匹配的,不需要严格按照参数定义时的位置来传递参数,这种参数叫作关键字参数。关键字参数避免了用户需要牢记位置参数的顺序的麻烦。下面举两个例子:

```
def display(a,b):
    print(a)
    print(b)
# 主程序
display('hello','world')
```

这段程序是想输出'hello world',可以正常运行。如果像下面这样编写,结果可能就不是预期的样子了。

```
def display(a,b):
    print(a)
    print(b)
# 主程序
display('hello')                # 这样会报错,参数不足
display('world','hello')        # 这样会输出'world hello'
```

可以看出,在 Python 中默认的是采用位置参数来传递参数。在调用函数时必须严格按照函数定义时的参数个数和位置来传递参数,否则将会出现预想不到的结果。下面这段代码采用的就是关键字参数:

```
def display(a,b):
    print(a)
    print(b)
display(a = 'world',b = 'hello')
display(b = 'hello',a = 'world')
```

上述代码最后两句达到的效果是相同的。可以看到,在通过指定参数名字传递参数时,参数位置对结果是没有影响的。

3. 任意个数参数

一般情况下在定义函数时函数参数的个数是确定的,然而在某些情况下是不能确定参数的个数的,例如要存储某个人的名字和他的小名,某些人的小名可能有两个或者更多个,此时无法确定参数的个数,只需在参数的前面加上' * '或者' ** '。

示例代码如下:

```
def storename(name, * nickName):
    print('real name is % s' % name)
    for nickname in nickName:
        print('小名',nickname)
♯主程序
storename('张海')
storename('张海','小海')
storename('张海','小海','小豆豆')
```

程序的运行结果如下:

```
real name is 张海
real name is 张海
小名小海
real name is 张海
小名小海
小名小豆豆
```

' * '和' ** '表示能够接受 0 到任意多个参数,' * '表示将没有匹配的值都放在同一个元组中,' ** '表示将没有匹配的值都放在一个字典中。

假如使用' ** ',代码如下:

```
def demo( ** p):
    for item in p.items():
        print(item)
demo(x = 1,y = 2,z = 3)
```

程序的运行结果如下:

```
('x', 1)
('y', 2)
('z', 3)
```

假如使用' * ',代码如下:

```
def demo( * p):
    for item in p:
        print(item,end = " ")
demo(1,2,3)
```

程序的运行结果如下:

```
1 2 3
```

4.2.4　变量的作用域

在引入函数的概念之后就出现了变量的作用域的问题。变量起作用的范围称为变量的作用域。一个变量在函数外部定义和在函数内部定义,其作用域是不同的。如果用特殊的关键字定义一个变量,也会改变其作用域。本节讨论变量的作用域规则。

1. 局部变量

在函数内定义的变量只在该函数内起作用,称为局部变量。它们与函数外具有相同名称的其他变量没有任何关系,即变量名称对于函数来说是局部的。所有局部变量的作用域是它们被定义的块,从它们的名称被定义处开始。在函数结束时,其局部变量被自动删除。下面通过一个例子说明局部变量的使用。

```
def fun( ):
    x = 3
    count = 2
    while count > 0:
        print(x)
        count = count - 1
fun( )
print(x)          # 错误: NameError: name 'x' is not defined
```

在函数 fun 中定义变量 x,在函数内部定义的变量的作用域都仅限于函数内部,在函数外部是不能够调用的,所以在函数外 print(x)会出现错误提示。

2. 全局变量

在 Python 中还有一种变量叫作全局变量,它是在函数外部定义的,作用域是整个程序。全局变量可以直接在函数里面使用,但是如果要在函数内部改变全局变量的值,必须使用 global 关键字进行声明。示例代码如下:

```
x = 2                          ♯全局变量
def fun1():
    print(x, end = " ")
def fun2():
    global x                   ♯在函数内部改变全局变量的值必须使用 global 关键字
    x = x + 1
    print(x, end = " ")
fun1()
fun2()
print(x, end = " ")
```

程序的运行结果如下：

```
2 3 3
```

在 fun2()函数中如果没有 global x 声明,则编译器认为 x 是局部变量,而局部变量 x 又没有创建,从而出错。

在函数内部直接将一个变量声明为全局变量,而在函数外没有定义,在调用这个函数之后,将变量增加为新的全局变量。

如果一个局部变量和一个全局变量重名,则局部变量会"屏蔽"全局变量,也就是局部变量起作用。

4.3 闭包和函数的递归调用

视频讲解

4.3.1 闭包

在 Python 中,闭包(closure)指函数的嵌套。因为可以在函数内部定义一个嵌套函数,将嵌套函数视为一个对象,所以可以将嵌套函数作为定义它的函数的返回结果。

【例 4-4】 使用闭包的例子。

代码如下：

```
def func_lib():
    def add(x, y):
        return x + y
    return add          ♯返回函数对象

fadd = func_lib()
print(fadd(1, 2))
```

在函数 func_lib()中定义了一个嵌套函数 add(x, y),并作为函数 func_lib()的返回值。程序的运行结果如下：

```
3
```

4.3.2 函数的递归调用

1. 递归调用

函数在执行的过程中直接或间接地调用自己本身,称为递归调用。Python 语言允许递归调用。

【例 4-5】 求 1~5 的平方和。

```
def f(x):
    if x == 1:                    # 递归调用结束的条件
        return 1
    else:
        return(f(x - 1) + x * x)  # 调用 f() 函数本身
print(f(5))
```

在调用 f() 函数的过程中又调用了 f() 函数,这是直接调用本函数。如果在调用 f1() 函数的过程中要调用 f2() 函数,而在调用 f2() 函数的过程中又要调用 f1() 函数,这是间接调用本函数,如图 4-3 所示。

(a) 直接递归调用示意图   (b) 间接递归调用示意图

图 4-3 函数的递归调用示意图

从图 4-3 可以看到,递归调用都是无终止地调用自己。在程序中不应该出现这种无止境的递归调用,而应该出现有限次数、有终止的递归调用。这可以使用 if 语句来控制,当满足某一条件时递归调用结束。例如,求 1~5 的平方和中递归调用结束的条件是 x=1。

【例 4-6】 从键盘输入一个整数,求该数的阶乘。

根据求一个数 n 的阶乘的定义 n!=n(n−1)!,可写出如下形式代码:

```
fac(n) = 1              n = 1
fac(n) = n * fac(n - 1)  (n > 1)
```

程序如下:

```
def fac(n):
    if n == 1:                    # 递归调用结束的条件
        p = 1
    else:
        p = (fac(n - 1) * n)      # 调用 fac() 函数本身
    return p
x = int(input("输入一个正整数:"))
print(fac(x))
```

执行以上代码的输出结果为:

```
输入一个正整数: 4↙
24
```

思考：根据递归的处理过程,若 fac()函数中没有语句"if n==1:p=1",程序的运行结果将如何?

2. 递归调用的执行过程

递归调用的执行过程分为递推过程和回归过程两部分。这两个过程由递归终止条件控制,即逐层递推,直至递归终止条件,然后逐层回归。递归调用和普通的函数调用一样利用了先进后出的栈结构来实现。每次调用时,在栈中分配内存单元保存返回地址以及参数和局部变量;与普通的函数调用不同的是,由于递推的过程是一个逐层调用的过程,所以存在一个逐层连续的参数入栈过程,调用过程每调用一次自身,把当前参数压栈,每次调用时都首先判断递归终止条件,直到达到递归终止条件为止;接着回归过程不断从栈中弹出当前的参数,直到栈空返回到初始调用处为止。

图 4-4 显示了例 4-6 的递归调用过程。

图 4-4　递归调用 n! 的执行过程

注意：无论是直接递归还是间接递归都必须保证在有限次调用之后能够结束,即递归必须有结束条件并且递归能向结束条件发展。例如,fac()函数中的参数 n 在递归调用中每次减 1,总可以达到 n==1 的状态而结束。

用函数递归调用解决的问题也可用非递归函数实现,例如上例中可用循环实现求 n!。但在许多情形下如果不用递归方法,程序的算法将十分复杂,很难编写。

下面的实例显示了递归设计技术的效果。

【例 4-7】 汉诺塔(Hanoi)问题。汉诺塔源自古印度,是非常著名的智力趣题,在很多算法书籍和智力竞赛中都有涉及。有 A、B、C 共 3 根柱子(如图 4-5 所示),A 柱上有 n 个大小不等的盘子,大盘在下,小盘在上。要求将所有盘子由 A 柱搬动到 C 柱上,每次只能搬动一个盘子,在搬动过程中可以借助任何一根柱子,但必须满足大盘在下,小盘在上。

图 4-5　汉诺塔

编程求解汉诺塔问题并打印出搬动的步骤。

分析：

① A 柱只有一个盘子的情况：A 柱→C 柱。

② A 柱有两个盘子的情况：小盘 A 柱→B 柱，大盘 A 柱→C 柱，小盘 B 柱→C 柱。

③ A 柱有 n 个盘子的情况：将此问题看成上面 n−1 个盘子和最下面第 n 个盘子的情况。n−1 个盘子 A 柱→B 柱，第 n 个盘子 A 柱→C 柱，n−1 个盘子 B 柱→C 柱。问题转换成搬动 n−1 个盘子的问题，同样，将 n−1 个盘子看成上面 n−2 个盘子和最下面第 n−1 个盘子的情况，进一步转化为搬动 n−2 个盘子的问题，……，类推下去，直到最后成为搬动一个盘子的问题。

这是一个典型的递归问题，递归结束于只搬动一个盘子。

算法可以描述如下：

① n−1 个盘子 A 柱→B 柱，借助于 C 柱。

② 第 n 个盘子 A 柱→C 柱。

③ n−1 个盘子 B 柱→C 柱，借助于 A 柱。

其中步骤①和步骤③继续递归下去，直到搬动一个盘子为止。由此可以定义两个函数：一个是递归函数，命名为 hanoi(n, source, temp, target)，实现将 n 个盘子从源柱 source 借助中间柱 temp 搬到目标柱 target；另一个命名为 move(source, target)，用来输出搬动一个盘子的提示信息。

代码如下：

```python
def move(source, target):
    print(source," = =>",target)
def hanoi(n, source, temp, target):
    if(n == 1):
        move(source,target)
    else:
        hanoi(n−1,source,target,temp)    ＃将 n−1 个盘子搬到中间柱
        move(source,target)              ＃将最后一个盘子搬到目标柱
        hanoi(n−1,temp,source,target)    ＃将 n−1 个盘子搬到目标柱
＃主程序
n = int(input("输入盘子数: "))
print(" 移动 ",n ," 个盘子的步骤是: ")
hanoi(n,'A','B','C')
```

执行以上代码的输出结果为：

```
输入盘子数: 3 ↙
移动 3 个盘子的步骤是:
A = =>C
A = =>B
C = =>B
A = =>C
B = =>A
B = =>C
A = =>C
```

注意：计算一个数的阶乘的问题可以利用递归函数和非递归函数解决，对于汉诺塔问题，为其设计一个非递归程序不是一件简单的事情。

4.4 内置函数

内置函数(built-in functions)又称系统函数或内建函数,是指 Python 本身所提供的函数,在任何时候都可以使用。Python 常用的内置函数有数学运算函数、集合操作函数、字符串函数、反射函数和 I/O 函数等。

4.4.1 数学运算函数

数学运算函数完成算术运算,如表 4-1 所示。

表 4-1   数学运算函数

函　　数	具 体 说 明
abs(x)	求绝对值。参数可以是整型,也可以是复数,若参数是复数,则返回复数的模
complex([real[, imag]])	创建一个复数
divmod(a, b)	分别取商和余数。例如,divmod(20,6)的结果是(3,2)
float(x)	将一个字符串或数转换为浮点数。如果无参数将返回 0.0。例如,float('123')的结果是 123.0
int([x[, base]])	将一个字符转换为 int 类型,base 表示进制。例如,int('100',base=2)的结果是 4
pow(x, y)	返回 x 的 y 次幂。例如,pow(2,3)的结果是 8
range([start], stop[, step])	产生一个序列,默认从 0 开始
round(x[, n])	对参数 x 的第 n+1 位小数进行四舍五入,返回一个小数位数为 n 的浮点数
sum(iterable[, start])	对集合中的元素求和
bool(x)	将 x 转换为 boolean 类型。例如,bool(5)的结果是 True,bool(0)的结果是 False
oct(x)	将整数 x 转化为八进制字符串
hex(x)	将整数 x 转换为十六进制字符串
chr(i)	返回整数 i 对应的 ASCII 字符
bin(x)	将整数 x 转换为二进制字符串
bool(x)	将 x 转换为 boolean 类型
eval(str)	将字符串 str 当成有效的表达式来求值并返回计算结果。例如,eval("1+2 * 3")的结果是 7

4.4.2 集合操作函数

集合操作函数完成对集合操作,如表 4-2 所示。

表 4-2   集合操作函数

函　　数	具 体 说 明
format(value [, format_spec])	格式化输出字符串。格式化的参数的顺序从 0 开始,例如"I am {0},I like {1}"
unichr(i)	返回给定 int 类型的 unicode

函　　数	具体说明
enumerate(sequence[,start = 0])	返回一个可枚举的对象,该对象的 next()方法将返回一个元组
max(iterable[, args…][key])	返回集合中的最大值
min(iterable[, args…][key])	返回集合中的最小值
dict([arg])	创建数据字典
list([iterable])	将一个集合类转换为列表
set()	set 对象实例化
frozenset([iterable])	产生一个不可变的 set
str([object])	转换为 string 类型
sorted(iterable)	集合的排序
tuple([iterable])	生成一个 tuple 类型
len(s)	返回集合的长度

4.4.3　字符串函数

常用的 Python 字符串操作有字符串的替换、删除、截取、复制、连接、比较、查找、分割等。具体的字符串函数如表 4-3 所示。

表 4-3　字符串函数

函　　数	具体说明
string. capitalize()	把字符串的第一个字符大写
string. count(str,beg=0,end=len(string))	返回 str 在 string 中出现的次数,如果 beg 或者 end 指定,则返回指定范围内 str 出现的次数
string. decode(encoding= 'UTF-8')	以 encoding 指定的编码格式解码 string
string. endswith(obj,beg=0,end=len(string))	检查字符串是否以 obj 结束,如果 beg 或者 end 指定范围,则检查指定的范围内是否以 obj 结束,如果是则返回 True,否则返回 False
string. find(str,beg=0,end=len(string))	检测 str 是否包含在 string 中,如果 beg 和 end 指定范围,则检查是否包含在指定范围内,如果是则返回开始的索引值,否则返回-1
string. index(str,beg=0,end=len(string))	跟 find()函数一样,只不过如果 str 不在 string 中则会报一个异常
string. isalnum()	如果 string 至少有一个字符并且所有字符都是字母或数字,则返回 True,否则返回 False
string. isalpha()	如果 string 至少有一个字符并且所有字符都是字母,则返回 True,否则返回 False
string. isdecimal()	如果 string 只包含十进制数字,则返回 True,否则返回 False
string. isdigit()	如果 string 只包含数字,则返回 True,否则返回 False
string. islower()	如果 string 中至少包含一个区分大小写的字符,并且所有这些(区分大小写的)字符都是小写,则返回 True,否则返回 False
string. isnumeric()	如果 string 中只包含数字字符,则返回 True,否则返回 False
string. isspace()	如果 string 中只包含空格,则返回 True,否则返回 False

函　　数	具 体 说 明
string. istitle()	如果 string 是标题化的(见 title()),则返回 True,否则返回 False
string. isupper()	如果 string 中至少包含一个区分大小写的字符,并且所有这些(区分大小写的)字符都是大写,则返回 True,否则返回 False
string. join(seq)	以 string 作为分隔符,将 seq 中的所有元素(的字符串表示)合并为一个新的字符串
string. ljust(width)	返回一个原字符串左对齐,并使用空格填充至长度 width 的新字符串
string. lower()	转换 string 中的所有大写字符为小写
string. lstrip()	截掉 string 左边的空格
max(str)	返回字符串 str 中最大的字母
min(str)	返回字符串 str 中最小的字母
string. replace(str1, str2, num)	把 string 中的 str1 替换成 str2,如果 num 指定,则替换不超过 num 次
string. rfind(str,beg=0,end=len(string))	类似于 find()函数,不过是从右边开始查找
string. rindex(str,beg=0,end=len(string))	类似于 index()函数,不过是从右边开始
string. rstrip()	删除 string 字符串末尾的空格
string. split(str="",num=string. count(str))	以 str 为分隔符切片 string,如果 num 有指定值,则仅分隔 num 个子字符串
string. startswith(obj,beg=0,end=len(string))	检查字符串是否为以 obj 开头,是则返回 True,否则返回 False。如果 beg 和 end 有指定值,则在指定范围内检查
string. upper()	转换 string 中的小写字母为大写

分割字和组合字符串函数的应用实例如下:

```
str1 = "hello world Python"
list1 = str1.split(" ")              #按空格分割字符串 str1,形成列表 list1
print(list1);                        #结果是['hello', 'world', 'Python']
str1 = "hello world\nPython"
list1 = str1.splitlines()            #按换行符分割字符串 str1,形成列表 list1
print(list1);
list1 = ["hello", "world", "Python"]
str1 = "#"
print(str1.join(list1))              #用#连接列表元素形成字符串 str1
```

结果如下:

```
['hello', 'world', 'Python']
['hello world', 'Python']
hello#world#Python
```

4.4.4　反射函数

反射函数主要用于获取类型、对象的标识、基类等操作,如表 4-4 所示。

表 4-4　反射函数

函　　数	具体说明
getattr(object，name［，default］)	获取一个类的属性
globals()	返回一个描述当前全局符号表的字典
hasattr(object，name)	判断对象 object 是否包含名为 name 的特性
hash(object)	如果对象 object 为哈希表类型，返回对象 object 的哈希值
id(object)	返回对象的唯一标识
isinstance(object，classinfo)	判断 object 是否为 class 的实例
issubclass(class，classinfo)	判断是否为子类
locals()	返回当前的变量列表
map(function，iterable，…)	遍历每个元素，执行 function 操作
memoryview(obj)	返回一个内存镜像类型的对象
next(iterator［，default］)	类似于 iterator.next()
object()	基类
property(［fget［，fset［，fdel［，doc］］］］)	属性访问的包装类，设置后可以通过 c.x＝value 等来访问 setter 和 getter
reload(module)	重新加载模块
setattr(object，name，value)	设置属性值
repr(object)	将一个对象变换为可打印的格式
staticmethod	声明静态方法，是一个注解
super(type［，object-or-type］)	引用父类
type(object)	返回该 object 的类型
vars(［object］)	返回对象的变量，若无参数则与 dict() 方法类似

4.4.5　I/O 函数

I/O 函数主要用于输入与输出等操作，如表 4-5 所示。

表 4-5　I/O 函数

函　　数	具体说明
file(filename［,mode［,bufsize］］)	file 类型的构造函数，作用为打开一个文件，如果文件不存在且 mode 为写或追加时，文件将被创建。添加 b 到 mode 参数中，将对文件以二进制形式操作。添加＋到 mode 参数中，将允许对文件同时进行读和写操作。在 Python 3.x 中内置的 file 函数已经被移除。 ➤ 参数 filename：文件的名称。 ➤ 参数 mode：'r'(读)、'w'(写)、'a'(追加)。 ➤ 参数 bufsize：如果为 0 则表示不进行缓冲；如果为 1 则表示进行缓冲；如果是一个大于 1 的数则表示缓冲区的大小
input(［prompt］)	获取用户的输入，输入都是作为字符串处理
open(name［,mode［,buffering］］)	打开文件，推荐使用 open
print()	打印函数

4.5 模　　块

视频讲解

模块(module)能够有逻辑地组织 Python 代码段。把相关的代码分配到一个模块中能让代码更好用、更易懂。简单地说,模块就是一个保存了 Python 代码的文件。在模块里能定义函数、类和变量。

在 Python 中模块和 C 语言中的头文件以及 Java 中的包很类似,例如在 Python 中要调用 sqrt()函数,必须用 import 关键字导入 math 模块。下面就来学习 Python 中的模块。

4.5.1　import 模块

1. 导入模块的方式

在 Python 中用关键字 import 来导入某个模块。方式如下:

import 模块名　　♯导入模块

例如要引用模块 math,就可以在文件最开始的地方用 import math 来导入。

在调用模块中的函数时必须这样调用:

模块名.函数名

例如:

```
import math                    ♯导入 math 模块
print("50 的平方根: ", math.sqrt(50))
y = math.pow(5,3)
print("5 的 3 次方: ",y)        ♯5 的 3 次方: 125.0
```

为什么在调用时必须加上模块名呢? 因为可能存在这样一种情况: 在多个模块中含有相同名称的函数,此时如果只是通过函数名来调用,解释器无法知道到底要调用哪个函数。所以在像上述那样导入模块的时候调用函数必须加上模块名。

有时候只需要用到模块中的某个函数,只需要引入该函数即可,此时可以通过语句引入:

from 模块名 import 函数名 1,函数名 2,……

在通过这种方式引入的时候,调用函数时只能给出函数名,不能给出模块名,但是当两个模块中含有相同名称的函数的时候,后面一次引入会覆盖前一次引入。

也就是说,假如模块 A 中有函数 fun(),模块 B 中也有函数 fun(),如果引入 A 中的fun()在先、B 中的 fun()在后,那么当调用 fun()函数的时候会去执行模块 B 中的 fun()函数。

如果想一次性导入 math 中的所有东西,还可以通过如下代码:

```
from math import *
```

这种方式提供了一个简单的方式来导入模块中的所有项目,然而不建议过多地使用这种方式。

2. 模块位置的搜索顺序

当导入一个模块时,Python解析器对模块位置的搜索顺序如下。

① 当前目录。

② 如果不在当前目录,Python则搜索PYTHON PATH环境变量下的每个目录。

③ 如果都找不到,Python会查看由安装过程决定的默认目录。

模块的搜索路径存储在system模块的sys. path变量中。变量中包含当前目录、PYTHON PATH和由安装过程决定的默认目录。

例如:

```
>>> import sys
>>> print(sys.path)
```

输出结果如下:

```
['','D:\\Python\\Python35 - 32\\Lib\\idlelib', 'D:\\Python\\Python35 - 32\\python35.zip', 'D:
\\Python\\Python35 - 32\\DLLs', 'D:\\Python\\Python35 - 32\\lib', 'D:\\Python\\Python35 - 32',
'D:\\Python\\Python35 - 32\\lib\\site - packages']
```

3. 列举模块的内容

dir(模块名)函数返回一个排好序的字符串列表,内容是模块里定义的变量和函数。

例如:

```
import math        # 导入 math 模块
content = dir(math)
print(content)
```

输出结果如下:

```
['__doc__', '__loader__', '__name__', '__package__', '__spec__', 'acos', 'acosh', 'asin', 'asinh',
'atan', 'atan2', 'atanh', 'ceil', 'copysign', 'cos', 'cosh', 'degrees', 'e', 'erf', 'erfc', 'exp', 'expm1',
'fabs', 'factorial', 'floor', 'fmod', 'frexp', 'fsum', 'gamma', 'gcd', 'hypot', 'inf', 'isclose',
'isfinite','isinf', 'isnan', 'ldexp', 'lgamma', 'log', 'log10', 'log1p', 'log2', 'modf', 'nan', 'pi','pow',
'radians', 'sin', 'sinh', 'sqrt', 'tan', 'tanh', 'trunc']
```

在这里,特殊字符串变量__name__指模块的名字,__file__指该模块所在的文件名,__doc__指该模块的文档字符串。

4.5.2 定义自己的模块

在Python中,每个Python文件都可以作为一个模块,模块的名字就是文件的名字。

例如有一个文件fibo. py,在fibo. py中定义了3个函数add()、fib()和fib2(),代码如下:

```
# fibo.py
# 斐波那契(Fibonacci)数列模块
def fib(n):                # 定义到 n 的斐波那契数列
    a, b = 0, 1
    while b < n:
        print(b, end = ' ')
        a, b = b, a + b
    print()
def fib2(n):               # 返回到 n 的斐波那契数列
    result = []
    a, b = 0, 1
    while b < n:
        result.append(b)
        a, b = b, a + b
    return result
def add(a,b):
    return a + b
```

那么在其他文件(例如 test.py)中就可以如下使用:

```
# test.py
import fibo
```

加上模块名称来调用函数,示例如下:

```
fibo.fib(1000)      # 结果是 1 1 2 3 5 8 13 21 34 55 89 144 233 377 610 987
fibo.fib2(100)      # 结果是[1, 1, 2, 3, 5, 8, 13, 21, 34, 55, 89]
fibo.add(2,3)       # 结果是 5
```

当然也可以通过"from fibo import add,fib,fib2"来引入。

直接用函数名来调用函数,示例如下:

```
fib(500)      # 结果是 1 1 2 3 5 8 13 21 34 55 89 144 233 377
```

如果想列举 fibo 模块中定义的属性列表,可以如下使用:

```
import fibo
dir(fibo)      # 得到自定义模块 fibo 中定义的变量和函数
```

输出结果如下:

```
['__name__', 'fib', 'fib2', 'add']
```

下面学习一些常用的标准模块。

4.5.3 time 模块

在 Python 中通常用以下两种方式来表示时间。

① 时间戳：从 1970 年 1 月 1 日 00:00:00 开始到现在的秒数。

② 时间元组 struct_time：其中共有 9 个元素，具体有 tm_year（年，例如 2011）、tm_mon（月）、tm_mday（日）、tm_hour（小时，0～23）、tm_min（分，0～59）、tm_sec（秒，0～59）、tm_wday（星期，0～6，0 表示周日）、tm_yday（一年中的第几天，1～366）、tm_isdst（是否为夏令时，默认 1 为夏令时）。

在 time 模块中既有处理时间的函数，也有转换时间格式的函数，如表 4-6 所示。

表 4-6 time 模块中的函数

函　　数	具 体 说 明
time.asctime([tupletime])	接收时间元组并返回一个可读的形式为"Tue Dec 11 18:07:14 2008"（2008 年 12 月 11 日周二 18 时 07 分 14 秒）的 24 个字符的字符串
time.clock()	用以浮点数计算的秒数返回当前的 CPU 时间。用来衡量不同程序的耗时，比 time.time() 更有用
time.ctime([secs])	作用相当于 asctime(localtime(secs))，用来获取当前时间字符串
time.gmtime([secs])	接收时间戳（1970 纪元后经过的浮点秒数）并返回时间元组 t
time.localtime([secs])	接收时间戳（1970 纪元后经过的浮点秒数）并返回当地时间的时间元组 t
time.mktime(tupletime)	接收时间元组并返回时间戳（1970 纪元后经过的浮点秒数）
time.sleep(secs)	推迟调用线程的运行，secs 指秒数
time.strftime(fmt[,tupletime])	接收时间元组，并返回以可读字符串表示的当地时间，格式由 fmt 决定
time.strptime(str,fmt='%a %b %d %H:%M:%S %Y')	根据 fmt 的格式把一个时间字符串解析为时间元组
time.time()	返回当前时间的时间戳（1970 纪元后经过的浮点秒数）

例如：

```
>>> import time
>>> time.localtime()                       #将当前时间转换为 struct_time 时间元组
   time.struct_time(tm_year = 2016, tm_mon = 7, tm_mday = 30, tm_hour = 10, tm_min = 52, tm_
sec = 45, tm_wday = 5, tm_yday = 212, tm_isdst = 0)
>>> time.localtime(1469847200.2749472)     #将时间戳转换为 struct_time 时间元组
   time.struct_time(tm_year = 2016, tm_mon = 7, tm_mday = 30, tm_hour = 10, tm_min = 53, tm_
sec = 20, tm_wday = 5, tm_yday = 212, tm_isdst = 0)
>>> time.time()                            #返回当前时间的时间戳,是一个浮点数
   1469847200.2749472
>>> time.mktime(time.localtime())          #将一个 struct_time 转换为时间戳
   1469847200.2749472
>>> time.strptime('2016 - 05 - 05 16:37:06', '%Y- %m- %d %X')
                                           #把一个格式化时间字符串转换为 struct_time
```

Python 函数与模块

```
        time.struct_time(tm_year = 2016, tm_mon = 5, tm_mday = 5, tm_hour = 16, tm_min = 37, tm_sec =
6, tm_wday = 3, tm_yday = 126, tm_isdst = - 1)
#把一个时间元组 struct_time(例如由 time.localtime()返回)转换为格式化的时间字符串
>>> time.strftime(" % Y - % m - % d % X", time.localtime())
        '2016 - 07 - 30 10:58:01'
```

4.5.4 calendar 模块

calendar 模块的函数都是与日历相关的,例如打印某月的字符月历。星期一是默认的每周第一天,星期天是默认的最后一天。更改设置需调用 calendar.setfirstweekday()函数。calendar 模块中的函数如表 4-7 所示。

表 4-7 calendar 模块中的函数

函 数	具 体 说 明
calendar(year,w=2,l=1,c=6)	返回一个多行字符串格式的 year 年年历,3 个月一行。每日宽度间隔为 w 字符,间隔距离为 c,每行长度为 21×w+18+2×c,l 是每星期的行数
firstweekday()	返回当前每周起始日期的设置。在默认情况下,首次载入 calendar 模块时返回 0,即星期一
isleap(year)	是闰年返回 True,否则为 False
leapdays(y1,y2)	返回在 y1、y2 两年之间的闰年总数
month(year,month,w=2,l=1)	返回一个多行字符串格式的 year 年 month 月日历,两行标题,一周一行。每日宽度间隔为 w 字符,每行的长度为 7×w+6。l 是每星期的行数
monthcalendar(year,month)	返回一个整数的单层嵌套列表。每个子列表装载代表一个星期的整数。year 年 month 月外的日期都设为 0;范围内的日子都由该月的第几日表示,从 1 开始
monthrange(year,month)	返回两个整数。第一个是该月的星期几的日期码,第二个是该月的日期码。日从 0(星期一)到 6(星期日),月从 1 到 12
setfirstweekday(weekday)	设置每周的起始日期码。日从 0(星期一)到 6(星期日)
timegm(tupletime)	和 time.gmtime 相反,接收一个时间元组形式,返回该时刻的时间戳(1970 纪元后经过的浮点秒数)
weekday(year,month,day)	返回给定日期的日期码。日从 0(星期一)到 6(星期日),月从 1(1 月)到 12(12 月)

4.5.5 datetime 模块

datetime 模块为日期和时间处理提供了更直观、更容易调用的函数方法;支持日期和时间运算,并且有更有效的处理和格式化输出;同时该模块还支持时区处理。

datetime 模块还包含 3 个类,即 date、time 和 datetime。

1. date 类

date 类对象表示一个日期。日期由年、月、日组成。

date 类的构造函数为 date(year，month，day)，接收年、月、日 3 个参数，返回一个 date 对象。

其常用函数方法如下。

➤ timetuple()：返回一个 time 的时间格式对象。其等价于 time. localtime()。

➤ today()：返回当前日期 date 对象。其等价于 fromtimestamp(time. time())。

➤ toordinal()：返回从公元公历开始到现在的天数。公元 1 年 1 月 1 日为 1。

➤ weekday()：返回星期几。自从 0(星期一)到 6(星期日)。

2. time 类

time 类表示时间，由时、分、秒及微秒组成。

time 类的构造函数如下：

```
class datetime.time(hour[ , minute[ , second[ , microsecond[ , tzinfo] ] ] ] )
```

其中，hour 的范围为[0，24)，minute 的范围为[0，60)，second 的范围为[0，60)，microsecond 的范围为[0，1 000 000)。

其常用函数方法如下。

➤ time([hour[，minute[，second[，microsecond[，tzinfo]]]]])：构造函数，返回一个 time 对象。其所有参数均为可选。

➤ dst()：返回时区信息的描述。如果实例中没有 tzinfo 参数，则返回空。

➤ isoformat()：返回 HH:MM:SS[.mmmmmm][+HH:MM]格式的字符串。

3. datetime 类

datetime 模块还包含一个 datetime 类，通过 from datetime import datetime 导入的才是 datetime 类。

如果仅导入 import datetime，则必须引用全名 datetime. datetime。

datetime 类的构造函数如下：

```
datetime(year, month, day[, hour[, minute[, second[, microsecond[,tzinfo]]]]])
```

该构造函数返回一个 datetime 对象，year、month、day 为必选参数。

其常用函数方法如下。

➤ datetime. now()：返回当前日期和时间，其类型是 datetime。

➤ combine()：根据给定 date、time 对象合并后返回一个对应值的 datetime 对象。

➤ ctime()：返回 ctime 格式的字符串。

➤ date()：返回具有相同 year、month、day 的 date 对象。

➤ fromtimestamp()：根据时间戳数值返回一个 datetime 对象。

➤ now()：返回当前时间。

例如：

```
>>> from datetime import date
>>> now = date.today()                          #创建表示今天日期的 date 类对象
>>> now
datetime.date(2016, 7, 30)
>>> now.year
2016
>>> now.timetuple()                             #将当前日期转换为 struct_time 时间元组
time.struct_time(tm_year = 2016, tm_mon = 7, tm_mday = 30, tm_hour = 0, tm_min = 0, tm_sec = 0,
tm_wday = 5, tm_yday = 212, tm_isdst = - 1)
>>> birthday = date(1974, 7, 20)                #创建表示日期的 date 类对象
>>> age = now - birthday                        #age 是 datetime.timedelta
>>> age.days
15351                                           #两个日期相差的天数
#时间加减
>>> from datetime import datetime, timedelta
>>> now = datetime(2016, 5, 18, 16, 57, 13)    #2016 年 5 月 18 日 16 时 57 分 13 秒
>>> now + timedelta(hours = 10)                #增加 10 个小时
datetime.datetime(2016, 5, 19, 2, 57, 13)
>>> now - timedelta(days = 1)                  #减一天
datetime.datetime(2016, 5, 17, 16, 57, 13)
>>> now + timedelta(days = 2, hours = 12)      #增加两天,12 个小时
datetime.datetime(2016, 5, 21, 4, 57, 13)
```

4.5.6 random 模块

随机数可用于数学、游戏等领域中,还经常被嵌入算法中,用于提高算法的效率,并提高程序的安全性。随机数函数在 random 模块中,random 模块中的函数如表 4-8 所示。

表 4-8 random 模块中的函数

函　　数	具　体　说　明
random. choice(seq)	从序列的元素中随机挑选一个元素,例如 random. choice(range(10)),从 0~9 随机挑选一个整数
random. randrange([start,]stop[,step])	从指定范围内按指定 step 递增的集合中获取一个随机数,step 的默认值为 1,例如 random. randrange(6),从 0~5 随机挑选一个整数
random. random()	随机生成下一个实数,它在[0,1)内
random. seed([x])	改变随机数生成器的种子 seed。如果不了解其原理,不必特别去设定 seed,Python 会自动选择 seed
random. shuffle(list)	将序列的所有元素随机排序
random. uniform(x, y)	随机生成下一个实数,它在[x,y]内

4.5.7 math 模块和 cmath 模块

math 模块包含了许多面向浮点数的数学运算函数,这些函数一般是对 C 语言库中同名函数的简单封装。math 模块中的数学运算函数如表 4-9 所示。

表 4-9　**math 模块中的数学运算函数**

函　　数	具 体 说 明
math.e	自然常数 e
math.pi	圆周率 pi
math.degrees(x)	弧度转度
math.radians(x)	度转弧度
math.exp(x)	返回 e 的 x 次方
math.expm1(x)	返回 e 的 x 次方减 1
math.log(x[,base])	返回 x 的以 base 为底的对数,base 默认为 e
math.log10(x)	返回 x 的以 10 为底的对数
math.pow(x,y)	返回 x 的 y 次方
math.sqrt(x)	返回 x 的平方根
math.ceil(x)	返回不小于 x 的整数
math.floor(x)	返回不大于 x 的整数
math.trunc(x)	返回 x 的整数部分
math.modf(x)	返回 x 的小数和整数部分
math.fabs(x)	返回 x 的绝对值
math.fmod(x,y)	返回 x%y(取余)
math.factorial(x)	返回 x 的阶乘
math.hypot(x,y)	返回以 x 和 y 为直角边的斜边的长
math.copysign(x,y)	若 y<0,返回−1 乘以 x 的绝对值,否则返回 x 的绝对值
math.ldexp(m,i)	返回 m 乘以 2 的 i 次方
math.sin(x)	返回 x(弧度)的三角正弦值
math.asin(x)	返回 x(弧度)的反三角正弦值
math.cos(x)	返回 x(弧度)的三角余弦值
math.acos(x)	返回 x(弧度)的反三角余弦值
math.tan(x)	返回 x(弧度)的三角正切值
math.atan(x)	返回 x(弧度)的反三角正切值
math.atan2(x,y)	返回 x/y(弧度)的反三角正切值

例如：

```
>>> import math
>>> math.pow(5,3)      #结果为 125.0
>>> math.sqrt(3)       #结果为 1.7320508075688772
>>> math.ceil(5.2)     #结果为 6.0
>>> math.floor(5.8)    #结果为 5.0
>>> math.trunc(5.8)    #结果为 5
```

另外,在 Python 中 cmath 模块包含了一些用于复数运算的函数。cmath 模块的函数跟 math 模块的函数基本一致,区别是 cmath 模块运算的是复数,math 模块的运算是数学运算。

```
>>> import cmath
>>> cmath.sqrt(−1)      #结果为 1j
```

```
>>> cmath.sqrt(9)          #结果为(3 + 0j)
>>> cmath.sin(1)           #结果为(0.8414709848078965 + 0j)
>>> cmath.log10(100)       #结果为(2 + 0j)
```

4.5.8　包

在创建许多模块后,可能希望将某些功能相近的模块文件组织在同一文件夹下,这里就需要运用包的概念。通常包是一个文件夹,需要注意的是该文件夹必须包含__init__.py 文件,否则 Python 就把这个文件夹当成普通文件夹,而不是一个包。

包里是一些模块文件和子文件夹,假如子文件夹中也有__init__.py,那么它就是这个包的子包。__init__.py(文件的内容可以为空)一般用来进行包的某些初始化工作或者设置__all__列表变量,__all__是"from 包名 import *"这个语句使用的,__all__列表变量包含的模块名字的列表将作为被导入的模块列表。

在从包中导入模块时以"包名.模块名"方式导入即可。例如 pg1 文件夹下有 3 个文件,分别是__init__.py、ModuleA.py 和 fibo.py。结构如下:

```
pg1
|-- __init__.py
|-- ModuleA.py
|-- fibo.py
```

如果要导入 pg1 包下的 ModuleA、fibo 模块,那么在其他文件(例如 test.py)中就可以如下使用:

```
#test.py
import pg1.ModuleA
import pg1.fibo
```

在使用时必须用全路径名,加上模块名称来调用函数,示例如下:

```
pg1.fibo.fib(1000)      #结果是 1 1 2 3 5 8 13 21 34 55 89 144 233 377 610 987
pg1.fibo.fib2(100)      #结果是[1, 1, 2, 3, 5, 8, 13, 21, 34, 55, 89]
```

另外也可以直接导入模块中的函数,使用方式如下:

```
from 包名.子包名.模块名 import 函数名
from 包名.子包名.模块名 import *
```

例如文件(例如 test.py)中:

```
from pg1.fibo import fib
from pg1.fibo import *
fib(1000)      #直接用函数名来调用函数
```

注意：在使用 from package import * 时，如果包的 __init__.py 定义了一个名为 __all__ 的列表变量，它包含的模块名字的列表将作为被导入的模块列表；如果没有定义 __all__，这条语句不会导入 package 的所有子模块，它只保证 package 包被导入，然后导入定义在包中的所有变量。

4.6 游 戏 初 步

视频讲解

【案例 4-1】 扑克牌发牌程序。

4 位玩家打牌，计算机随机将 52 张牌（不含大小鬼）发给 4 位玩家，在屏幕上显示每位玩家的牌。程序的运行效果如图 4-6 所示。

```
Python 3.7.2 Shell                                                    —  □  ×
File Edit Shell Debug Options Window Help
Python 3.7.2 (tags/v3.7.2:9a3ffc0492, Dec 23 2018, 23:09:28) [MSC v.1916 64 bit (AMD64)] on win32
Type "help", "copyright", "credits" or "license()" for more information.
>>>
 RESTART: E:\我的书稿\清华大学出版社\（第3本）Python 程序设计清华大学出版社（第2版）2020.8月\第2版 PPT 和代
码（清华大学出版社--Python）\第4章　Python函数与模块\发牌程序控制台版.py
[28, 49, 20, 13, 41, 44, 32, 4, 51, 42, 34, 29, 7, 26, 2, 12, 47, 5, 10, 18, 37, 1, 23, 40, 24, 6, 33, 9,
 17, 39, 46, 48, 14, 0, 19, 36, 27, 3, 38, 25, 21, 35, 22, 43, 50, 30, 45, 31, 15, 16, 8, 11]
牌手1:方块2 方块3 方块5 方块9 方块Q 红桃2 红桃3 红桃Q 梅花8 黑桃3 黑桃9 黑桃K 黑桃Q
牌手2:方块4 红桃10 红桃4 梅花A 梅花2 梅花4 梅花6 梅花7 梅花A 黑桃4 黑桃6 黑桃A 黑桃J
牌手3:方块10 方块7 方块8 方块J 红桃7 红桃8 红桃9 红桃K 梅花3 梅花9 梅花J 黑桃7 黑桃8
牌手4:方块6 方块A 方块K 红桃4 红桃6 红桃J 梅花10 梅花5 梅花K 梅花Q 黑桃10 黑桃2 黑桃5
>>> |
                                                                        Ln: 10 Col: 4
```

图 4-6 扑克牌发牌程序的运行效果

分析：将要发的 52 张牌按梅花 0~12、方块 13~25、红桃 26~38、黑桃 39~51 的顺序编号并存储在 pocker 列表（未洗牌之前）中。也就是说，列表中某元素存储的是 14，则说明是方块 2；存储的是 26，则说明是红桃 A。gen_pocker(n) 随机产生两个位置索引，交换两个位置的牌，进行 100 次随机交换，从而达到洗牌的目的。

在发牌时，将交换后的 pocker 列表按顺序加到 4 个玩家的列表中。

代码如下：

```python
import random
n = 52
def gen_pocker(n):                    #交换牌的顺序为 100 次,达到洗牌的目的
    x = 100
    while(x > 0):
        x = x − 1
        p1 = random.randint(0,n − 1)
        p2 = random.randint(0,n − 1)
        t = pocker[p1]
        pocker[p1] = pocker[p2]
        pocker[p2] = t
    return pocker
def getColor(x):                      #获取牌的花色
    color = ["梅花","方块","红桃","黑桃"]
    c = int(x/13)
    if c < 0 or c >= 4:
```

```
            return "ERROR!"
        return color[c]
    def getValue(x):                          #获取牌的牌面大小
        value = x % 13
        if value == 0:
            return 'A'
        elif value >= 1 and value <= 9:
            return str(value + 1)
        elif value == 10:
            return 'J'
        elif value == 11:
            return 'Q'
        elif value == 12:
            return 'K'
    def getPuk(x):
        return getColor(x) + getValue(x)
    #主程序
    (a,b,c,d) = ([],[],[],[])                  #a、b、c、d共4个列表分别存储4个玩家的牌
    pocker = [i for i in range(n)]             #未洗牌之前
    pocker = gen_pocker(n)                     #洗牌的目的
    print(pocker)
    for x in range(13):                        #发牌,每个玩家13张牌
        m = x * 4
        a.append(getPuk(pocker[m]))
        b.append(getPuk(pocker[m + 1]))
        c.append(getPuk(pocker[m + 2]))
        d.append(getPuk(pocker[m + 3]))
    a.sort()                                   #玩家的牌的排序,相当于理牌,同花色的牌放在一起
    b.sort()
    c.sort()
    d.sort()
    print("玩家 1", end = ":")
    for x in a:
        print(x, end = " ")
    print("\n 玩家 2", end = ": ")
    for x in b:
        print(x, end = " ")
    print("\n 玩家 3", end = ": ")
    for x in c:
        print(x, end = " ")
    print("\n 玩家 4", end = ": ")
    for x in d:
    print(x, end = " ")
```

【案例 4-2】 人机对战井字棋游戏。

游戏在九宫方格内进行,如果一方抢先于另一方在某方向(横、竖、斜)连成 3 子,则获得胜利。在游戏中输入的方格位置代号的形式如下:

0	1	2
3	4	5
6	7	8

在游戏中,board 棋盘存储玩家、计算机的落子信息,未落子处为 EMPTY。由于是人

机对战,需要实现计算机的智能性,下面是为计算机机器人设计的简单策略。

① 如果有一步棋可以让计算机机器人在本轮获胜,就选那一步走。

② 否则,如果有一步棋可以让玩家在本轮获胜,就选那一步走。

③ 否则,计算机机器人应该选择最佳空位置来走。最佳位置就是中间那个,第二好位置是 4 个角,剩下的就都算第三好的了。

在程序中定义一个元组 BEST_MOVES 存储最佳方格位置:

```
# 按优劣顺序排序的下棋位置
BEST_MOVES = (4, 0, 2, 6, 8, 1, 3, 5, 7)    # 最佳下棋位置顺序表
```

按上述规则设计程序,这样就可以实现计算机的智能性。

井字棋的输赢判断比较简单,不像五子棋赢的时候连成 5 子的情况很多,这里只有 8 种方式(即 3 颗同样的棋子排成一条直线)。每种获胜方式都被写成一个元组,就可以得到如下的嵌套元组 WAYS_TO_WIN。

```
# 所有赢的可能情况,例如(0, 1, 2)就是第一行,(0, 4, 8)和(2, 4, 6)就是对角线
WAYS_TO_WIN = ((0, 1, 2), (3, 4, 5), (6, 7, 8), (0, 3, 6),
               (1, 4, 7), (2, 5, 8), (0, 4, 8), (2, 4, 6))
```

通过遍历就可以判断是否赢了。下面就是井字棋游戏的代码:

```
# Tic - Tac - Toe 井字棋游戏
# 全局常量
X = "X"
O = "O"
EMPTY = " "
# 询问是否继续
def ask_yes_no(question):
    response = None
    while response not in ("y", "n"):        # 如果输入不是"y"、"n",继续重新输入
        response = input(question).lower()
    return response
# 输入位置数字
def ask_number(question, low, high):
    response = None
    while response not in range(low, high):
        response = int(input(question))
    return response
# 询问谁先走,先走方为 X,后走方为 O
# 函数返回计算机机器人、玩家的角色代号
def pieces():
    go_first = ask_yes_no("玩家你是否先走 (y/n): ")
    if go_first == "y":
        print("\n 玩家你先走.")
```

```python
        human = X
        computer = 0
    else:
        print("\n 计算机先走.")
        computer = X
        human = 0
    return computer, human
# 产生新的棋盘
def new_board():
    board = []
    for square in range(9):
        board.append(EMPTY)
    return board
# 显示棋盘
def display_board(board):
    board2 = board[:]                          # 创建副本,修改不影响原来的列表 board
    for i in range(len(board)):
        if board[i] == EMPTY:
            board2[i] = i
    print("\t", board2[0], "|", board2[1], "|", board2[2])
    print("\t", "--------- ")
    print("\t", board2[3], "|", board2[4], "|", board2[5])
    print("\t", "--------- ")
    print("\t", board2[6], "|", board2[7], "|", board2[8], "\n")
# 产生可以合法走棋的位置序列(也就是还未下过子的位置)
def legal_moves(board):
    moves = []
    for square in range(9):
        if board[square] == EMPTY:
            moves.append(square)
    return moves
# 判断输赢
def winner(board):
    # 所有赢的可能情况,例如(0, 1, 2)就是第一行,(0, 4, 8)和(2, 4, 6)就是对角线
    WAYS_TO_WIN = ((0, 1, 2), (3, 4, 5), (6, 7, 8), (0, 3, 6),
                   (1, 4, 7), (2, 5, 8), (0, 4, 8), (2, 4, 6))
    for row in WAYS_TO_WIN:
        if board[row[0]] == board[row[1]] == board[row[2]] != EMPTY:
            winner = board[row[0]]
            return winner                      # 返回赢方
    # 棋盘没有空位置
    if EMPTY not in board:
        return "TIE"                           # "平局和棋,游戏结束"
    return False
# 玩家走棋
def human_move(board, human):
    legal = legal_moves(board)
    move = None
    while move not in legal:
```

```python
        move = ask_number("你走哪个位置? (0 - 8):", 0, 9)
        if move not in legal:
            print("\n此位置已经落过子了")
    # print("Fine...")
    return move
# 计算机走棋
def computer_move(board, computer, human):
    # make a copy to work with since function will be changing list
    board = board[:]                          # 创建副本, 修改不影响原来的列表 board
    # 按优劣顺序排序的下棋位置
    BEST_MOVES = (4, 0, 2, 6, 8, 1, 3, 5, 7)    # 最佳下棋位置顺序表
    # 如果计算机能赢, 就走那个位置
    for move in legal_moves(board):
        board[move] = computer
        if winner(board) == computer:
            print("计算机下棋位置..." ,move)
            return move
        # 取消走棋方案
        board[move] = EMPTY
    # 如果玩家能赢, 就堵住那个位置
    for move in legal_moves(board):
        board[move] = human
        if winner(board) == human:
            print("计算机下棋位置..." ,move)
            return move
        # 取消走棋方案
        board[move] = EMPTY
    # 如果不是上面的情况, 也就是这一轮赢不了
    # 则从最佳下棋位置表中挑出第一个合法位置
    for move in BEST_MOVES:
        if move in legal_moves(board):
            print("计算机下棋位置..." ,move)
            return move
# 转换角色
def next_turn(turn):
    if turn == X:
        return 0
    else:
        return X
# 主函数
def main():
    computer, human = pieces()
    turn = X
    board = new_board()
    display_board(board)
    while not winner(board):                    # 当返回 False 时继续, 否则结束循环
        if turn == human:
            move = human_move(board, human)
            board[move] = human
```

```
        else:
            move = computer_move(board, computer, human)
            board[move] = computer
        display_board(board)
        turn = next_turn(turn)                          #转换角色
    #游戏结束,输出输赢或和棋信息
    the_winner = winner(board)
    if the_winner == computer:
        print("计算机赢!\n")
    elif the_winner == human:
        print("玩家赢!\n")
    elif the_winner == "TIE":                            #"平局和棋"
        print("平局和棋,游戏结束\n")
#主程序很简单,就是调用 main()函数
# start the program
main()
input("按任意键退出游戏.")
```

游戏的运行效果如下:

```
玩家你是否先走 (y/n): y
玩家你先走.
    0 | 1 | 2
    ---------
    3 | 4 | 5
    ---------
    6 | 7 | 8
你走哪个位置? (0 - 8):0
    X | 1 | 2
    ---------
    3 | 4 | 5
    ---------
    6 | 7 | 8
计算机下棋位置... 4
    X | 1 | 2
    ---------
    3 | 0 | 5
    ---------
    6 | 7 | 8
⋮
计算机下棋位置... 6
    X | X | 0
    ---------
    X | 0 | 5
    ---------
    0 | 7 | 8
计算机赢!按任意键退出游戏.
```

4.7 函数和字典综合应用案例——通讯录程序

【案例 4-3】 用字典存储数据,实现一个具有基本功能的通讯录,即具有查询、更新、删除联系人信息等功能,具体功能要求如下。

(1) 查询全部联系人信息:显示所有联系人的电话信息。

(2) 查询联系人:输入姓名,可以查询当前通讯录中的联系人信息。若联系人存在,则输出联系人信息;若不存在,则输出"联系人不存在"。

(3) 插入联系人:可以向通讯录中新建联系人,若联系人已经存在,则询问是否修改联系人信息;若不存在,则新建联系人。

(4) 删除联系人:可以删除联系人,若联系人不存在,则告知。

案例代码如下:

```python
print("|－－－欢迎进入通讯录程序－－－|")
print("|－－－1: 查询全部联系人 －－－|")
print("|－－－2: 查询特定联系人 －－－|")
print("|－－－3: 更新联系人信息 －－－|")
print("|－－－4: 插入新的联系人 －－－|")
print("|－－－5: 删除已有联系人 －－－|")
print("|－－－6: 清除全部联系人 －－－|")
print("|－－－7: 退出通讯录程序 －－－|")
print("")
＃构建字典,存储联系人信息
dict = {'潘明': '13988887777', '张海虹': '13866668888', '吕京': '13143211234',
       '赵雪': '13000112222', '刘飞': '13344556655'}
＃定义各功能函数
＃查询所有联系人信息
def queryAll():
    if dict = = {}:
        print('通讯录无任何联系人信息')
    else:
        i = 1
        for key, value in dict.items():
            print("{0}姓名:{1},电话号码:{2}".format(i,key,value))
            i = i + 1
＃查询一个联系人的信息
def queryOne():
    name = input('请输入要查询的联系人姓名:')
    print(name + ":" + dict.get(name, '联系人不存在'))
def update():
    name = input('请输入要修改的联系人姓名:')
    if (name in dict):
        value = input("请输入电话号码:")
        dict[name] = value
    else:
        print("联系人不存在")
＃插入一个新联系人
def insertOne():
```

101

第 4 章

Python 函数与模块

```
        name = input('请输入要插入的联系人姓名:')
        if (name in dict):
            print("您输入的姓名在通讯录中已存在" + "-->" + name + ":" + dict[name])
            iis = input("输入'Y'修改用户资料,输入其他字符结束插入联系人")
            if iis in ['YES','yes','Y','y','Yes']:
                value = input("请输入电话号码:")
                dict[name] = value
        else:
            value = input("请输入电话号码:")
            dict[name] = value
#删除一个联系人
def deleteOne():
    name = input("请输入联系人姓名")
    value = dict.pop(name,'联系人不存在')
    if value == '联系人不存在':
        print("联系人不存在")
    else:
        print("联系人" + name + "已删除")
#清空通讯录
def clearAll():
    cis = input("提示:确认清空通讯录吗?确认操作输入'Y',输入其他字符退出")
    if cis in ['YES', 'yes', 'Y', 'y', 'Yes']:
        dict.clear()
#构建无限循环,实现重复操作
while True:
    n = input("请根据菜单输入操作序号:")
    if (n == '1'):
        queryAll()
    elif (n == '2'):
        queryOne()
    elif (n == '3'):
        update()
    elif (n == '4'):
        insertOne()
    elif (n == '5'):
        deleteOne()
    elif (n == '6'):
        clearAll()
    elif (n == '7'):
        print("|---感谢使用通讯录程序---|")
        print("")
        break        #结束循环,退出程序
```

4.8 习　　题

1. 编写一个函数,将华氏温度转换为摄氏温度,公式为 $C=(F-32)\times5/9$。

2. 编写一个函数,判断一个数是否为素数,并通过调用该函数求出所有3位数的素数。

3. 编写一个函数,求满足以下条件的最大的 n 值:
$$1^2 + 2^2 + 3^2 + 4^2 + \cdots + n^2 < 1000$$

4. 编写一个函数 multi(),参数个数不限,返回所有参数的乘积。

5. 编写一个函数,功能是求两个正整数 m 和 n 的最小公倍数。

6. 编写一个函数,求方程 $ax^2 + bx + c = 0$ 的根,用 3 个函数分别求当 $b^2 - 4ac$ 大于 0、等于 0 和小于 0 时的根,并输出结果。要求从主函数输入 a、b、c 的值。

7. 编写一个函数,调用该函数能够打印一个由指定字符组成的 n 行金字塔。其中,指定打印的字符和行数 n 分别由两个形参表示。

8. 编写一个判断完数的函数。完数是指一个数恰好等于它的因子之和,例如 6 = 1 + 2 + 3,6 就是完数。

9. 编写一个将十进制数转换为二进制数的函数。

10. 编写一个判断字符串是否为回文的函数。回文就是一个字符串从左向右读和从右向左读是完全一样的。例如,"level""aaabbaaa""ABA""1234321"都是回文。

11. 编写一个函数,统计字符串中单词的个数并返回。

12. 编写函数,获取斐波那契数列的第 n 项的值。

13. 编写函数,计算传入的字符串中数字和字母的个数并返回。

14. 编写函数,计算传入的列表中奇数位索引对应的元素,并将其作为列表返回。

第 5 章　Python 文件的使用

在程序运行时,数据保存在内存的变量里。内存中的数据在程序结束或关机后就会消失。如果想要在下次开机运行程序时还使用同样的数据,就需要把数据存储在不易失的存储介质中,例如硬盘、光盘或 U 盘里。不易失的存储介质上的数据保存在以存储路径命名的文件中。通过读/写文件,程序就可以在运行时保存数据。在本章中主要学习使用 Python 在磁盘上创建、读/写及关闭文件。本章只讲述基本的文件操作函数,对于更多函数请参考 Python 标准文档。

视频讲解

5.1　文　　件

简单地说,文件是由字节组成的信息,在逻辑上具有完整的意义,通常在磁盘上永久保存。Windows 系统的数据文件按照编码方式分为两大类,即文本文件和二进制文件。文本文件可以处理各种语言所需的字符,只包含基本文本字符,不包括字体、字号、颜色等信息。文本文件可以在文本编辑器和浏览器中显示,即在任何情况下文本文件都是可读的。

使用其他编码方式的文件即二进制文件,例如 Word 文档、PDF 文件、图像和可执行程序等。如果用文本编辑器打开一个 JPG 文件或 Word 文档,会看到一堆乱码,如图 5-1 所示。也就是说,每种二进制文件都需要自己的处理程序才能打开并操作。

图 5-1　用文本编辑器打开一个 JPG 文件的效果

在本章中重点学习文本文件的操作。当然二进制文件也可以使用 Python 提供的模块进行处理。

视频讲解

5.2　文件的访问

对文件的访问是指对文件进行读/写操作。使用文件跟平时生活中使用记事本很相似。在使用记事本时,需要先打开本子,在使用后要合上它。打开记事本后,既可以读取信息,也可以向本子里写内容。不管哪种情况,都需要知道在哪里进行读/写。在记事本中既可以一页页从头到尾地读,也可以直接跳转到所需要的地方。使用文件也是一样。

在 Python 中对文件的操作通常按照以下 3 个步骤进行。

① 使用 open()函数打开(或建立)文件,返回一个 file 对象。

② 使用 file 对象的读/写方法对文件进行读/写操作。其中,将数据从外存传输到内存的过程称为读操作,将数据从内存传输到外存的过程称为写操作。

③ 使用 file 对象的 close()方法关闭文件。

5.2.1　打开文件

在 Python 中要访问文件,必须打开 Python Shell 与磁盘上文件之间的连接。当使用 open()函数打开或建立文件时,会建立文件和使用它的程序之间的连接,并返回代表连接的文件对象。通过文件对象,就可以在文件所在磁盘和程序之间传递文件内容,执行文件上所有的后续操作。文件对象有时也称为文件描述符或文件流。

在建立了 Python 程序和文件之间的连接后,就创建了"流"数据,如图 5-2 所示。通常程序使用输入流读出数据,使用输出流写入数据,就好像数据流入程序并从程序中流出。打开文件后才能读或写(或读并且写)文件内容。

(a) 标准输入/输出

(b) 文件输入/输出

图 5-2　输入/输出流

open()函数用来打开文件。open()函数需要一个字符串路径,表明希望打开文件,并返回一个文件对象。open() 函数的常用形式是接收两个参数——文件名(file)和模式(mode)。代码如下:

```
fileobj = open(file, mode = 'r')
```

完整的语法格式为：

```
fileobj = open(file, mode = 'r', buffering = −1, encoding = None, errors = None, newline = None,
closefd = True, opener = None)
```

其中,fileobj 是 open()函数返回的文件对象；参数 file(文件名)是必写参数,它既可以是绝对路径,也可以是相对路径；mode(模式)是指明文件类型和操作的字符串,可以使用的值如表 5-1 所示。

表 5-1　open()函数中 mode 参数的常用值

值	描述
'r'	读模式。如果文件不存在,则发生异常
'w'	写模式。如果文件不存在,则创建文件再打开；如果文件存在,则清空文件内容再打开
'a'	追加模式。如果文件不存在,则创建文件再打开；如果文件存在,则打开文件后将新内容追加至原内容之后
'b'	二进制模式。可添加到其他模式中使用
'+'	读/写模式。可添加到其他模式中使用

说明:

① 当 mode 参数省略时,可以获得能读取文件内容的文件对象,即'r'是 mode 参数的默认值。

② '+'参数指明读和写都是允许的,可以用到其他任何模式中。例如' r+ '可以打开一个文本文件并读/写。

③ 'b'参数改变处理文件的方法。通常,Python 处理的是文本文件。当处理二进制文件时(例如声音文件或图像文件),应该在模式参数中增加'b'。例如可以用'rb'来读取一个二进制文件。

open()函数的第 3 个参数 buffering 控制缓冲。当参数取 0 或 False 时,输入/输出(I/O)是无缓冲的,所有读/写操作直接针对硬盘。当参数取 1 或 True 时,I/O 有缓冲,此时 Python 使用内存代替硬盘,使程序的运行速度更快,只有在使用 flush 或 close 时才会将数据写入硬盘。当参数大于 1 时,表示缓冲区的大小,以字节为单位；负数表示使用默认缓冲区大小。第 4 个参数 encoding 指明文件编码形式,例如 UTF-8。

下面举例说明 open()函数的使用。

先用记事本创建一个文本文件,取名为 hello.txt。输入以下内容并保存到 D:\Python 中：

```
Hello!
Henan    Zhengzhou
```

在交互式环境中输入以下代码：

```
>>> helloFile = open("D:\\Python\\hello.txt")
```

这条命令将以读取文本文件的方式打开放在 D 盘 Python 文件夹下的 hello.txt 文件。读模式是 Python 打开文件的默认模式。当文件以读模式打开时,只能从文件中读取数据,而不能向文件写入或修改数据。

当调用 open()函数时将返回一个文件对象,在本例中文件对象保存在 helloFile 变量中。

```
>>> print(helloFile)
<_io. Text IOWrapper name = 'D:\\Python\\hello.txt', mode = 'r' encoding = 'cp936'>
```

在打开文件对象时可以看到文件名、读/写模式和编码格式。cp936 就是指 Windows 系统中的第 936 号编码格式,即 GB2312 的编码。接下来就可以调用 helloFile 文件对象的方法读取文件中的数据了。

5.2.2 读取文本文件

可以调用文件对象的多种方法读取文件内容。

1. read()方法

不设置参数的 read()方法将整个文件的内容读取为一个字符串。read()方法一次读取文件的全部内容,性能根据文件的大小而变化,例如 1 GB 的文件在读取时需要使用同样大小的内存。

【例 5-1】 调用 read()方法读取 hello.txt 文件中的内容。

代码如下:

```
helloFile = open("D:\\Python\\hello.txt")
fileContent = helloFile.read()
helloFile.close()
print(fileContent)
```

输出结果如下:

```
Hello!
Henan Zhengzhou
```

另外也可以设置最大读入字符数来限制 read()函数一次返回的大小。

【例 5-2】 设置参数,一次从文件中读取 3 个字符。

代码如下:

```
helloFile = open("D:\\Python\\hello.txt")
fileContent = ""
while True:
    fragment = helloFile.read(3)
    if fragment == "":        #或者 if not fragment
        break
    fileContent += fragment
helloFile.close()
print(fileContent)
```

当读到文件末尾后,read()方法会返回空字符串,此时 fragment=="" 成立,退出循环。

2. readline()方法

readline()方法从文件中获取一个字符串,这个字符串就是文件中的一行。

【例 5-3】 调用 readline()方法读取 hello.txt 文件的内容。

代码如下:

```
helloFile = open("D:\\Python\\hello.txt")
fileContent = ""
while True:
    line = helloFile.readline()
    if line == "":            #或者 if not line
        break
    fileContent += line
helloFile.close()
print(fileContent)
```

当读取到文件末尾后,readline()方法同样返回空字符串,使得 line=="""成立,跳出循环。

3. readlines()方法

readlines()方法返回一个字符串列表,其中的每项是文件中每行的字符串。

【例 5-4】 使用 readlines()方法读取文件的内容。

代码如下:

```
helloFile = open("D:\\Python\\hello.txt")
fileContent = helloFile.readlines()
helloFile.close()
print(fileContent)
for line in fileContent:        #输出列表
    print(line)
```

readlines()方法也可以设置参数,指定一次读取的字符数。

5.2.3 写文本文件

视频讲解

写文件与读文件相似,都需要先创建文件对象连接。所不同的是,在打开文件时是以写模式或添加模式打开。如果文件不存在,则创建该文件。

与读文件时不能添加或修改数据类似,写文件时也不允许读取数据。在用写模式打开已有文件时会覆盖文件的原有内容,从头开始,就像用一个新值覆盖一个变量的值。例如:

```
>>> helloFile = open("D:\\Python\\hello.txt","w")
                            #用写模式打开已有文件时会覆盖文件的原有内容
>>> fileContent = helloFile.read()
Traceback (most recent call last):
  File "<pyshell#1>", line 1, in <module>
    fileContent = helloFile.read()
IOError: File not open for reading
>>> helloFile.close()
>>> helloFile = open("D:\\Python\\hello.txt")
>>> fileContent = helloFile.read()
```

```
>>> len(fileContent)
0
>>> helloFile.close()
```

由于以写模式打开已有文件,文件的原有内容会被清空,所以再次读取内容时长度为 0。

1. write()方法

write()方法将字符串参数写入文件。

【例 5-5】 用 write()方法写文件。

代码如下:

```
helloFile = open("D:\\Python\\hello.txt","w")
helloFile.write("First line.\nSecond line.\n")
helloFile.close()
helloFile = open("D:\\Python\\hello.txt","a")
helloFile.write("third line. ")
helloFile.close()
helloFile = open("D:\\Python\\hello.txt")
fileContent = helloFile.read()
helloFile.close()
print(fileContent)
```

运行结果如下:

```
First line.
Second line.
third line.
```

当以写模式打开文件 hello.txt 时,文件的原有内容被覆盖。调用 write()方法将字符串参数写入文件,这里"\n"代表换行符。关闭文件之后再次以添加模式打开文件 hello.txt,调用 write()方法写入的字符串"third line. "被添加到文件的末尾。最终以读模式打开文件后读取到的内容共有 3 行字符串。

注意:write()方法不能自动在字符串的末尾添加换行符,需要自己添加"\n"。

【例 5-6】 完成一个自定义函数 copy_file(),实现文件的复制功能。

copy_file()函数需要两个参数,指定需要复制的文件 oldfile 和文件的备份 newfile。分别以读模式和写模式打开两个文件,从 oldfile 一次读入 50 个字符并写入 newfile。当读到文件末尾时 fileContent=="""成立,退出循环并关闭两个文件。

代码如下:

```
def copy_file(oldfile,newfile):
    oldFile = open(oldfile,"r")
    newFile = open(newfile,"w")
    while True:
        fileContent = oldFile.read(50)
        if fileContent == "":          #读到文件末尾时
            break
        newFile.write(fileContent)
```

```
        oldFile.close()
        newFile.close()
        return
copy_file("D:\\Python\\hello.txt","D:\\Python\\hello2.txt")
```

2. writelines( )方法

writelines(sequence)方法向文件写入一个序列字符串列表,如果需要换行则要自己加入每行的换行符。例如:

```
obj = open("log.py","w")
list02 = ["11","test","hello","44","55"]
obj.writelines(list02)
obj.close()
```

运行结果是生成一个 log. py 文件,内容是"11testhello4455",可见没有换行。另外注意 writelines( )方法写入的序列必须是字符串序列,若是整数序列,则会产生错误。

5.2.4 文件内的移动

无论是读或写文件,Python 都会跟踪文件中的读/写位置。在默认情况下,文件的读/写都是从文件的开始位置进行的。Python 提供了控制文件读/写起始位置的方法,使得用户可以改变文件读/写操作发生的位置。

当使用 open( )函数打开文件时,open( )函数在内存中创建缓冲区,将磁盘上的文件内容复制到缓冲区。文件内容复制到文件对象缓冲区后,文件对象将缓冲区视为一个大的列表,其中的每个元素都有自己的索引,文件对象按字节对缓冲区索引计数。同时,文件对象对文件的当前位置,即当前读/写操作发生的位置进行维护,如图 5-3 所示。许多方法隐式使用当前位置。例如调用 readline( )方法后,文件的当前位置移到下一个回车处。

文件缓冲区

| | | | | | | |
|1|2|3|4|5|6| 结束|

文件的当前位置

图 5-3 文件的当前位置

Python 使用一些函数跟踪文件的当前位置。tell( )函数可以计算文件的当前位置和开始位置之间的字节偏移量。

例如:

```
>>> exampleFile = open("D:\\Python\\example.txt","w")
>>> exampleFile.write("0123456789")
>>> exampleFile.close()
>>> exampleFile = open("D:\\Python\\example.txt")
>>> exampleFile.read(2)
'01'
>>> exampleFile.read(2)
'23'
>>> exampleFile.tell()
4L
>>> exampleFile.close()
```

这里 exampleFile. tell()函数返回的是一个整数 4,表示文件的当前位置和开始位置之间有 4 字节的偏移量。因为已经从文件中读取 4 个字符了,所以有 4 字节的偏移量。

seek()函数设置新的文件当前位置,允许在文件中跳转,实现对文件的随机访问。

seek()函数有两个参数:第一个参数是字节数;第二个参数是引用点。seek()函数将文件的当前指针由引用点移动指定的字节数到指定的位置。语法如下:

```
seek(offset[,whence])
```

说明:offset 是一个字节数,表示偏移量。引用点 whence 有以下 3 个取值。

① 文件开始处为 0,它也是默认取值,意味着使用该文件的开始处作为基准位置,此时字节偏移量必须非负。

② 当前文件位置为 1,则使用当前位置作为基准位置,此时偏移量可以取负值。

③ 文件结尾处为 2,则该文件的末尾将被作为基准位置。

注意:当文件以文本文件方式打开时,只能默认从文件头计算偏移量,即 whence 参数为 1 或 2 时 offset 参数只能取 0,Python 解释器不接受非零偏移量。当文件以二进制方式打开时,可以使用上述参数值进行定位。

【例 5-7】 用 seek()函数在指定位置写文件。

代码如下:

```
exampleFile = open("D:\\Python\\example.txt","w")
exampleFile.write("0123456789")
exampleFile.seek(3)
exampleFile.write("ZUT")
exampleFile.close()
exampleFile = open("D:\\Python\\example.txt")
s = exampleFile.read()
print(s)
exampleFile.close()
```

运行结果如下:

```
'012ZUT6789'
```

注意:在追加模式"a"下打开文件,不能使用 seek()函数进行定位追加。改用"a+"模式打开文件,即可使用 seek()函数进行定位。

5.2.5 文件的关闭

读者应该牢记使用 close()方法关闭文件。关闭文件是取消程序和文件之间连接的过程,内存缓冲区中的所有内容将写入磁盘,因此必须在使用文件后关闭文件以确保信息不会丢失。

要确保文件关闭,可以使用 try/finally 语句,在 finally 子句中调用 close()方法,代码如下:

```
helloFile = open("D:\\Python\\hello.txt","w")
try:
```

```
    helloFile.write("Hello,Sunny Day!")
finally:
    helloFile.close()
```

另外也可以使用 with 语句自动关闭文件,代码如下:

```
with open("D:\\Python\\hello.txt") as helloFile:
    s = helloFile.read()
print(s)
```

with 语句可以打开文件并赋值给文件对象,之后就可以对文件进行操作。文件会在语句结束后自动关闭,即使是由于异常引起的结束也是如此。

5.2.6 二进制文件的读/写

Python 没有二进制类型,但是可以用 string(字符串)类型来存储二进制类型的数据,因为 string 是以字节为单位的。

1. 把数据转换成字节串

pack()方法可以把数据转换成字节串(以字节为单位的字符串)。

格式:pack(格式化字符串,数据)

格式化字符串中可用的格式字符见表 5-2 中的格式字符。例如:

```
import struct
a = 20
bytes = struct.pack('i',a)        #将 a 变为 string 字符串
print(bytes)
```

运行结果如下:

```
b'\x14\x00\x00\x00'
```

此时 bytes 就是一个字符串,字符串按字节与 a 的二进制存储内容相同。在结果中\x是十六进制的意思,20 的十六进制是 14。

如果字符串是由多个数据构成的,示例代码如下:

```
a = 'hello'
b = 'world!'
c = 2
d = 45.123
bytes = struct.pack('5s6sif',a.encode('utf-8'),b.encode('utf-8'),c,d)
```

'5s6sif'就是格式化字符串,由数字加字符构成。5s 表示占 5 个字符宽度的字符串,2i表示两个整数等。表 5-2 所示是可用的格式字符及对应 C 语言、Python 中的类型。

表 5-2　可用的格式字符及对应 C 语言、Python 中的类型

格式字符	C 语言中的类型	Python 中的类型	字节数
c	char	string of length 1	1
b	signed char	integer	1
B	unsigned char	integer	1
?	_bool	bool	1
h	short	integer	2
H	unsigned short	integer	2
i	int	integer	4
I	unsigned int	integer or long	4
l	long	integer	4
L	unsigned long	long	4
q	long long	long	8
Q	unsigned long long	long	8
f	float	float	4
d	double	float	8
s	char[]	string	1
p	char[]	string	1
P	void　*	long	与 OS 有关

此时的 bytes 就是二进制形式的数据了,可以直接写入文件。例如:

```
binfile = open("D:\\Python\\hellobin.txt","wb")
binfile.write(bytes)
binfile.close()
```

2. 把字节串(以字节为单位的字符串)还原成数据

unpack()方法可以把相应数据的字节串还原成数据。例如先将 20 转变为字节串:

```
bytes = struct.pack('i',20)        #将 20 变为字节串(以字节为单位的 string 字符串)
```

再进行反操作,将现有的字节串(其实就是二进制数据 bytes)转换成 Python 的数据类型,代码如下:

```
a, = struct.unpack('i',bytes)
```

注意:unpack()返回的是元组。所以如果只有一个变量:

```
bytes = struct.pack('i',a)
```

那么在解码的时候需要:

```
a, = struct.unpack('i',bytes)
```

或者

```
(a,) = struct.unpack('i',bytes)
```

如果直接用 a＝struct.unpack('i',bytes),那么 a＝(20,)是一个元组而不是原来的整数。
例如,把"D:\\Python\\hellobin.txt"文件中的数据读取并显示,代码如下:

```
import struct
binfile = open("D:\\Python\\hellobin.txt","rb")
bytes = binfile.read()
(a,b,c,d) = struct.unpack('5s6sif',bytes)    ♯通过 struct.unpack()解码成 Python 变量
t = struct.unpack('5s6sif',bytes)            ♯通过 struct.unpack()解码成元组
print(t)
```

读取结果如下:

```
(b'hello', b'world!', 2, 45.12300109863281)
```

视频讲解

5.3　文件夹的操作

文件有两个关键属性,即路径和文件名。路径指明了文件在磁盘上的位置。例如,
Python 安装在路径 D:\Python35 下,在这个文件夹下可以找到 python.exe 文件,运行该文
件可以打开 Python 的交互界面。文件名中圆点后面的部分称为扩展名(或后缀),它指明
了文件的类型。

路径中的 D:\称为根文件夹,它包含了本分区内的所有其他文件和文件夹。文件夹可
以包含文件和其他子文件夹。Python35 是 D 盘下的一个子文件夹,它包含了 python.exe
文件。

5.3.1　当前工作目录

每个运行在计算机上的程序都有一个当前工作目录。所有没有从根文件夹开始的文件
名或路径都假定工作在当前工作目录下。在交互式环境中输入以下代码:

```
>>> import os
>>> os.getcwd()
```

运行结果如下:

```
'D:\\Python35'
```

在 Python 的 GUI 环境中运行时,当前工作目录是 D:\Python35。路径中多出的一个反斜杠是 Python 的转义字符。

5.3.2 目录的操作

在大多数操作系统中,文件被存储在多级目录(文件夹)中。这些文件和目录(文件夹)被称为文件系统。Python 的标准 os 模块可以处理它们。

1. 创建新目录

程序可以用 os.makedirs()函数创建新目录。在交互式环境中输入以下代码:

```
>>> import os
>>> os.makedirs("E:\\python1\\ch5files")
```

os.makedirs()在 E 盘下分别创建了 python1 文件夹及其子文件夹 ch5files,也就是说,路径中所有必需的文件夹都会被创建。

2. 删除目录

当目录不再使用时可以将它删除。使用 os.rmdir()函数删除目录,代码如下:

```
>>> import os
>>> os.rmdir("E:\\python1")
```

这时出现如下错误:

```
WindowsError: [Error 145] : 'E:\\python1'
```

这是因为 os.rmdir()函数在删除文件夹时要保证文件夹内不包含文件及子文件夹。也就是说,os.rmdir()函数只能删除空文件夹。

```
>>> os.rmdir("E:\\python1\\ch5files")
>>> os.rmdir("E:\\python1")
>>> os.path.exists("E:\\python1")        #运行结果为 False
```

Python 的 os.path 模块中包含了许多与文件名及文件路径相关的函数。在上面的例子中使用了 os.path.exists()函数判断文件夹是否存在。os.path 是 os 模块中的模块,所以只要执行 import os 就可以导入它。

3. 列出目录内容

使用 os.listdir()函数可以返回给出路径中文件名及文件夹名的字符串列表,代码如下:

```
>>> os.mkdir("E:\\python1")
>>> os.listdir("E:\\python1")
```

Python 文件的使用

```
[]
>>> os.mkdir("E:\\python1\\ch5files")
>>> os.listdir("E:\\python1")
['ch5files']
>>> dataFile = open("E:\\python1\\data1.txt","w")
>>> for n in range(26):
      dataFile.write(chr(n + 65))
>>> dataFile.close()
>>> os.listdir("E:\\python1")
['ch5files', 'data1.txt']
```

刚创建的 python1 文件夹是一个空文件夹,所以返回的是一个空列表。后续在文件夹下分别创建了一个子文件夹 ch5files 和一个文件 data1.txt,列表中返回的是子文件夹名和文件名。

4. 修改当前目录

使用 os.chdir()函数可以更改当前工作目录:

```
>>> os.chdir("E:\\python1")
>>> os.listdir(".")        #.代表当前工作目录
['ch5files', 'data1.txt']
```

5. 查找匹配文件或文件夹

使用 glob()函数可以查找匹配文件或文件夹(目录)。glob()函数使用 UNIX Shell 的规则来查找。

➤ *：匹配任意个任意字符。

➤ ?：匹配单个任意字符。

➤ [字符列表]：匹配字符列表中的任意一个字符。

➤ [!字符列表]：匹配除列表外的其他字符。

```
import glob
glob.glob("d*")          #查找以 d 开头的文件或文件夹
glob.glob("d????")       #查找以 d 开头并且全长为 5 个字符的文件或文件夹
glob.glob("[abcd]*")     #查找以 abcd 中的任一字符开头的文件或文件夹
glob.glob("[!abd]*")     #查找不以 abd 中的任一字符开头的文件或文件夹
```

5.3.3 文件的操作

os.path 模块主要用于文件的属性获取,在编程中经常用到。

1. 获取路径和文件名

➤ os.path.dirname(path)：返回 path 参数中的路径名称字符串。

➤ os.path.basename(path)：返回 path 参数中的文件名。

➤ os.path.split(path)：返回参数的路径名称和文件名组成的字符串元组。

```
>>> helloFilePath = "E:\\Python\\ch5files\\hello.txt"
>>> os.path.dirname(helloFilePath)
'E:\\Python\\ch5files'
>>> os.path.basename(helloFilePath)
'hello.txt'
>>> os.path.split(helloFilePath)
('E:\\Python\\ch5files', 'hello.txt')
>>> helloFilePath.split(os.path.sep)
['E:', 'Python', 'ch5files', 'hello.txt']
```

如果想要得到路径中每个文件夹的名字,可以使用字符串方法 split(),通过 os.path.sep 对路径进行正确的分隔。

2. 检查路径的有效性

如果提供的路径不存在,许多 Python 函数就会崩溃报错。os.path 模块提供了一些函数帮助用户判断路径是否存在。

- os.path.exists(path):判断参数 path 的文件或文件夹是否存在,若存在,则返回 True,否则返回 False。
- os.path.isfile(path):参数 path 若存在且是一个文件,则返回 True,否则返回 False。
- os.path.isdir(path):参数 path 若存在且是一个文件夹,则返回 True,否则返回 False。

3. 查看文件的大小

os.path 模块中的 os.path.getsize()函数可以查看文件的大小。此函数与前面介绍的 os.path.listdir()函数配合可以统计文件夹的大小。

【例 5-8】 统计 D:\\Python 文件夹下所有文件的大小。

代码如下:

```
import os
totalSize = 0
os.chdir("D:\\Python")
for fileName in os.listdir(os.getcwd()):
    totalSize += os.path.getsize(fileName)
print(totalSize)
```

4. 重命名文件

os.rename()函数可以帮助用户重命名文件。例如:

```
os.rename("D:\\Python\\hello.txt","D:\\Python\\helloworld.txt")
```

5. 复制文件和文件夹

shutil 模块中提供了一些函数,可以帮助用户复制、移动、改名和删除文件夹,还可以实现文件的备份。

- shutil.copy(source,destination):复制文件。

> ➤ shutil.copytree(source,destination):复制整个文件夹,包括其中的文件及子文件夹。

例如,将 E:\\Python 文件夹复制为新的 E:\\python-backup 文件夹,代码如下:

```python
import shutil
shutil.copytree("E:\\Python","E:\\python - backup")
for fileName in os.listdir("E:\\python - backup"):
    print(fileName)
```

在使用这些函数前先导入 shutil 模块。shutil.copytree()函数复制包括子文件夹在内的所有文件夹内容。例如:

```python
shutil.copy("E:\\python1\\data1.txt","E:\\python - backup")
shutil.copy("E:\\python1\\data1.txt","E:\\python - backup\\data - backup.txt")
```

shutil.copy()函数的第二个参数 destination 可以是文件夹,表示将文件复制到新文件夹里;也可以是包含新文件名的路径,表示在复制的同时将文件重命名。

6. 文件和文件夹的移动和改名

shutil.move(source,destination)与 shutil.copy()函数的用法相似,参数 destination 既可以是一个包含新文件名的路径,也可以仅包含文件夹。例如:

```python
shutil.move("E:\\python1\\data1.txt","E:\\python1\\ch5files")
shutil.move("E:\\python1\\data1.txt","E:\\python1\\ch5files\\data2.txt")
```

需要注意的是,不管是 shutil.copy()函数还是 shutil.move()函数,函数参数中的路径必须存在,否则 Python 会报错。

如果参数 destination 中指定的新文件名与文件夹中已有的文件重名,则文件夹中已有的文件会被覆盖。因此,在使用 shutil.move()函数时应当小心。

7. 删除文件和文件夹

os 模块和 shutil 模块都有函数可以删除文件或文件夹。

> ➤ os.remove(path)/os.unlink(path):删除参数 path 指定的文件。例如:

```python
os.remove("E:\\python - backup\\data - backup.txt")
os.path.exists("E:\\python - backup\\data - backup.txt")     #False
```

> ➤ os.rmdir(path):如前所述,os.rmdir()函数只能删除空文件夹。

> ➤ shutil.rmtree(path):删除整个文件夹,包含所有文件及子文件夹。

```python
shutil.rmtree("E:\\python1")
os.path.exists("E:\\python1")      #False
```

这些函数都是从硬盘中彻底删除文件或文件夹,不可恢复,因此在使用时应特别谨慎。

8. 遍历目录树

想要处理文件夹中包括子文件夹内的所有文件(即遍历目录树),可以使用 os.walk( )
函数。os.walk( )函数将返回该路径下的所有文件及子目录信息元组。

【例 5-9】 显示 H:\\档案科技表格文件夹下的所有文件及子目录。

代码如下:

```
import os
list_dirs = os.walk("H:\\档案科技表格")            ♯返回一个元组
print(list(list_dirs))
for folderName,subFolders,fileNames in list_dirs:
    print("当前目录: " + folderName)
    for subFolder in subFolders:
        print(folderName +"的子目录" + " 是 -- " + subFolder)
        for fileName in fileNames:
            print(subFolder +"的文件 " + " 是 -- " + fileName)
```

5.4 常用格式文件的操作

视频讲解

5.4.1 操作 CSV 格式文件

CSV(Comma-Separated Values)文件以纯文本形式存储表格数据。CSV 文件由任意
数量的记录组成,记录间以换行符分隔;每条记录由字段组成,字段间常见的分隔符是逗号
或制表符。例如:

```
序号,姓名,年龄
3,张海峰,25
4,李伟,38
5,赵大强,36
……
```

而 Excel 是电子表格,包含文本、数值、公式和格式。当不需要公式和格式时表格可用
CSV 格式保存,当需要时则需保存为 Excel 格式。

1. 直接读/写 CSV 文件

CSV 文件是一种特殊的文本文件,且格式简单,可以根据文本文件的读/写方法操作
CSV 文件。

【例 5-10】 直接读取存储人员信息的 CSV 格式文件(test2.csv)到二维列表。

代码如下:

```
myfile = open('test2.csv', 'r')
ls = []
for line in myfile:
    line = line.replace('\n','')            ♯将换行符去掉
    ls.append(line.split(','))              ♯将一行中以','分隔的多个数据转换成数据元素的列表
```

```
print(ls)
myfile.close()                          # close 文件
```

以上代码将一行数据转换成一个列表,多行数据就组成了一个每个元素都是列表的列表,即二维列表。

运行结果类似如下:

```
[['序号', '姓名', '年龄'], ['3', '张海峰', '25'], ['4', '李伟', '38'], ['5', '赵大强', '36']]
```

【例 5-11】 直接将二维列表写入 CSV 格式文件。

代码如下:

```
myfile = open('test2new.csv', 'w')              # 新建 CSV 文件并以写模式打开
ls = [['序号', '姓名', '年龄'], ['3', '张海峰', '25'], ['4', '李伟', '38'],
    ['5', '赵大强', '36'], ['6', '程海鹏', '28']]
for line in ls:
    myfile.write(','.join(line) + "\n")     # 在同一行的数据元素之间加上逗号分隔
myfile.close()
```

在写入过程中,与读取数据时的处理相反,需要借助字符串的 join()方法,在同一行的数据元素之间加上逗号分隔。同时行尾加上换行符"\n"。

2. 使用 csv 模块读/写 CSV 文件

Python 自带的 csv 模块可以处理 CSV 文件,与读/写 Excel 文件相比,CSV 文件的读/写是相当方便的。

读取 CSV 文件使用 reader 对象。格式如下:

```
reader(csvfile[, dialect = 'excel'][, fmtparam])
```

➢ csvfile:通常的文件(file)对象,或者列表(list)对象都是适用的。
➢ dialect:编码风格,默认为 excel 方式,也就是以逗号(,)分隔。另外 csv 模块也支持 excel-tab 风格,也就是以制表符(tab)分隔。
➢ fmtparam:格式化参数,用来覆盖之前 dialect 对象指定的编码风格。

reader 对象是可以迭代的,line_num 参数表示当前行数。reader 对象还提供了一些 dialect、next()方法。

写入 CSV 文件使用 writer 对象。格式如下:

```
writer(csvfile, dialect = 'excel', fmtparams)
```

其参数的意义同上,这里不再赘述。这个对象有 writerow()和 writerows()两个函数实现 CSV 文件的写入。例如:

```
with open('1.csv','w',newline = '') as f:
    head = ['标题列1','标题列2']
    rows = [ ['张三',80],['李四',90] ]
    writer = csv.writer(f)
    writer.writerow(head)          #写入一行数据
    writer.writerows(rows)         #写入多行数据
```

【例 5-12】 将人员信息写入 CSV 文件并读取出来。

代码如下：

```
import csv
#写入一个文件
myfile = open('test2.csv', 'w', newline = '')                    # 'a'追加,'w'写方式
mywriter = csv.writer(myfile)                                     #返回一个 writer 对象
mywriter.writerow(['序号', '姓名', '年龄'])                        #加入标题行
mywriter.writerow([3, '张海峰', 25])                              #加入一行
mywriter.writerow([4, '李伟', 38])
mywriter.writerows([[5, '赵大强', 36],[6, '程海鹏', 28]])          #加入多行
myfile.close()
#读取一个 CSV 文件
myfilepath = 'Lest2.csv'
#这里用到的 open 都要加上 newline = '',否则会多一个换行符(参见标准库文档)
myfile = open(myfilepath, 'r', newline = '')
myreader = csv.reader(myfile)                                    #返回一个 reader 对象
for row in myreader:
    if myreader.line_num == 1:                                   #line_num 是从 1 开始计数的
        continue                                                 #第一行表头不输出
    for i in row:                                                #row 是一个列表
        print(i, end = '')
    print()
myfile.close()                                                   #close 文件
```

这个程序涉及两个函数,writer. writerow(list)是将 list 列表以一行形式添加,writer. writerows(list)可写入多行。

程序的运行结果如下：

```
3 张海峰 25
4 李伟 38
5 赵大强 36
6 程海鹏 28
```

并生成与显示同样内容的 test2. csv 文件,不过还有序号、姓名、年龄这样的标题行信息。

5.4.2 操作 Excel 文档

Excel 是电子表格,包含文本、数值、公式和格式。第三方的 xlrd 和 xlwt 两个模块分别用来读和写 Excel,只支持. xls 和. xlsx 格式,Python 默认不包含这两个模块。这两个模块

之间相互独立,没有依赖关系,也就是说可以根据需要只安装其中一个。xlrd 和 xlwt 模块的安装可以在命令行下使用 pip install 模块名:

```
pip install xlrd
pip install xlwt
```

当看到类似 Successfully 的字样时表明已经安装成功了。

1. 使用 xlrd 模块读取 Excel

xlrd 提供的接口比较多,常用的如下:

open_workbook()打开指定的 Excel 文件,返回一个 Book 工作簿对象。

```
data = xlrd.open_workbook('excelFile.xls')    #打开 Excel 文件
```

1) Book 工作簿对象

通过 Book 工作簿对象可以得到各个 Sheet 工作表对象(一个 Excel 文件可以有多个 Sheet,每个 Sheet 就是一张表格)。Book 工作簿对象的属性和方法如下。

➢ Book.nsheets():返回 Sheet 的数目。

➢ Book.sheets():返回所有 Sheet 对象的 list。

➢ Book.sheet_by_index(index):返回指定索引处的 Sheet,相当于 Book.sheets() [index]。

➢ Book.sheet_names():返回所有 Sheet 对象名字的 list。

➢ Book.sheet_by_name(name):根据指定 Sheet 对象名字返回 Sheet。

例如:

```
table = data.sheets()[0]                #通过索引顺序获取 Sheet
    table = data.sheet_by_index(0)          #通过索引顺序获取 Sheet
    table = data.sheet_by_name('Sheet1')    #通过名称获取 Sheet
```

2) Sheet 工作表对象

通过 Sheet 对象可以获取各个单元格,每个单元格是一个 Cell 对象。Sheet 对象的属性和方法如下:

➢ Sheet.name():返回表格的名称。

➢ Sheet.nrows():返回表格的行数。

➢ Sheet.ncols():返回表格的列数。

➢ Sheet.row(r):获取指定行,返回 Cell 对象的 list。

➢ Sheet.row_values(r):获取指定行的值,返回 list。

➢ Sheet.col(c):获取指定列,返回 Cell 对象的 list。

➢ Sheet.col_values(c):获取指定列的值,返回 list。

➢ Sheet.cell(r, c):根据位置获取 Cell 对象。

➢ Sheet.cell_value(r, c):根据位置获取 Cell 对象的值。

例如:

```
cell_A1 = table.cell(0,0).value       #获取 A1 单元格的值
cell_C4 = table.cell(2,3).value       #获取 C4 单元格的值
```

以下代码循环输出表数据：

```
nrows = table.nrows      #表格的行数
ncols = table.ncols      #表格的列数
for i in range(nrows):
    print(table.row_values(i) )
```

3) Cell 对象

Cell 对象的 Cell.value 返回单元格的值。

【例 5-13】 读取 Excel 文件 test.xls。

代码如下：

```
import xlrd
wb = xlrd.open_workbook('test.xls')      #打开文件
sheetNames = wb.sheet_names()            #查看包含的工作表
print(sheetNames)                        #输出所有工作表的名称,['sheet_test']
#获得工作表的两种方法
sh = wb.sheet_by_index(0)
sh = wb.sheet_by_name('sheet_test')      #通过名称'sheet_test'获取对应的 Sheet
#单元格的值
cellA1 = sh.cell(0,0)
cellA1Value = cellA1.value
print(cellA1Value)                       #王海
#第一列的值
columnValueList = sh.col_values(0)
print(columnValueList)                   #['王海', '程海鹏']
```

程序的运行结果如下：

```
['sheet_test']
王海
['王海', '程海鹏']
```

2. 使用 xlwt 模块写 Excel

相对来说，xlwt 模块提供的接口没有 xlrd 模块那么多，主要如下。

➤ Workbook()：构造函数,返回一个工作簿对象。

➤ Workbook.add_sheet(name)：添加一个名为 name 的表,类型为 Worksheet。

➤ Workbook.get_sheet(index)：可以根据索引返回 Worksheet。

➤ Worksheet.write(r, c, value)：将 value 填充到指定位置。

➤ Worksheet.row(n)：返回指定的行。

➤ Row.write(c, value)：在某一行的指定列写入 value。

➤ Worksheet.col(n)：返回指定的列。

➤ Row.height 或 Column.width：对它们赋值可以改变行或列的默认高度或宽度(单位为 0.05 pt,即 1/20 pt)。

➤ Workbook.save(filename)：保存文件。

表的单元格默认是不可重复写的,如果有需要,在调用 add_sheet()的时候指定参数 cell_overwrite_ok＝True 即可。

【例 5-14】 写入 Excel 示例。

代码如下：

```
import xlwt
book = xlwt.Workbook(encoding = 'utf - 8')
sheet = book.add_sheet('sheet_test', cell_overwrite_ok = True)     #单元格可重复写
sheet.write(0, 0, '王海')
sheet.row(0).write(1, '男')
sheet.write(0, 2, 23)
sheet.write(1, 0, '程海鹏')
sheet.row(1).write(1, '男')
sheet.write(1, 2, 41)
sheet.col(2).width = 4000                                          #单位为 1/20 pt
book.save('test.xls')
```

运行程序生成如图 5-4 所示的 test.xls 文件。

	A	B	C
1	王海	男	23
2	程海鹏	男	41
3			
4			

图 5-4 test.xls 文件

视频讲解

5.5 文件应用案例——游戏地图的存储

在游戏开发中往往需要存储不同关卡的游戏(例如推箱子、连连看等游戏)的地图信息。这里以推箱子游戏的地图存储为例来说明游戏地图信息如何存储到文件中并读取出来。

对于图 5-5 所示的推箱子游戏,可以看成 7×7 的表格,这样如果按行存储到文件中,就可以把这一关游戏的地图存到文件中了。

墙	墙	墙			墙	墙
		墙			墙	墙
						墙
		墙				墙
			墙			墙
			墙	墙		墙
	墙	墙	墙	墙	墙	墙

图 5-5 推箱子游戏

为了表示方便,每个格子的状态值分别用常量 Wall(0)代表墙,Worker(1)代表人,Box(2)代表箱子,Passageway(3)代表路,Destination(4)代表目的地,WorkerInDest(5)代表人在目的地,RedBox(6)代表放到目的地的箱子。文件中存储的原始地图中格子的状态值采用相应的整数形式存放。假如推箱子游戏界面对应的数据如下。

0	0	0	3	3	0	0
3	3	0	3	4	0	0
1	3	3	2	3	3	0
4	2	0	3	3	3	0
3	3	3	0	3	3	0
3	3	3	0	0	3	0
3	0	0	0	0	0	0

5.5.1 将地图写入文件

地图只需要使用 write()方法按行/列(这里按行)存到文件 map1.txt 中即可。例如:

```
import os
#将地图写入文件
helloFile = open("map1.txt","w")
helloFile.write("0,0,0,3,3,0,0\n")
helloFile.write("3,3,0,3,4,0,0\n")
helloFile.write("1,3,3,2,3,3,0\n")
helloFile.write("4,2,0,3,3,3,0\n")
helloFile.write("3,3,3,0,3,3,0\n")
helloFile.write("3,3,3,0,0,3,0\n")
helloFile.write("3,0,0,0,0,0,0\n")
helloFile.close()
```

5.5.2 从地图文件读取信息

只需要按行从文件 map1.txt 中读取即可得到地图信息。在本例中将信息读取到二维列表中存储。

代码如下:

```
#读文件
helloFile = open("map1.txt","r")
myArray1 = [ ]
while True:
    line = helloFile.readline()
    if line == "":                #或者用 if not line
        break
    line = line.replace("\n","")   #将读取的一行中最后的换行符去掉
    myArray1.append(line.split(","))
helloFile.close()
print(myArray1)
```

运行结果如下:

```
[['0', '0', '0', '3', '3', '0', '0'], ['3', '3', '0', '3', '4', '0', '0'], ['1', '3', '3', '2', '3', '3',
'0'], ['4', '2', '0', '3', '3', '3', '0'], ['3', '3', '3', '0', '3', '3', '0'], ['3', '3', '3', '0','0',
'3', '0'],['3','0','0','0',',0',',0',',0']]
```

在 7.6.4 节的图形化推箱子游戏中,根据数字代号将对应图形显示到界面上,即可完成地图的读取任务。

5.6 文件应用案例——词频统计

对文章内容进行统计,从中找出出现频率高的词语,从而概要分析文章内容,是人们经常遇到的需求;对网络信息进行自动检索及归档,也是同样的需求。这就是"词频统计"问题。

以英文文章为例,将文章作为文件读取其内容,对文章中的每个单词设计计数器,每出现一次其计数加 1,最后得出每个单词出现的次数。这里可以使用字典类型,以单词作为键,以次数作为值,形成(单词,次数)的键值对。英文文章以空格或标点符号进行单词的分隔,因此获得单词并统计数量相对容易。下面对程序进行分析。

词频统计问题的 IPO(Input,输入;Processing,处理;Output,输出)描述如下。

(1)程序输入:选取李某给刚上大学的女儿的一封英文信并保存在 letter.txt 文件中,从 letter.txt 文件中读取文章。

(2)处理:使用字典类型,分词并统计每个单词出现的次数。

(3)程序输出:显示统计的结果,每个单词及其出现的次数。

使用字典类型 wdCountDict 进行单词的计数。对于已经出现在字典中的单词,其计数加 1;对于没有出现的单词,添加并将键值设置为 1,新建键值对。对应的代码如下:

```
for word in words:
    if word in wdCountDict:
        wdCountDict[word] = wdCountDict[word] + 1
    else
        wdCountDict[word] = 1
```

另外也可以使用 wdCountDict.get()方法将上述代码中的 if 语句替换为:

```
wdCountDict[word] = wdCountDict.get(word,0) + 1
```

此时将词频统计结果从大到小倒序排序并输出。字典类型是无序的,因此必须先将字典转换为列表,对列表进行排序。为了使用 sort()方法排序,在转换列表时需要将每个字典项(键,值)转换为新元组(值,键)添加到列表中。这是因为 sort()方法对于复合对象比较的是每个元素的第一个值。代码如下:

```
valKeyList = []
for key, val in wdCountDict.items():
    valKeyList.append((val, key))
```

另外也可以使用以下代码进行更简洁的替换：

```
valKeyList = [(val, key) for key, val in wdCountDict.items()]
```

全部代码如下：

```
# letter.py
def getFileText():
    with open("C:\lynn\Python\letter.txt", "r") as letterFile:
        filTxt = letterFile.read()
    filTxt = filTxt.lower()
    for ch in '!"#$%&()*+-*/,.:;<=>?@[]\^_{}|~':
        filTxt = filTxt.replace(ch, " ")
    return filTxt
letterTxt = getFileText()
words = letterTxt.split()
wdCountDict = {}
for word in words:
    wdCountDict[word] = wdCountDict.get(word, 0) + 1
valKeyList = [(val, key) for key, val in wdCountDict.items()]
valKeyList.sort(reverse = True)
print("{0:<10}{1:>5}".format("word", "count"))
print(" * " * 21)
for val, key in valKeyList:
    print("{0:<10}{1:>5}".format(key, val))
```

注意：在使用 sort() 方法排序时，若第一个值相同，它会使用复合对象的其他元素排序。因此，出现次数相同的单词以单词字母的倒序输出。

观察结果可以发现，在列表中会出现很多常见且对文章分析无意义的词，例如 and、you、or、it 等，这些词被称作停用词。停用词列表可以在网上找到，通常可以设置停用词列表，并将它们从字典中排除。代码如下：

```
excludes = {"the", "of", "you", "your", "that", "will", "this", "don't"}
for word in excludes:
    del(wdCountDict[word])
```

在这个示例中列表中的单词并不完整，读者可以试着完善列表。

更简单的方法是排除长度小于 3 的单词，并在最终结果中将出现次数少于两次的单词也排除，完善输出结果。完整代码如下：

```
#letter.py
def getFileText():
    with open("C:\lynn\Python\letter.txt","r") as letterFile:
        filTxt = letterFile.read()
    filTxt = filTxt.lower()
    for ch in '!"#$%&()*+-*/,.:;<=>?@[]\^_{}|~':
        filTxt = filTxt.replace(ch," ")
    return filTxt
letterTxt = getFileText()
words = letterTxt.split()        #实现文章分隔成单词的列表 words
wdCountDict = {}
excludes = {"the","of","you","your","that","will","this","don't"}
for word in words:
    wdCountDict[word] = wdCountDict.get(word,0) + 1
for word in excludes:
    del(wdCountDict[word])
items = list(wdCountDict.items())           #将字典转换为列表
items.sort(key = lambda x:x[1], reverse = True)   #按记录的第 2 列排序
print("{0:<10}{1:>5}".format("word","count"))
print(" * " * 21)
for key,val in items:
    if len(key)>3 and val>2:
        print("{0:<10}{1:>5}".format(key,val))
```

此后,在最终结果中就可以看到单词出现的次数。

5.7 习　　题

1. 编写程序,打开任意的文本文件,读出其中的内容,判断该文件中某些给定的关键字(例如"中国")出现的次数。

2. 编写程序,打开任意的文本文件,在指定的位置产生一个相同文件的副本,即实现文件的复制功能。

3. 用 Windows 的记事本创建一个文本文件,其中每行包含一段英文。试读出文件的全部内容,并判断:

(1) 该文本文件共有多少行?

(2) 文件中以大写字母 P 开头的有多少行?

(3) 一行中包含字符最多的和包含字符最少的分别在第几行?

4. 统计 test.txt 文件中大写字母、小写字母和数字出现的次数。

5. 编写程序,统计调查问卷中各评语出现的次数,并将最终统计结果放入字典。

调查问卷结果:

不满意,一般,满意,一般,很满意,满意,一般,一般,不满意,满意,满意,满意,满意,一般,很满意,一般,满意,不满意,一般,不满意,满意,满意,满意,满意,满意,满意,很满意,不满意,满意,不满意,不满意,一般,很满意

要求:问卷调查结果用文本文件 result.txt 保存,编写程序读取该文件后统计各评语出

现的次数,将字典的最终统计结果追加到 result.txt 文件中。

6. src.txt 文件中存储的是一篇英文文章,将其中所有的大写字母转换成小写字母输出。

假如 src.txt 里面存储的内容为"This is a Book",则输出内容应为"this is a book"。

7. score.txt 文件中存储了歌手大奖赛中 10 名评委给每个歌手打的分,10 个分数在一行,形式如下:

歌手 1,8.92,7.89,8.23,8.93,7.89,8.52,7.99,8.83,8.99,8.89

歌手 2,8.95,8.86,8.24,8.63,7.66,8.53,8.59,8.82,8.93,8.89

……

从文件中读取数据,存入列表中,计算该名歌手的最终得分,最终得分的计算方式是 10 个评分去掉最高分,去掉最低分,然后求平均分。最终得分保留两位小数,输出到屏幕上。

Python 文件的使用

第6章 面向对象程序设计

面向对象程序设计(Object Oriented Programming,OOP)主要针对大型软件设计而提出,使得软件设计更加灵活,能够很好地支持代码复用和设计复用,并且使得代码具有更好的可读性和可扩展性。面向对象程序设计的一个关键性观念是将数据以及对数据的操作封装在一起,组成一个相互依存、不可分割的整体,即对象。对于相同类型的对象进行分类、抽象后得出共同的特征而形成了类。面向对象程序设计的关键就是如何合理地定义和组织这些类以及类之间的关系。本章在介绍面向对象程序设计的基本特性的基础上还介绍了类和对象的定义,类的继承和多态。

6.1 面向对象程序设计基础

视频讲解

面向对象程序设计是相对于结构化程序设计而言的,它把一个新的概念——对象,作为程序代码的整个结构的基础和组成元素。它将数据及对数据的操作结合在一起,作为相互依存、不可分割的整体来处理;它采用数据抽象和信息隐藏技术,将对象及对象的操作抽象成一种新的数据类型——类,并且考虑不同对象之间的联系和对象类的重用性。简而言之,对象就是现实世界中的一个实体,而类就是对象的抽象和概括。

现实生活中的每一个相对独立的事物都可以看作一个对象,例如一个人、一辆车、一台计算机等。对象是具有某些特性和功能的具体事物的抽象。每个对象都具有描述其特征的属性及附属于它的行为。例如,一辆车有颜色、车轮数、座椅数等属性,也有启动、行驶、停止等行为;一个人可由姓名、性别、年龄、身高、体重等特征描述,也有走路、说话、学习、开车等行为;一台计算机由主机、显示器、键盘、鼠标等部件组成。

人们在生产一台计算机的时候并不是先生产主机,然后生产显示器,再生产键盘、鼠标,即不是顺序执行的,而是分别生产主机、显示器、键盘、鼠标等,最后把它们组装起来。这些部件通过事先设计好的接口连接,以便协调地工作。这就是面向对象程序设计的基本思路。

每个对象都有一个类型,类是创建对象实例的模板,是对对象的抽象和概括,它包含对所创建对象的属性描述和行为特征的定义。例如,马路上的汽车是一个一个的汽车对象,它们归属于一个汽车类,车身的颜色就是该类的属性,开动是它的方法,该保养了或者该报废了就是它的事件。

面向对象程序设计是一种计算机编程架构,它具有以下3个基本特性。

1. 封装性

封装性(encapsulation)就是将一个数据和与这个数据有关的操作集合放在一起,形成一个实体——对象,用户不必知道对象行为的实现细节,只需根据对象提供的外部特性接口访问对象即可。其目的在于将对象的用户与设计者分开,用户不必知道对象行为的细节,只需用设计者提供的协议命令对象去做就可以。也就是可以创建一个接口,只要该接口保持不变,即使完全重写了指定方法中的代码,应用程序也可以与对象交互作用。

例如,电视机是一个类,用户家里的电视机是这个类的一个对象,它有声音、颜色、亮度等一系列属性,如果需要调节它的属性(例如声音),只需要调节一些按钮或旋钮就可以,也可以通过这些按钮或旋钮来控制电视机的开、关、换台等功能(方法)。在进行这些操作时并不需要知道这台电视机的内部构成,而是通过生产厂家提供的通用开关、按钮等接口来实现。

面向对象方法的封装性使对象以外的事物不能随意获取对象的内部属性(公有属性除外),有效地避免了外部错误对它产生的影响,大大减轻了软件开发过程中查错的工作量,减小了排错的难度,隐蔽了程序设计的复杂性,提高了代码的重用性,降低了软件开发的难度。

2. 继承性

继承性(inheritance)是指在面向对象程序设计中根据既有类(基类)派生出新类(派生类)的现象,也称为类的继承机制。

派生类无须重新定义在父类(基类)中已经定义的属性和行为,而是自动地拥有其父类的全部属性与行为。派生类既具有继承下来的属性和行为,又具有自己新定义的属性和行为。当派生类又被它更下层的子类继承时,它继承的以及自身定义的属性和行为又被下一级子类继承下去。面向对象程序设计的继承机制实现了代码重用,有效地缩短了程序的开发周期。

3. 多态性

面向对象的程序设计的多态性(polymorphism)是指基类中定义的属性或行为,在被派生类继承之后可以具有不同的数据类型或表现出不同的行为特性,使得同样的消息可以根据发送消息对象的不同而采用多种不同的行为方式。

Python完全采用了面向对象程序设计的思想,是真正面向对象的高级动态编程语言,完全支持面向对象的基本功能,例如封装、继承、多态以及对基类方法的覆盖或重写。与其他面向对象程序设计语言不同的是,Python中对象的概念很广泛,Python中的一切内容都可以称为对象。例如,字符串、列表、字典、元组等内置数据类型都具有和类完全相似的语法和用法。

6.2 类和对象

Python使用class关键字来定义类,class关键字之后是一个空格,然后是类的名字,接着是一个冒号,最后换行并定义类的内部实现。类名的首字母一般要大写,当然用户也可以按照自己的习惯定义类名,一般推荐参考惯例来命名,并在整个系统的设计和实现中保持风格一致,这一点对于团队合作尤其重要。

6.2.1 定义和使用类

1. 定义类

在创建类时用变量形式表示的对象属性称为数据成员或属性(成员变量),用函数形式表示的对象行为称为成员函数(成员方法),成员属性和成员方法统称为类的成员。

定义类的最简单的形式如下:

class 类名:

    属性(成员变量)

    属性

    …

    成员函数(成员方法)

【例 6-1】 定义一个 Person 类。

代码如下:

```
class Person:
    num = 1                  # 成员变量(属性)
    def SayHello(self):      # 成员函数
        print("Hello!")
```

在 Person 类中定义一个成员函数 SayHello(self),用于输出字符串"Hello!"。同样,Python 使用缩进标识类的定义代码。

1) 成员函数(成员方法)

在 Python 中,函数和成员方法(成员函数)是有区别的。成员方法一般指与特定实例绑定的函数,在通过对象调用成员方法时,对象本身将被作为第一个参数传递过去,普通函数并不具备这个特点。

2) self

可以看到,在成员函数 SayHello()中有一个参数 self。这也是类的成员函数(方法)与普通函数的主要区别。类的成员函数必须有一个参数 self,而且位于参数列表的开头。self 代表类的实例(对象)自身,可以使用 self 引用类的属性和成员函数。在类的成员函数中访问实例属性时需要以 self 为前缀,但在外部通过对象名调用对象的成员函数时并不需要传递这个参数,如果在外部通过类名调用对象的成员函数,则需要显式地为 self 参数传值。

2. 创建对象

对象是类的实例。如果人类是一个类,那么某个具体的人就是一个对象。只有定义了具体的对象,并通过"对象名.成员"的方式才能访问其中的数据成员或成员方法。

Python 创建对象的语法如下:

对象名 = 类名()

例如,下面的代码定义了 Person 类的一个对象 p:

```
p = Person()
p.SayHello()        # 访问成员函数 SayHello()
```

其运行结果如下:

```
Hello!
```

6.2.2　构造函数

类可以定义一个特殊的叫作__init__()的方法(构造函数,以两个下画线"__"开头和结束,显示为__,下同)。在一个类定义了__init__()方法以后,类实例化时就会自动为新生成的类实例调用__init__()方法。构造函数一般用于完成对象数据成员设置初值或进行其他必要的初始化工作。如果用户未涉及构造函数,Python 将提供一个默认的构造函数。

【例 6-2】　定义一个复数类 Complex,构造函数完成对象变量的初始化工作。

代码如下:

```python
class Complex:
    def __init__(self, realpart, imagpart):
        self.r = realpart
        self.i = imagpart
x = Complex(3.0, - 4.5)
print(x.r, x.i)
```

其运行结果如下:

```
3.0 - 4.5
```

6.2.3　析构函数

在 Python 中类的析构函数是__del__,用来释放对象占用的资源,它在 Python 收回对象的空间之前自动执行。如果用户未涉及析构函数,Python 将提供一个默认的析构函数进行必要的清理工作。

例如:

```python
class Complex:
    def __init__(self, realpart, imagpart):
        self.r = realpart
        self.i = imagpart
    def __del__(self):
        print("Complex 不存在了")
x = Complex(3.0, - 4.5)
print(x.r, x.i)
print(x)
del x                   #删除 x 对象变量
```

其运行结果如下:

```
3.0 - 4.5
<__main__.Complex object at 0x01F87C90 >
Complex 不存在了
```

面向对象程序设计

说明：在删除 x 对象变量之前 x 是存在的，在内存中的标识为 0x01F87C90，在执行 del x 语句后，x 对象变量不存在了，系统自动调用析构函数，所以出现"Complex 不存在了"。

6.2.4 实例属性和类属性

属性(成员变量)有两种，一种是实例属性，另一种是类属性(类变量)。实例属性是在构造函数 __init__(以两个下画线开头和结束)中定义的，在定义时以 self 作为前缀；类属性是在类中方法之外定义的属性。在主程序中(在类的外部)，实例属性属于实例(对象)，只能通过对象名访问；类属性属于类，可以通过类名访问，也可以通过对象名访问，为类的所有实例共享。

【例 6-3】 定义含有实例属性(姓名 name，年龄 age)和类属性(人数 num)的 Person 人员类。

代码如下：

```
class Person:
    num = 1                          # 类属性
    def __init__(self, str,n):       # 构造函数
        self.name = str              # 实例属性
        self.age = n
    def SayHello(self):              # 成员函数
        print("Hello!")
    def PrintName(self):             # 成员函数
        print("姓名: ", self.name, "年龄: ", self.age)
    def PrintNum(self):              # 成员函数
        print(Person.num)            # 由于是类属性,所以不写 self.num
# 主程序
P1 = Person("夏敏捷",42)
P2 = Person("王琳",36)
P1.PrintName()
P2.PrintName()
Person.num = 2                       # 修改类属性
P1.PrintNum()
P2.PrintNum()
```

其运行结果如下：

```
姓名：夏敏捷年龄: 42
姓名：王琳年龄: 36
2
2
```

num 变量是一个类变量，它的值将在这个类的所有实例之间共享，可以在类内部或类外部使用 Person.num 访问。

在类的成员函数(方法)中可以调用类的其他成员函数(方法)，也可以访问类属性、对象的实例属性。

在 Python 中比较特殊的是可以动态地为类和对象增加成员，这一点是和很多面向对象程序设计语言所不同的，也是 Python 动态类型特点的一种重要体现。

【例 6-4】 为 Car 类动态增加属性 name 和成员方法 setSpeed()。

代码如下：

```python
import types                                    #导入 types 模块
class Car:
    price = 100000                              #定义类属性 price
    def __init__(self, c):
        self.color = c                          #定义实例属性 color
#主程序
car1 = Car("Red")
car2 = Car("Blue")
print(car1.color, Car.price)
Car.price = 110000                              #修改类属性
Car.name = 'QQ'                                 #增加类属性
car1.color = "Yellow"                           #修改实例属性
print(car2.color, Car.price, Car.name)
print(car1.color, Car.price, Car.name)
def setSpeed(self, s):
    self.speed = s
car1.setSpeed = types.MethodType(setSpeed, Car) #动态地为对象增加成员方法
car1.setSpeed(50)                               #调用对象的成员方法
print(car1.speed)
```

其运行结果如下：

```
Red 100000
Blue 110000 QQ
Yellow 110000 QQ
50
```

说明：

① 在 Python 中也可以使用以下函数的方式来访问属性。

➢ getattr(obj，name)：访问对象的属性。

➢ hasattr(obj，name)：检查是否存在一个属性。

➢ setattr(obj，name，value)：设置一个属性。如果属性不存在，则创建一个新属性。

➢ delattr(obj，name)：删除属性。

例如：

```
hasattr(car1, 'color')        #如果存在 'color '属性,则返回 True
getattr(car1, 'color')        #返回 'color '属性的值
setattr(car1, 'color', 8)     #设置属性 'color '的值为 8
delattr(car1, 'color')        #删除属性 'color '
```

② 在 Python 中内置了一些类属性。

➢ __dict__：类的属性(包含一个字典，由类的数据属性组成)。

➢ __doc__：类的文档字符串。

- ➤ __name__：类名。
- ➤ __module__：类定义所在的模块(类的全名是'__main__.className',如果类位于一个导入模块 mymod 中,那么 className.__module__ 的结果为 mymod)。
- ➤ __bases__：类的所有父类组成的元组。

Python 内置类属性的调用实例如下：

```python
class Employee:
    '所有员工的基类'
    empCount = 0
    def __init__(self, name, salary):
        self.name = name
        self.salary = salary
        Employee.empCount += 1
    def displayCount(self):
        print("Total Employee % d" % Employee.empCount)
    def displayEmployee(self):
        print("Name : ", self.name, ", Salary: ", self.salary)
print("Employee.__doc__:", Employee.__doc__)
print("Employee.__name__:", Employee.__name__)
print("Employee.__module__:", Employee.__module__)
print("Employee.__bases__:", Employee.__bases__)
```

执行以上代码,输出结果如下：

```
Employee.__doc__: 所有员工的基类
Employee.__name__: Employee
Employee.__module__: __main__
Employee.__bases__: (<class 'object'>,)
```

6.2.5　私有成员与公有成员

Python 并没有对私有成员提供严格的访问保护机制。在定义类的属性时,如果属性名以两个下画线开头,则表示是私有属性,否则是公有属性。私有属性在类的外部不能直接访问,需要通过调用对象的公有成员方法来访问,或者通过 Python 支持的特殊方式来访问。Python 提供了访问私有属性的特殊方式,可用于程序的测试和调试,对于成员方法也具有同样的性质。这种方式如下：

对象名._类名＋私有成员

例如,访问 Car 类的私有成员__weight：

```
car1._Car__weight
```

私有属性是为了数据封装和保密而设的属性,一般只能在类的成员方法(类的内部)中使用访问,虽然 Python 支持一种特殊的方式从外部直接访问类的私有成员,但是并不推荐这样做。公有属性是可以公开使用的,既可以在类的内部进行访问,也可以在外部程序中使用。

【例 6-5】 为 Car 类定义私有成员。

代码如下：

```
class Car:
    price = 100000          # 定义类属性
    def __init__(self, c, w):
        self.color = c       # 定义公有属性 color
        self.__weight = w    # 定义私有属性__weight
# 主程序
car1 = Car("Red",10.5)
car2 = Car("Blue",11.8)
print(car1.color)
print(car1._Car__weight)
print(car1.__weight)        # AttributeError
```

其运行结果如下：

```
Red
10.5
AttributeError: 'Car' object has no attribute '__weight'
```

最后一句由于不能直接访问私有属性，所以出现了 AttributeError：'Car' object has no attribute '__weight'错误提示，而公有属性 color 可以直接访问。

在 IDLE 环境中，在对象或类名后面加上一个圆点"."，稍等一秒就会自动列出其所有的公有成员，模块也具有同样的特点。如果在圆点"."后面再加一个下画线，则会列出该对象或类的所有成员，包括私有成员。

说明： 在 Python 中，以下画线开头的变量名和方法名有特殊的含义，尤其是在类的定义中。用下画线作为变量名和方法名前缀和后缀来表示类的特殊成员。

> _xxx：这样的对象叫作保护成员，不能用'from module import * '导入，只有类和子类的内部成员方法（函数）能访问这些成员。

> __xxx__：系统定义的特殊成员。

> __xxx：类中的私有成员，只有类自己的内部成员方法（函数）能访问，子类的内部成员方法不能访问这个私有成员，但在对象外部可以通过"对象名._类名__xxx"这样的特殊方式来访问。在 Python 中不存在严格意义上的私有成员。

6.2.6　方法

在类中定义的方法可以粗略地分为三大类，即公有方法、私有方法和静态方法。其中，公有方法和私有方法都属于对象，私有方法的名字以两个下画线开头，每个对象都有自己的公有方法和私有方法，在这两类方法中可以访问属于类和对象的成员；**公有方法通过对象名直接调用，私有方法不能通过对象名直接调用**，只能在属于对象的方法中通过 self 调用或在外部通过 Python 支持的特殊方式来调用。如果通过类名来调用属于对象的公有方法，需要显式地为该方法的 self 参数传递一个对象名，用来明确指定访问哪个对象的数据成员。**静态方法可以通过类名和对象名调用，但不能直接访问属于对象的成员，只能访问属于类的成员。**

【例 6-6】 公有方法、私有方法、静态方法的定义和调用。

代码如下:

```
class Person:
    num = 0                              # 类属性
    def __init__(self, str,n,w):         # 构造函数
        self.name = str                  # 对象实例属性(成员)
        self.age = n
        self.__weight = w                # 定义私有属性__weight
        Person.num += 1
    def __outputWeight(self):            # 定义私有方法 outputWeight
        print("体重:",self.__weight)     # 访问私有属性__weight
    def PrintName(self):                 # 定义公有方法(成员函数)
        print("姓名:", self.name, "年龄:", self.age, end = " ")
        self.__outputWeight( )           # 调用私有方法 outputWeight
    def PrintNum(self):                  # 定义公有方法(成员函数)
        print(Person.num)                # 由于是类属性,所以不写 self.num
    @ staticmethod
    def getNum( ):                       # 定义静态方法 getNum
        return Person.num
# 主程序
P1 = Person("夏敏捷",42,120)
P2 = Person("张海",39,80)
# P1.outputWeight()                      # 错误'Person' object has no attribute 'outputWeight'
P1.PrintName()
P2.PrintName()
Person.PrintName(P2)
print("人数:",Person.getNum())
print("人数:",P1.getNum())
```

其运行结果如下:

```
姓名:夏敏捷 年龄:42 体重:120
姓名:张海 年龄:39 体重:80
姓名:张海 年龄:39 体重:80
人数:2
人数:2
```

6.3 类的继承和多态

继承是为代码复用和设计复用而设计的,是面向对象程序设计的重要特性之一。在设计一个新类时,如果可以继承一个已有的设计良好的类然后进行二次开发,无疑会大幅度减少开发的工作量。

6.3.1 类的继承

视频讲解

类的继承的语法如下:

class 派生类名(基类名):   # 基类名写在括号里
    派生类成员

在继承关系中,已有的、设计好的类称为父类或基类,新设计的类称为子类或派生类。派生类可以继承父类的公有成员,但是不能继承其私有成员。

在 Python 中继承的特点如下:

① 在继承中基类的构造函数(__init__()方法)不会被自动调用,它需要在其派生类的构造中亲自(专门)调用。

② 如果需要在派生类中调用基类的方法,通过"基类名.方法名()"的方式来实现,此时需要加上基类的类名前缀,且需要带上 self 参数变量。在类中调用普通函数时不需要带 self 参数。另外,也可以使用内置函数 super()实现这一目的。

③ Python 总是先查找对应类型的方法,如果不能在派生类中找到对应的方法,它才到基类中逐个查找(先在本类中查找调用的方法,找不到才去基类中查找)。

【例 6-7】 类的继承的应用。

代码如下:

```python
class Parent:                          ♯定义父类
    parentAttr = 100
    def __init__(self):
        print("调用父类构造函数")
    def parentMethod(self):
        print("调用父类方法")
    def setAttr(self, attr):
        Parent.parentAttr = attr
    def getAttr(self):
        print("父类属性:", Parent.parentAttr)
class Child(Parent):                   ♯定义子类
    def __init__(self):
        print("调用子类构造函数")
    def childMethod(self):
        print("调用子类方法 child method")
♯主程序
c = Child()                            ♯实例化子类
c.childMethod()                        ♯调用子类的方法
c.parentMethod()                       ♯调用父类的方法
c.setAttr(200)                         ♯再次调用父类的方法
c.getAttr()                            ♯再次调用父类的方法
```

以上代码的执行结果如下:

```
调用子类构造函数
调用子类方法 child method
调用父类方法
父类属性：200
```

【例 6-8】 设计 Person 类,并根据 Person 派生 Student 类,分别创建 Person 类与 Student 类的对象。

代码如下:

```python
♯定义基类：Person 类
import types
```

```
class Person(object):          #基类必须继承于 object,否则在派生类中将无法使用 super()函数
    def __init__(self, name = '', age = 20, sex = 'man'):
        self.setName(name)
        self.setAge(age)
        self.setSex(sex)
    def setName(self, name):
        if type(name) != str:          #内置函数 type()返回被测对象的数据类型
            print('姓名必须是字符串.')
            return
        self.__name = name
    def setAge(self, age):
        if type(age) != int:
            print('年龄必须是整型.')
            return
        self.__age = age
    def setSex(self, sex):
        if sex != '男' and sex != '女':
            print('性别输入错误')
            return
        self.__sex = sex
    def show(self):
        print('姓名: ', self.__name, '年龄: ', self.__age ,'性别: ', self.__sex)
#定义子类(Student 类),其中增加一个入学年份私有属性(数据成员)
class Student (Person):
    def __init__(self, name = '', age = 20, sex = 'man', schoolyear = 2016):
        #调用基类构造方法初始化基类的私有数据成员
        super(Student, self).__init__(name, age, sex)
        #Person.__init__(self, name, age, sex)   #也可以这样初始化基类的私有数据成员
        self.setSchoolyear(schoolyear)           #初始化派生类的数据成员
    def setSchoolyear(self, schoolyear):
        self.__schoolyear = schoolyear
    def show(self):
        Person.show(self)                        #调用基类的 show()方法
        #super(Student, self).show()             #也可以这样调用基类的 show()方法
        print('入学年份: ', self.__schoolyear)
#主程序
if __name__ == '__main__':
    zhangsan = Person('张三', 19, '男')
    zhangsan.show()
    lisi = Student('李四', 18, '男', 2015)
    lisi.show()
    lisi.setAge(20)                              #调用继承的方法修改年龄
    lisi.show()
```

其运行结果如下:

```
姓名: 张三    年龄: 19    性别: 男
姓名: 李四    年龄: 18    性别: 男
```

```
入学年份：2015
姓名：李四    年龄：20    性别：男
入学年份：2015
```

当需要判断类之间的关系或者某个对象实例是哪个类的对象时，可以使用 issubclass()
或者 isinstance()方法来检测。

> issubclass(sub,sup)：布尔函数，判断一个类 sub 是另一个类 sup 的子类或者子孙
>   类，若是则返回 True。
> isinstance(obj，Class)：布尔函数，如果 obj 是 Class 类或者是 Class 子类的实例对
>   象，则返回 True。

例如：

```
class Foo(object):
    pass
class Bar(Foo):
    pass
a = Foo()
b = Bar()
print(type(a) == Foo)          #True,type()函数返回对象的类型
print(type(b) == Foo)          #False
print(isinstance(b,Foo))       #True
print(issubclass(Bar,Foo))     #True
```

6.3.2　类的多继承

Python 的类可以继承多个基类。继承的基类列表跟在类名之后。类的多继承的语法
如下：

class SubClassName(ParentClass1[，ParentClass2，…])：
　　派生类成员

例如，定义 C 类继承 A、B 两个基类，代码如下：

```
class A:          #定义类 A
…
class B:          #定义类 B
…
class C(A, B):    #派生类 C 继承类 A 和类 B
…
```

6.3.3　方法的重写

重写必须出现在继承中。它是指当派生类继承了基类的方法后，如果基类的方法的功
能不能满足需求，需要对基类中的某些方法进行修改，可以在派生类中重写基类的方法，这
就是重写。

【例 6-9】 重写父类(基类)的方法。
代码如下:

```
class Animal:                          #定义父类
    def run(self):
        print("Animal is running...")  #调用父类方法
class Cat(Animal):                     #定义子类
    def run(self):
        print("Cat is running...")     #调用子类方法
class Dog(Animal):                     #定义子类
    def run(self):
        print("Dog is running...")     #调用子类方法
c = Dog()                              #子类的实例
c.run()                                #子类调用重写方法
```

程序的运行结果如下:

```
Dog is running...
```

当子类 Dog 和父类 Animal 都存在相同的 run()方法时,通常说子类的 run()覆盖了父类的 run(),在代码运行的时候总是会调用子类的 run(),这样就获得了继承的另一个好处——多态。

视频讲解

6.3.4 多态

要理解什么是多态,首先要对数据类型做一点说明。在定义一个类的时候实际上就定义了一种数据类型,定义的数据类型和 Python 自带的数据类型(例如 string、list、dict)没什么区别。

```
a = list()       #a 是 list 类型
b = Animal()     #b 是 Animal 类型
c = Dog()        #c 是 Dog 类型
```

判断一个变量是否为某个类型可以用 isinstance()判断:

```
>>> isinstance(a, list)
True
>>> isinstance(b, Animal)
True
>>> isinstance(c, Dog)
True
```

a、b、c 确实对应着 list、Animal、Dog 这 3 种类型。

```
>>> isinstance(c, Animal)
True
```

因为 Dog 是从 Animal 继承而来的,在创建了 Dog 的实例 c 时,认为 c 的数据类型是
Dog,c 同时也是 Animal。

所以,在继承关系中,如果一个实例的数据类型是某个子类,那么它的数据类型也可以
被看作父类,但是反过来就不行。例如:

```
>>> b = Animal()
>>> isinstance(b, Dog)
False
```

Dog 可以看成 Animal,但 Animal 不可以看成 Dog。

要理解多态的好处,还需要再编写一个函数,这个函数接收一个 Animal 类型的变量:

```
def run_twice(animal):
    animal.run()
    animal.run()
```

当传入 Animal 的实例时,run_twice() 就打印出:

```
>>> run_twice(Animal())
Animal is running...
Animal is running...
```

当传入 Dog 的实例时,run_twice() 就打印出:

```
>>> run_twice(Dog())
Dog is running...
Dog is running...
```

当传入 Cat 的实例时,run_twice() 就打印出:

```
>>> run_twice(Cat())
Cat is running...
Cat is running...
```

现在,如果再定义一个 Tortoise 类型,也从 Animal 派生:

```
class Tortoise(Animal):
    def run(self):
        print ('Tortoise is running slowly...')
```

当调用 run_twice() 时传入 Tortoise 的实例:

```
>>> run_twice(Tortoise())
Tortoise is running slowly...
Tortoise is running slowly...
```

面向对象程序设计

此时会发现新增了一个 Animal 的子类,不必对 run_twice()做任何修改。实际上,任何依赖 Animal 作为参数的函数或者方法都可以不加修改地正常运行,原因就在于多态。

多态的好处就是,当需要传入 Dog、Cat、Tortoise 等时只需要接收 Animal 类型就可以,因为 Dog、Cat、Tortoise 等都是 Animal 类型,然后按照 Animal 类型进行操作即可。由于 Animal 类型有 run()方法,所以传入的任意类型只要是 Animal 类或者其子类,就会自动调用实际类型的 run()方法,这就是多态的意思。

对于一个变量,只需要知道它是 Animal 类型,无须确切地知道它的子类型,就可以放心地调用 run()方法,而具体调用的 run()方法是作用在 Animal、Dog、Cat 还是 Tortoise 对象上,由运行时该对象的确切类型决定,这就是多态真正的威力:调用方只管调用,不管细节,而当新增一种 Animal 的子类时,只要确保 run()方法编写正确,不用管原来的代码是如何调用的。这就是著名的"开闭"原则:对扩展开放,允许新增 Animal 子类;对修改封闭,不需要修改依赖 Animal 类型的 run_twice()等函数。

6.3.5 运算符的重载

在 Python 中可以通过运算符重载来实现对象之间的运算。Python 把运算符与类的方法关联起来,每个运算符对应一个函数,因此重载运算符就是实现函数。常用的函数方法与运算符的对应关系如表 6-1 所示。

表 6-1 **Python 中常用的运算符与函数方法的对应关系**

函数方法	重载的运算符	说　　明	调 用 举 例
__add__	+	加法	Z=X+Y,X+=Y
__sub__	−	减法	Z=X−Y,X−=Y
__mul__	*	乘法	Z=X*Y,X*=Y
__div__	/	除法	Z=X/Y,X/=Y
__lt__	<	小于	X<Y
__eq__	==	等于	X==Y
__len__	长度	对象的长度	len(X)
__str__	输出	输出对象时调用	print(X),str(X)
__or__	或	或运算	X|Y,X|=Y

所以在 Python 中,在定义类的时候,可以通过一些函数来实现重载运算符。

【例 6-10】 对 Vector 类重载运算符。

代码如下:

```python
class Vector:
    def __init__(self, a, b):
        self.a = a
        self.b = b
    def __str__(self):              #重写 print()方法,打印 Vector 对象实例的信息
        return 'Vector(%d, %d)' % (self.a, self.b)
    def __add__(self,other):        #重载+运算符
        return Vector(self.a + other.a, self.b + other.b)
    def __sub__(self,other):        #重载−运算符
        return Vector(self.a - other.a, self.b - other.b)
#主程序
```

```
v1 = Vector(2,10)
v2 = Vector(5, - 2)
print(v1 + v2)
```

以上代码的执行结果如下：

```
Vector(7,8)
```

可见 Vector 类中只要实现 __add__()方法就可以实现 Vector 对象实例间的加法运算。
读者可以如例子所示实现复数的加、减、乘、除四则运算。

6.4　面向对象应用案例——扑克牌类设计

视频讲解

【**案例 6-1**】　用扑克牌类设计扑克牌发牌程序。

4 位玩家打牌，计算机随机将 52 张牌（不含大小王）发给 4 位玩家，在屏幕上显示每位
玩家的牌。程序的运行效果如图 6-1 所示。

图 6-1　扑克牌发牌程序的运行效果

6.4.1　关键技术——random 模块

random 模块可以产生一个随机数，它的常用方法和使用例子如下。

1) random.random()

random.random()用于生成一个 0～1 的随机数 n。例如：

```
import random
random.random()
```

执行以上代码，输出结果如下：

```
0.85415370477785668
```

2) random.uniform()

random.uniform(a, b)用于生成一个指定范围内的随机数 n，两个参数中一个是上限，

一个是下限。如果 a < b,则 a≤n≤b;如果 a > b,则 b≤n≤a。

代码如下:

```
import random
print(random.uniform(10, 20))
print(random.uniform(20, 10))
```

146

执行以上代码,输出结果如下:

```
14.247256006293084
15.53810495673216
```

3) random.randint()

random.randint(a,b)用于随机生成一个指定范围内的整数 n。其中参数 a 是下限,参数 b 是上限,a≤n≤b。

```
import random
print(random.randint(12, 20))        #生成的随机数 n: 12 <= n <= 20
print(random.randint(20, 20))        #结果永远是 20
#print(random.randint(20, 10))       #该语句是错误的,下限必须小于上限
```

4) random.randrange()

random.randrange([start],stop[,step])从指定范围内按指定基数递增的集合中获取一个随机数。例如 random.randrange(10,100,2),结果相当于从[10,12,14,16,…,96,98]序列中获取一个随机数。random.randrange(10,100,2)在结果上与 random.choice(range(10,100,2))等效。

5) random.choice()

random.choice()从序列中获取一个随机元素。其函数原型为 random.choice(sequence),参数 sequence 表示一个有序类型。这里要说明一下:sequence 在 Python 中不是一种特定的类型,而是泛指序列数据结构。列表、元组、字符串都属于 sequence。下面是使用 choice 的一些例子:

```
import random
print(random.choice("学习 Python"))                              #在字符串中随机取一个字符
print(random.choice(["JGood", "is", "a", "handsome", "boy"]))  #在列表中随机取
print(random.choice(("Tuple", "List", "Dict")))                #在元组中随机取
```

执行以上代码,输出结果如下:

```
学
is
Dict
```

当然,每次运行的结果都不一样。

6)random.shuffle()

random.shuffle(x[, random])用于将一个列表中的元素打乱。例如:

```
p = ["Python", "is", "powerful", "simple", "and so on..."]
random.shuffle(p)
print(p)
```

执行以上代码,输出结果如下:

```
['powerful', 'simple', 'is', 'Python', 'and so on...']
```

在这个发牌游戏案例中使用此方法打乱牌的顺序实现洗牌功能。

7)random.sample()

random.sample(sequence,k)从指定序列中随机获取指定长度的片段。sample 函数不会修改原有序列。例如:

```
list = [1, 2, 3, 4, 5, 6, 7, 8, 9, 10]
slice = random.sample(list, 5)       #从 list 中随机获取 5 个元素作为一个片段返回
print(slice)
print(list)                          #原有序列并没有改变
```

执行以上代码,输出结果如下:

```
[5, 2, 4, 9, 7]
[1, 2, 3, 4, 5, 6, 7, 8, 9, 10]
```

以下是常用情况举例。

① 随机字符。

```
>>> import random
>>> random.choice('abcdefg&# %^ * f')
```

结果为'd'。

② 从多个字符中选取特定数量的字符。

```
>>> import random
>>> random.sample('abcdefghij', 3)
```

结果为['a', 'd', 'b']。

③ 从多个字符中选取特定数量的字符组成新字符串。

```
>>> import random
>>>" ".join(random.sample(['a','b','c','d','e','f','g','h','i','j'], 3) ).replace(" ","")
```

结果为'ajh'。

④ 随机选取字符串。

```
>>> import random
>>> random.choice( ['apple', 'pear', 'peach', 'orange', 'lemon'] )
```

结果为'lemon'。

⑤ 洗牌。

```
>>> import random
>>> items = [1, 2, 3, 4, 5, 6]
>>> random.shuffle(items)
>>> items
```

结果为[3，2，5，6，4，1]。

⑥ 随机选取 0～100 内的偶数。

```
>>> import random
>>> random.randrange(0, 101, 2)
```

结果为 42。

⑦ 随机选取 1～100 内的小数。

```
>>> random.uniform(1, 100)
```

结果为 5.4221167969800881。

6.4.2 程序设计的思路

案例 6-1 需要设计出 Card 类、Hand 类和 Poke 类 3 个类。

1. Card 类

Card 类代表一张牌,其中 FaceNum 字段指的是牌面数字 1～13,Suit 字段指的是花色,值"梅"为梅花,"方"为方块,"红"为红桃,"黑"为黑桃。

其中:

① Card 构造函数根据参数初始化封装的成员变量,实现牌面大小和花色的初始化,以及是否显示牌面,默认 True 为显示牌的正面。

② __str__()方法用来输出牌面大小和花色。

③ pic_order()方法获取牌的顺序号,牌面按梅花 1～13、方块 14～26、红桃 27～39、黑桃 40～52 顺序编号(未洗牌之前)。也就是说,梅花 2 的顺序号为 2,方块 A 的顺序号为 14,方块 K 的顺序号为 26。这个方法为图形化显示牌面预留的方法。

④ flip()是翻牌方法,改变牌面是否显示的属性值。

```
#Cards Module
class Card():
    """ A playing card. """
    RANKS = ["A", "2", "3", "4", "5", "6", "7",
             "8", "9", "10", "J", "Q", "K"]    #牌面数字为1~13
    SUITS = ["梅", "方", "红", "黑"]              #梅为梅花,方为方块,红为红桃,黑为黑桃
    def __init__(self, rank, suit, face_up = True):
        self.rank = rank                       #指的是牌面数字 1~13
        self.suit = suit                       #suit 指的是花色
        self.is_face_up = face_up              #是否显示牌的正面,True 为正面,False 为背面
    def __str__(self):                         #重写 print()方法,打印一张牌的信息
        if self.is_face_up:
            rep = self.suit + self.rank
        else:
            rep = "XX"
        return rep
    def pic_order(self):                       #牌的顺序号
        if self.rank == "A":
            FaceNum = 1
        elif self.rank == "J":
            FaceNum = 11
        elif self.rank == "Q":
            FaceNum = 12
        elif self.rank == "K":
            FaceNum = 13
        else:
            FaceNum = int(self.rank)
        if self.suit == "梅":
            Suit = 1
        elif self.suit == "方":
            Suit = 2
        elif self.suit == "红":
            Suit = 3
        else:
            Suit = 4
        return(Suit - 1) * 13 + FaceNum
    def flip(self):                            #翻牌方法
        self.is_face_up = not self.is_face_up
```

2. Hand 类

Hand 类代表一手牌(一位玩家手里拿的牌),可以认为是一位玩家手里的牌,其中 cards 列表变量存储玩家手里的牌,可以增加牌、清空玩家手里的牌或把一张牌给其他玩家。

定义 Hand 类的代码如下:

```
class Hand():
    """ A hand of playing cards. """
    def __init__(self):
        self.cards = []                        #cards 列表变量存储玩家手里的牌
    def __str__(self):                         #重写 print()方法,打印出玩家的所有牌
```

```
            if self.cards:
                rep = ""
                for card in self.cards:
                    rep += str(card) + "\t"
            else:
                rep = "无牌"
            return rep
        def clear(self):              # 清空玩家手里的牌
            self.cards = []
        def add(self, card):          # 增加牌
            self.cards.append(card)
        def give(self, card, other_hand):  # 把一张牌给其他玩家
            self.cards.remove(card)
            other_hand.add(card)
```

3. Poke 类

Poke 类代表一副牌,可以把一副牌看作一个有 52 张牌的一手牌,所以它继承 Hand 类。由于其中的 cards 列表变量要存储 52 张牌,而且要进行发牌、洗牌操作,所以增加如下方法。

① populate(self):生成存储了 52 张牌的一手牌,当然这些牌是按梅花 1~13、方块 14~26、红桃 27~39、黑桃 40~52 的顺序(未洗牌之前)存储在 cards 列表变量中。

② shuffle(self):洗牌,使用 random. shuffle()打乱牌的存储顺序。

③ deal(self, hands, per_hand = 13):完成发牌动作,发给 4 位玩家,每位玩家默认有 13 张牌。当然如果给 per_hand 传 10,则每位玩家发 10 张牌,只不过牌没发完。

代码如下:

```
# Poke 类
class Poke(Hand):                  # 子类无构造函数,则调用从父类继承过来的构造函数
    """ A deck of playing cards. """
    def populate(self):            # 生成一副牌
        for suit in Card.SUITS:
            for rank in Card.RANKS:
                self.add(Card(rank, suit))
    def shuffle(self):             # 洗牌
        import random
        random.shuffle(self.cards)     # 打乱牌的顺序
    def deal(self, hands, per_hand = 13):  # 发牌,发给玩家,每位玩家默认有 13 张牌
        for rounds in range(per_hand):
            for hand in hands:
                if self.cards:
                    top_card = self.cards[0]
                    self.cards.remove(top_card)
                    hand.add(top_card)
                    # self.give(top_card, hand)   # 上两句可以用此语句替换
                else:
                    print("不能继续发牌了,牌已经发完!")
```

注意：Python 子类的构造函数默认是从父类继承过来的，所以如果没在子类重写构造函数，那么调用的就是父类的。

4. 主程序

主程序比较简单，因为有 4 位玩家，所以生成 players 列表存储初始化的 4 位玩家。生成一副牌对象实例 poke1，调用 populate() 方法生成有 52 张牌的一副牌，调用 shuffle() 方法洗牌，打乱牌的顺序，调用 deal(players,13) 方法给玩家每人发 13 张牌，最后显示 4 位玩家的所有牌。

代码如下：

```
#主程序
if __name__ == "__main__":
    print("This is a module with classes for playing cards.")
    #4 位玩家
    players = [Hand(),Hand(),Hand(),Hand()]
    poke1 = Poke()
    poke1.populate()            #生成一副牌
    poke1.shuffle()             #洗牌
    poke1.deal(players,13)      #给玩家每人发 13 张牌
    #显示 4 位玩家的牌
    n = 1
    for hand in players:
        print("玩家",n ,end = ":")
        print(hand)
        n = n + 1
    input("\nPress the enter key to exit.")
```

6.5 习　　题

1. 简述面向对象程序设计的概念及类和对象的关系。在 Python 语言中如何声明类和定义对象？

2. 简述面向对象程序设计中继承与多态性的作用。

3. 定义一个圆柱体类 Cylinder，它包含底面半径和高两个属性（数据成员）；包含一个可以计算圆柱体体积的方法。然后编写程序测试相关功能。

4. 定义一个学生类，它包括学号、姓名和出生日期 3 个属性（数据成员）；包括一个用于给定数据成员初始值的构造函数；包含一个可计算学生年龄的方法。编写该类并对其进行测试。

5. 请为学校图书管理系统设计一个管理员类和一个学生类。其中，管理员信息包括工号、年龄、姓名和工资；学生信息包括学号、年龄、姓名、所借图书和借书日期。最后编写一个测试程序对产生的类的功能进行验证。建议引入一个基类，使用继承来简化设计。

6. 定义一个 Circle 类，根据圆的半径求周长和面积，再由 Circle 类创建两个圆对象，其半径分别为 5 和 10，要求输出各自的周长和面积。

面向对象程序设计

7. 定义一个汽车类 car,它包括汽车颜色 color、车身重量 weight、速度 speed 3 个属性;包含一个构造函数,能初始化各个属性值(speed 的初始值设为 50);包含 3 个方法,其中 speedup()将属性值 speed+10 并显示 speed 值,speedCut()将属性值 speed-10 并显示 speed 值,show()显示属性值 color、weight、speed。在主程序中创建实例并调用构造函数初始化各属性值,调用 show 方法、加速方法和减速方法。

第7章　Tkinter 图形界面设计

到目前为止,本书中所有的输入和输出都是简单的文本,而现代计算机和程序会使用大量的图形,因此本章以 Tkinter 模块为例学习建立一些简单的 GUI(图形用户界面),使编写的程序像大家所熟悉的程序一样有窗体、按钮之类的图形界面,以后章节的游戏界面也都使用 Tkinter 开发。

7.1　Python 图形开发库

视频讲解

Python 提供了多个供图形界面开发的库,几个常用的 Python GUI 库如下。

➤ Tkinter:Tkinter 模块(Tk 接口)是 Python 的标准 Tk GUI 工具包的接口。Tkinter 可以在大多数的 UNIX 平台上使用,还可以应用在 Windows 和 Macintosh 系统中。Tk 8.0 的后续版本可以实现本地窗口风格,并良好地运行在绝大多数平台中。

➤ wxPython:wxPython 是一款开源软件,是 Python 语言的一套优秀的 GUI 图形库,允许 Python 程序员很方便地创建完整的、功能键全的 GUI 用户界面。

➤ Jython:Jython 程序可以和 Java 无缝集成。除了一些标准模块以外,Jython 还使用 Java 的模块。Jython 几乎拥有标准的 Python 中不依赖于 C 语言的全部模块。例如,Jython 的用户界面使用 Swing、AWT 或者 SWT。Jython 可以被动态或静态地编译成 Java 字节码。

Tkinter 是 Python 的标准 GUI 库。由于 Tkinter 内置到了 Python 的安装包中,所以只要安装好 Python 就能导入 Tkinter 库,而且 IDLE 也是用 Tkinter 编写而成的,对于简单的图形界面,Tkinter 还是能应付自如的。使用 Tkinter 可以快速地创建 GUI 应用程序。

7.1.1　创建 Windows 窗口

【例 7-1】　用 Tkinter 创建一个 Windows 窗口的 GUI 程序。

代码如下:

```python
import tkinter                    # 导入 Tkinter 模块
win = tkinter.Tk()                # 创建 Windows 窗口对象
win.title('我的第一个 GUI 程序')    # 设置窗口的标题
win.mainloop()                    # 进入消息循环,也就是显示窗口
```

以上代码的执行结果如图 7-1 所示。

可见使用 Tkinter 可以很方便地创建 Windows 窗口,具体方法如上。

在创建 Windows 窗口对象后,可以使用 geometry()方法设置窗口的大小,格式如下:

```
窗口对象.geometry(size)
```

size 用于指定窗口的大小,格式如下:

图 7-1 用 Tkinter 创建一个窗口

```
宽度×高度
```

【例 7-2】 显示一个 Windows 窗口,初始大小为 800 像素×600 像素。

代码如下:

```
from tkinter import *
win = Tk()
win.geometry("800×600")
win.mainloop()
```

另外还可以使用 minsize()方法设置窗口的最小尺寸,使用 maxsize()方法设置窗口的最大尺寸,方法如下:

窗口对象.minsize(最小宽度,最小高度)

窗口对象.maxsize(最大宽度,最大高度)

例如:

```
win. minsize(400,600)
win. maxsize(1440,800)
```

Tkinter 中包含许多组件供用户使用,在 7.2 节将学习这些组件的用法。

7.1.2 几何布局管理

Tkinter 几何布局管理(geometry manager)用于组织和管理父组件(往往是窗口)中子组件的布局方式。Tkinter 提供了 3 种不同风格的几何布局管理类,即 pack、grid 和 place。

1. pack 几何布局管理

pack 几何布局管理采用块的方式组织组件。pack 根据组件生成的顺序将子组件放在快速生成界面的设计中。

调用子组件的方法 pack(),则该子组件在其父组件中采用 pack 布局:

```
pack(option = value,…)
```

pack()方法提供的参数选项如表 7-1 所示。

表 7-1　pack()方法提供的参数选项

选　项	描　述	取　值　范　围
side	停靠在父组件的哪一边	'top'(默认值)、'bottom'、'left'、'right'
anchor	停靠位置,对应于东、南、西、北以及 4 个角	'n'、's'、'e'、'w'、'nw'、'sw'、'se'、'ne'、'center'(默认值)
fill	填充空间	'x'、'y'、'both'、'none'
expand	扩展空间	0 或 1
ipadx,ipady	组件内部在 x/y 方向上填充的空间大小	单位为 c (厘米)、m(毫米)、i (英寸)、p (打印机的点)
padx,pady	组件外部在 x/y 方向上填充的空间大小	单位为 c (厘米)、m(毫米)、i (英寸)、p (打印机的点)

【例 7-3】 pack 几何布局管理的 GUI 程序。运行效果如图 7-2 所示。
代码如下：

```
import tkinter
root = tkinter.Tk()
label = tkinter.Label(root,text = 'hello ,python')
label.pack()                              ♯将 Label 组件添加到窗口中显示
button1 = tkinter.Button(root,text = 'BUTTON1')   ♯创建文字是'BUTTON1'的 Button 组件
button1.pack(side = tkinter.LEFT)         ♯将 button1 组件添加到窗口中显示,左停靠
button2 = tkinter.Button(root,text = 'BUTTON2')   ♯创建文字是'BUTTON2'的 Button 组件
button2.pack(side = tkinter.RIGHT)        ♯将 button2 组件添加到窗口中显示,右停靠
root.mainloop()
```

图 7-2　pack 几何布局管理运行效果

2. grid 几何布局管理

grid 几何布局管理采用表格结构组织组件。子组件的位置由行/列确定的单元格决定,子组件可以跨越多行/列。在每列中,列宽由这一列中最宽的单元格确定。grid 适合于表格形式的布局,可以实现复杂的界面,因而被广泛采用。

调用子组件的 grid()方法,则该组件在其父组件中采用 grid 几何布局：

```
grid(option = value,…)
```

grid()方法提供的参数选项如表 7-2 所示。

表 7-2　grid()方法提供的参数选项

选　　项	描　　述	取　值　范　围
sticky	组件紧贴所在单元格的某一边角,对应于东、南、西、北以及 4 个角	'n'、's'、'e'、'w'、'nw'、'sw'、'se'、'ne'、'center'(默认值)
row	单元格的行号	整数
column	单元格的列号	整数
rowspan	行跨度	整数
columnspan	列跨度	整数
ipadx,ipady	组件内部在 x/y 方向上填充的空间大小	单位为 c(厘米)、m(毫米)、i(英寸)、p(打印机的点)
padx,pady	组件外部在 x/y 方向上填充的空间大小	单位为 c(厘米)、m(毫米)、i(英寸)、p(打印机的点)

　　grid 有两个最为重要的参数:一个是 row;另一个是 column。它用来指定将子组件放置到什么位置,如果不指定 row,则会将子组件放置到第一个可用的行上;如果不指定 column,则使用第 0 列(首列)。

　　【例 7-4】　grid 几何布局管理的 GUI 程序。运行效果如图 7-3 所示。

　　代码如下:

```
from tkinter import *
root = Tk()
♯200×200 代表了初始化时主窗口的大小,280,280 代表了初始化时窗口所在的位置
root.geometry('200×200+280+280')
root.title('计算器示例')
♯grid 布局
L1 = Button(root, text = '1', width = 5, bg = 'yellow')
L2 = Button(root, text = '2', width = 5)
L3 = Button(root, text = '3', width = 5)
L4 = Button(root, text = '4', width = 5)
L5 = Button(root, text = '5', width = 5, bg = 'green')
L6 = Button(root, text = '6', width = 5)
L7 = Button(root, text = '7', width = 5)
L8 = Button(root, text = '8', width = 5)
L9 = Button(root, text = '9', width = 5, bg = 'yellow')
L0 = Button(root, text = '0')
Lp = Button(root, text = '.')
L1.grid(row = 0, column = 0)                            ♯按钮放置在 0 行 0 列
L2.grid(row = 0, column = 1)                            ♯按钮放置在 0 行 1 列
L3.grid(row = 0, column = 2)                            ♯按钮放置在 0 行 2 列
L4.grid(row = 1, column = 0)                            ♯按钮放置在 1 行 0 列
L5.grid(row = 1, column = 1)                            ♯按钮放置在 1 行 1 列
L6.grid(row = 1, column = 2)                            ♯按钮放置在 1 行 2 列
L7.grid(row = 2, column = 0)                            ♯按钮放置在 2 行 0 列
L8.grid(row = 2, column = 1)                            ♯按钮放置在 2 行 1 列
L9.grid(row = 2, column = 2)                            ♯按钮放置在 2 行 2 列
L0.grid(row = 3, column = 0,columnspan = 2,sticky = E + W)  ♯跨两列,左右贴紧
Lp.grid(row = 3, column = 2,sticky = E + W)             ♯左右贴紧
root.mainloop()
```

图 7-3   grid 几何布局管理运行效果

3. place 几何布局管理

place 几何布局管理允许用户指定组件的大小与位置。place 布局的优点是可以精确地控制组件的位置,不足之处是在改变窗口大小时子组件不能随之灵活地改变大小。

调用子组件的方法 place(),则该子组件在其父组件中采用 place 布局:

```
place(option = value,…)
```

place()方法提供的参数选项如表 7-3 所示,可以直接给参数选项赋值并加以修改。

表 7-3   place()方法提供的参数选项

选　　项	描　　述	取　值　范　围
x,y	将组件放到指定位置的绝对坐标	从 0 开始的整数
relx, rely	将组件放到指定位置的相对坐标	取值为 0~1.0
height,width	高度和宽度,单位为像素	
anchor	对齐方式,对应于东、南、西、北以及 4 个角	'n'、's'、'e'、'w'、'nw'、'sw'、'se'、'ne'、'center'(默认值)

例如下面的代码将一个 Label 标签放置在中央相对坐标(0.5,0.5)处,另一个 Label 标签放置在(50,0)位置上。注意,Python 的坐标系是左上角为原点(0,0)位置,向右是 x 坐标的正方向,向下是 y 坐标的正方向,这和数学中的几何坐标系不同。

```
from tkinter import *
root = Tk()
lb = Label(root,text = 'hello Place')
#使用相对坐标(0.5,0.5)将 Label 放置到(0.5 * sx,0.5 * sy)位置上
lb.place(relx = 0.5,rely = 0.5,anchor = CENTER)
lb2 = Label(root,text = 'hello Place2')
#使用绝对坐标将 Label 放置到(50,0)位置上
lb2.place(x = 50,y = 0)
root.mainloop()
```

157

【例 7-5】 place 几何布局管理的 GUI 程序。运行效果如图 7-4 所示。

代码如下:

```
from tkinter import *
root = Tk()
root.title("登录")
root['width'] = 200;root['height'] = 80
Label(root,text = '用户名',width = 6).place(x = 1,y = 1)        #绝对坐标(1,1)
Entry(root,width = 20).place(x = 45,y = 1)                     #绝对坐标(45,1)
Label(root,text = '密码',width = 6).place(x = 1,y = 20)         #绝对坐标(1,20)
Entry(root,width = 20, show = '*').place(x = 45,y = 20)        #绝对坐标(45,20)
Button(root,text = '登录',width = 8).place(x = 40,y = 40)       #绝对坐标(40,40)
Button(root,text = '取消',width = 8).place(x = 110,y = 40)      #绝对坐标(110,40)
root.mainloop()
```

图 7-4　place 几何布局管理运行效果

7.2　常用 Tkinter 组件的使用

7.2.1　Tkinter 组件

Tkinter 组件提供了各种组件(控件),例如按钮、标签和文本框,供 GUI 应用程序使用。这些组件通常被称为控件或者部件,对这些组件的简单介绍如表 7-4 所示。

表 7-4　Tkinter 组件

组　　件	描　　述
Button	按钮控件:在程序中显示按钮
Canvas	画布控件:显示图形元素,例如线条或文本
Checkbutton	多选框控件:用于在程序中提供多项选择框
Entry	输入控件:用于显示简单的文本内容
Frame	框架控件:在屏幕上显示一个矩形区域,多用来作为容器
Label	标签控件:可以显示文本和位图
Listbox	列表框控件:Listbox 窗口小部件,用来显示一个字符串列表给用户
Menubutton	菜单按钮控件:用于显示菜单项
Menu	菜单控件:显示菜单栏、下拉菜单和弹出菜单
Message	消息控件:用来显示多行文本,和 Label 比较类似
Radiobutton	单选按钮控件:显示一个单选按钮的状态
Scale	范围控件:显示一个数值刻度,为输出限定范围的数字区间
Scrollbar	滚动条控件:在内容超过可视化区域时使用,例如列表框

组　　件	描　　述
Text	文本控件：用于显示多行文本
Toplevel	容器控件：用来提供一个单独的对话框，与 Frame 类似
Spinbox	输入控件：与 Entry 类似，但是可以指定输入范围值
PanedWindow	窗口布局管理的插件：可以包含一个或者多个子控件
LabelFrame	简单的容器控件：常用于复杂的窗口布局
tkMessageBox	用于显示应用程序的消息框

通过组件类的构造函数可以创建其对象实例。例如：

```
from tkinter import *
root = Tk()
button1 = Button(root, text = "确定")        ♯按钮组件的构造函数
```

7.2.2　标准属性

Tkinter 组件的标准属性也就是所有组件（控件）的共同属性，例如大小、字体和颜色等。常用的标准属性如表 7-5 所示。

表 7-5　Tkinter 组件常用的标准属性

属性	描　　述
dimension	控件的大小
color	控件的颜色
font	控件的字体
anchor	锚点（内容停靠位置），对应于东、南、西、北以及 4 个角
relief	控件的样式
bitmap	位图，内置位图包括" error"" gray75 "" gray50 "" gray25 "" gray12 "" info "" questhead" "hourglass""question"和"warning"，自定义位图为.xbm 格式的文件
cursor	光标
text	显示文本内容
state	设置组件的状态为正常（normal）、激活（active）或禁用（disabled）

用户可以通过下列方式之一设置组件的属性。

```
button1 = Button(root, text = "确定")       ♯按钮组件的构造函数
button1. config( text = "确定")             ♯组件对象的 config 方法的命名参数
button1 ["text"] = "确定"                    ♯组件对象的属性赋值
```

视频讲解

7.2.3　Label 组件

Label 组件用于在窗口中显示文本或位图。其常用属性如表 7-6 所示。

表 7-6 Label 组件的常用属性

属　　性	说　　明
width	宽度
height	高度
compound	指定文本与图像如何在 Label 上显示,默认为 None。当指定图像时,文本将被覆盖,只显示图像。它可以使用如下值:left,图像居左;right,图像居右;top,图像居上;bottom,图像居下;center,文字覆盖在图像上
wraplength	指定多少单位后开始换行,用于多行显示文本
justify	指定多行的对齐方式,可以使用的值为 left(左对齐)或 right(右对齐)
anchor	指定文本或图像在 Label 中的显示位置(如图 7-5 所示,其他组件同此),对应于东、南、西、北以及 4 个角,可用值如下:e,垂直居中,水平居右;w,垂直居中,水平居左;n,垂直居上,水平居中;s,垂直居下,水平居中;ne,垂直居上,水平居右;se,垂直居下,水平居中;sw,垂直居下,水平居左;nw,垂直居上,水平居左;center(默认值),垂直居中,水平居中
image 和 bm	显示自定义图片,例如 .png、.gif
bitmap	显示内置的位图

【例 7-6】　Label 组件示例,运行效果如图 7-6 所示。

代码如下:

```
from tkinter import *
win = Tk();                                   #创建窗口对象
win.title("我的窗口")                          #设置窗口的标题
lab1 = Label(win,text = '你好', anchor = 'nw') #创建文字是"你好"的 Label 组件
lab1.pack()                                    #显示 Label 组件
#显示内置的位图
lab2 = Label(win, bitmap = 'question')         #创建显示疑问图标的 Label 组件
lab2.pack()                                    #显示 Label 组件
#显示自选的图片
bm = PhotoImage(file = r'J:\2018 书稿\aa.png')
lab3 = Label(win,image = bm)
lab3.bm = bm
lab3.pack()                                    #显示 Label 组件
win.mainloop()
```

图 7-5　anchor 地理方位

图 7-6　Label 组件示例运行效果

7.2.4 Button 组件

Button 组件(控件)是一个标准的 Tkinter 部件,用于实现各种按钮。按钮可以包含文本或图像,可以通过 command 属性将调用的 Python 函数或方法关联到按钮上。当 Tkinter 的按钮被按下时会自动调用该函数或方法。该按钮可以只显示一个单一字体的文本,但文本可能跨越一个以上的行。此外,一个字符可以有下画线,例如标记的键盘快捷键。 Tkinter Button 组件的属性和方法如表 7-7 和表 7-8 所示。

表 7-7　Tkinter Button 组件的属性

属　　性	功　能　描　述
text	显示文本内容
command	指定 Button 的事件处理函数
compound	指定文本与图像的位置关系
bitmap	指定位图
focus_set	设置当前组件得到的焦点
master	代表父窗口
bg	设置背景颜色
fg	设置前景颜色
font	设置字体的大小
height	设置显示高度,如果未设置此项,其大小以适应内容标签为宜
relief	指定外观装饰边界附近的标签,默认是平的,可以设置的参数为 flat、groove、raised、ridge、solid、sunken
width	设置显示宽度,如果未设置此项,其大小以适应内容标签为宜
wraplength	将此选项设置为所需的数量限制每行的字符数,默认为 0
state	设置组件的状态为正常(normal)、激活(active)或禁用(disabled)
anchor	设置 Button 文本在控件上的显示位置,可用值有 n(north)、s(south)、w(west)、e(east)和 ne、nw、se、sw
bd	设置 Button 的边框大小;bd(bordwidth)默认为 1 像素或 2 像素
textvariable	设置 Button 可变的文本内容对应的变量

表 7-8　Tkinter Button 组件的方法

方　　法	描　　述
flash()	按钮在 active color 和 normal color 颜色之间闪烁几次,disabled 表示状态无效
invoke()	调用按钮的 command 指定的回调函数

【例 7-7】　用 Tkinter 创建一个含有 4 个 Button 的示例程序。创建 4 个 Button 按钮,设置 width、height、relief、bg、bd、fg、state、bitmap、command、anchor 等 Button 属性。

代码如下:

```
#Filename:7-7.py
from tkinter import *
from tkinter.messagebox import *
root = Tk()
root.title("Button Test")
def callback():
```

```
    showinfo("Python command","人生苦短,我用 Python")
 #创建 4 个 Button 按钮,并设置 width、height、relief、bg、bd、fg、state、bitmap、command、anchor
Button(root, text = "外观装饰边界附近的标签", width = 19, relief = GROOVE, bg = "red").pack()
Button(root, text = "设置按钮状态", width = 21, state = DISABLED).pack()
Button(root, text = "设置 bitmap 放到按钮左边位置", compound = "left", bitmap = "error").pack()
Button(root, text = "设置 command 事件调用命令", fg = "blue", bd = 2, width = 28, command =
callback).pack()
Button(root, text = "设置高度宽度以及文字显示位置", anchor = 'sw', width = 30, height = 2).
pack()
root.mainloop()
```

运行效果如图 7-7 所示。

图 7-7　Tkinter Button 示例程序运行效果

如果想获取组件的所有属性,可以通过以下命令列举:

```
from tkinter import *
root = Tk()
button1 = Button(root, text = "确定")       #按钮组件的构造函数
print(button1.keys())                        #用 keys()方法列举组件的所有属性
```

结果如下:

```
['activebackground', 'activeforeground', 'anchor', 'background', 'bd', 'bg', 'bitmap',
'borderwidth', 'command', 'compound', 'cursor', 'default', 'disabledforeground', 'fg', 'font',
'foreground', 'height', 'highlightbackground', 'highlightcolor', 'highlightthickness', 'image', '
justify', 'overrelief', 'padx', 'pady', 'relief', 'repeatdelay', 'repeatinterval', 'state',
'takefocus', 'text', 'textvariable', 'underline', 'width', 'wraplength']
```

视频讲解

7.2.5　Entry 组件和 Text 组件

单行文本框组件 Entry 主要用于输入单行内容和显示文本,可以方便地向程序传递用户参数。这里通过一个转换摄氏度和华氏度的程序来演示该组件的使用。

1. 创建和显示 Entry 对象

创建 Entry 对象的基本方法如下:

Entry 对象 = Entry(Windows 窗口对象)

显示 Entry 对象的方法如下:

Entry 对象.pack()

2. 获取 Entry 组件的内容

get()方法用于获取 Entry 单行文本框内输入的内容。

3. Entry 的常用属性

➤ show：如果设置为字符 *，则输入文本框内显示为 *，用于密码输入。

➤ insertbackground：插入光标的颜色，默认为黑色。

➤ selectbackground 和 selectforeground：选中文本
的背景色与前景色。

➤ width：组件的宽度（所占的字符个数）。

➤ fg：字体的前景颜色。

➤ bg：背景颜色。

➤ state：设置组件的状态，默认为 normal，可设置为
disabled（禁用组件）、readonly（只读）。

图 7-8　转换摄氏度和华氏度
的程序运行效果

【例 7-8】 转换摄氏度和华氏度的程序。运行效果
如图 7-8 所示。

代码如下：

```python
import tkinter as tk
def btnHelloClicked():                        #事件函数
    cd = float(entryCd.get())                 #获取文本框内输入的内容并转换成浮点数
    labelHello.config(text = "%.2fC = %.2fF" %(cd, cd * 1.8 + 32))
root = tk.Tk()
root.title("Entry Test")
labelHello = tk.Label(root, text = "转换℃ to ℉...", height = 5, width = 20, fg = "blue")
labelHello.pack()
entryCd = tk.Entry(root)                   #Entry 组件
entryCd.pack()
btnCal = tk.Button(root, text = "转换温度", command = btnHelloClicked)       #按钮
btnCal.pack()
root.mainloop()
```

在程序中新建了一个 Entry 组件 entryCd，当单击"转换温度"按钮后，通过 entryCd.get()
获取输入框中的文本内容，该内容为字符串类型，需要通过 float()函数转换成数字，之后再
进行换算并更新 Label 显示的内容。

设置或者获取 Entry 组件的内容也可以使用 StringVar()对象来完成，把 Entry 的
textvariable 属性设置为 StringVar()变量，再通过 StringVar()变量的 get()和 set()函数可
以读取和输出相应文本内容。例如：

```python
s = StringVar()                           #一个 StringVar()对象
s.set("大家好，这是测试")                  #设置文本内容
entryCd = Entry(root, textvariable = s)   #Entry 组件显示"大家好，这是测试"
print(s.get())                            #打印出"大家好，这是测试"
```

Python 还提供了多行文本框组件 Text，用于输入多行内容和显示文本。其使用方法
类似于 Entry 组件，请读者参考 Tkinter 手册。

7.2.6 Listbox 组件

列表框组件 Listbox 用于显示多个项目,并且允许用户选择一个或多个项目。

1) 创建和显示 Listbox 对象

创建 Listbox 对象的基本方法如下:

Listbox 对象 = Listbox(Tkinter Windows 窗口对象)

显示 Listbox 对象的方法如下:

Listbox 对象.pack()

2) 插入文本项

用户可以使用 insert()方法向列表框组件中插入文本项,方法如下:

Listbox 对象.insert(index,item)

其中,index 是插入文本项的位置,如果在尾部插入文本项,可以使用 END;如果在当前选中处插入文本项,可以使用 ACTIVE。item 是要插入的文本项。

3) 返回选中项目的索引

Listbox 对象.curselection()

返回当前选中项的索引,结果为元组。

注意:索引号从 0 开始,0 表示第一项。

4) 删除文本项

Listbox 对象.delete(first,last)

删除指定范围(first,last)的项目,当不指定 last 时删除一个项目。

5) 获取项目内容

Listbox 对象.get(first,last)

返回指定范围(first,last)的项目,当不指定 last 时仅返回一个项目。

6) 获取项目的个数

Listbox 对象.size()

返回 Listbox 对象内部的项目个数。

7) 获取 Listbox 的内容

需要使用 listvariable 属性为 Listbox 对象指定一个对应的变量,例如:

```
m = StringVar()
listb = Listbox(root, listvariable = m)
listb.pack()
root.mainloop()
```

指定后就可以使用 m.get()方法获取 Listbox 对象中的内容了。

注意:如果允许用户选择多个项目,将 Listbox 对象的 selectmode 属性设置为 MULTIPLE 表示多选,而设置为 SINGLE 表示单选。

【例 7-9】 用 Tkinter 创建一个获取 Listbox 组件内容的程序。运行效果如图 7-9 所示。代码如下:

```
from tkinter import *
root = Tk()
m = StringVar()
```

```
    def callbutton1():
        print(m.get())
    def callbutton2():
        for i in lb.curselection():              # 返回选中项索引形成的元组
            print(lb.get(i))
    root.title("使用 Listbox 组件的例子")           # 设置窗口的标题
    lb = Listbox(root, listvariable = m)         # 将一个字符串 m 与 Listbox 的值绑定
    for item in ['北京','天津','上海']:
        lb.insert(END,item)
    lb.pack()
    b1 = Button(root,text = '获取 Listbox 的所有内容', command = callbutton1, width = 20)
                                                  # 创建 Button 组件
    b1.pack()                                     # 显示 Button 组件
    b2 = Button(root,text = '获取 Listbox 的选中内容', command = callbutton2, width = 20)
                                                  # 创建 Button 组件
    b2.pack()                                     # 显示 Button 组件
    root.mainloop()
```

图 7-9　获取 Listbox 组件内容的 GUI 程序运行效果

单击"获取 Listbox 的所有内容"按钮输出('北京'，'天津'，'上海')。

选中上海后，单击"获取 Listbox 的选中内容"按钮则输出"上海"。

【例 7-10】　创建从一个列表框中选择内容添加到另一个列表框组件的 GUI 程序。

代码如下：

```
from tkinter import *                            # 导入 Tkinter 库
root = Tk()                                       # 创建窗口对象
def callbutton1():
    for i in listb.curselection():               # 遍历选中项
        listb2.insert(0,listb.get(i))            # 添加到右侧列表框
def callbutton2():
    for i in listb2.curselection():              # 遍历选中项
        listb2.delete(i)                         # 从右侧列表框中删除
# 创建两个列表
li = ['C','python','php','html','SQL','java']
listb = Listbox(root)                             # 创建两个列表框组件
listb2 = Listbox(root)
for item in li:                                   # 从左侧列表框组件中插入数据
listb.insert(0,item)
listb.grid(row = 0,column = 0,rowspan = 2)        # 将列表框组件放置到窗口对象中
```

165

第7章

Tkinter 图形界面设计

```
b1 = Button(root,text = '添加>>', command = callbutton1, width = 20)    ♯创建 Button 组件
b2 = Button(root,text = '删除<<', command = callbutton2, width = 20)    ♯创建 Button 组件
b1.grid(row = 0,column = 1,rowspan = 2)                                 ♯显示 Button 组件
b2.grid(row = 1,column = 1,rowspan = 2)            ♯显示 Button 组件
listb2.grid(row = 0,column = 2,rowspan = 2)
root.mainloop()                                   ♯进入消息循环
```

以上代码的运行效果如图 7-10 所示。

图 7-10   含有两个列表框组件的 GUI 程序的运行效果

7.2.7   Radiobutton 组件和 Checkbutton 组件

单选按钮组件 Radiobutton 和复选框组件 Checkbutton 分别用于实现选项的单选和复选功能。Radiobutton 组件用于在同一组单选按钮中选择一个单选按钮(不能同时选定多个)。Checkbutton 组件用于选择一项或多项。

1)创建和显示 Radiobutton 对象

创建 Radiobutton 对象的基本方法如下:

Radiobutton 对象 = Radiobutton(Windows 窗口对象,text = Radiobutton 组件显示的文本)

显示 Radiobutton 对象的方法如下:

Radiobutton 对象.pack()

用户可以使用 variable 属性为 Radiobutton 组件指定一个对应的变量。如果将多个 Radiobutton 组件绑定到同一个变量,则这些 Radiobutton 组件属于一个分组。分组后需要使用 value 设置每个 Radiobutton 组件的值,以标识该项目是否被选中。

2)Radiobutton 组件的常用属性

➢ variable:单选按钮索引变量,通过变量的值确定哪个单选按钮被选中。一组单选按钮使用同一个索引变量。

➢ value:选中单选按钮时变量的值。

➢ command:选中单选按钮时执行的命令(函数)。

3)Radiobutton 组件的方法

➢ deselect():取消选择。

➢ select():选择。

➢ invoke():调用单选按钮 command 指定的回调函数。

4）创建和显示 Checkbutton 对象

创建 Checkbutton 对象的基本方法如下：

Checkbutton 对象 = Checkbutton(Tkinter Windows 窗口对象,text = Checkbutton 组件显示的文本, command=单击 Checkbutton 按钮所调用的回调函数)

显示 Checkbutton 对象的方法如下：

Checkbutton 对象. pack()

5）Checkbutton 组件的常用属性

➢ variable：复选框索引变量,通过变量的值确定哪些复选框被选中。每个复选框使用不同的变量,以使复选框之间相互独立。

➢ onvalue：选中(有效)复选框时变量的值。

➢ offvalue：未选中(无效)复选框时变量的值。

➢ command：选中复选框时执行的命令(函数)。

6）获取 Checkbutton 的状态

为了获取 Checkbutton 组件是否被选中,需要使用 variable 属性为 Checkbutton 组件指定一个对应变量。例如：

```
c = tkinter. IntVar()
c.set(2)
check = tkinter. Checkbutton(root, text = '喜欢', variable = c, onvalue = 1, offvalue = 2)
                                                        #1 为选中,2 为没选中
check. pack()
```

指定变量 c 后,可以使用 c. get()获取复选框的状态值,也可以使用 c. set()设置复选框的状态。例如,设置 check 复选框对象为没有选中状态,代码如下：

```
c.set(2)        #1 为选中,2 为没选中,设置为 2 就处于没选中状态
```

获取单选按钮 Radiobutton 的状态的方法同上。

【例 7-11】 用 Tkinter 创建使用单选按钮组件 Radiobutton 选择国家的程序。运行效果如图 7-11 所示。

代码如下：

```
import tkinter
root = tkinter. Tk()
r = tkinter. StringVar()            #创建 StringVar 对象
r.set('1')                          #设置初始值为'1',初始选中'中国'
radio = tkinter. Radiobutton(root, variable = r, value = '1', text = '中国')
radio. pack()
radio = tkinter. Radiobutton(root, variable = r, value = '2', text = '美国')
radio. pack()
radio = tkinter. Radiobutton(root, variable = r, value = '3', text = '日本')
radio. pack()
radio = tkinter. Radiobutton(root, variable = r, value = '4', text = '加拿大')
radio. pack()
radio = tkinter. Radiobutton(root, variable = r, value = '5', text = '韩国')
radio. pack()
root.mainloop()
print(r.get())                      #获取被选中单选按钮变量的值
```

以上代码的运行效果如图 7-11 所示。选中"日本"后打印出 3。

图 7-11　单选按钮组件 Radiobutton 的示例程序运行效果

【例 7-12】　通过单选按钮、复选框设置文字样式的功能。

代码如下：

```python
import tkinter as tk
def colorChecked():
    label_1.config(fg = color.get())
def typeChecked():
    textType = typeBlod.get() + typeItalic.get()
    if textType == 1:
        label_1.config(font = ("Arial", 12, "bold"))
    elif textType == 2:
        label_1.config(font = ("Arial", 12, "italic"))
    elif textType == 3:
        label_1.config(font = ("Arial", 12, "bold italic"))
    else :
        label_1.config(font = ("Arial", 12))
root = tk.Tk()
root.title("Radio & Check Test")
label_1 = tk.Label(root, text = "Check the format of text.", height = 3, font = ("Arial", 12))
label_1.config(fg = "blue")              # 初始颜色为蓝色
label_1.pack()
color = tk.StringVar()                   # 3 个颜色单选按钮定义了同样的变量 color
color.set("blue")
tk.Radiobutton ( root, text = " 红 色 ", variable = color, value = " red ", command =
colorChecked).pack(side = tk.LEFT)
tk.Radiobutton ( root, text = " 蓝 色 ", variable = color, value = " blue ", command =
colorChecked).pack(side = tk.LEFT)
tk.Radiobutton ( root, text = " 绿 色 ", variable = color, value = " green ", command =
colorChecked).pack(side = tk.LEFT)
typeBlod = tk.IntVar()                   # 定义 typeBlod 变量表示文字是否为粗体
typeItalic = tk.IntVar()                 # 定义 typeItalic 变量表示文字是否为斜体
tk.Checkbutton(root, text = " 粗体", variable = typeBlod, onvalue = 1, offvalue = 0,
command = typeChecked).pack(side = tk.LEFT)
tk.Checkbutton(root, text = " 斜体", variable = typeItalic, onvalue = 2, offvalue = 0,
command = typeChecked).pack(side = tk.LEFT)
root.mainloop()
```

在代码中,文字的颜色通过 Radiobutton 来选择,在同一时间只能选择一个颜色。在"红色""蓝色"和"绿色"3 个单选按钮中定义了同样的变量参数 color,选择不同的单选按钮会为该变量赋予不同的字符串值,内容即为对应的颜色。

任何单选按钮被选中都会触发 colorChecked() 函数,将标签修改为对应单选按钮表示的颜色。

图 7-12　设置字体样式程序的运行效果

文字的粗体、斜体样式则由复选框实现,分别定义了 typeBlod 和 typeItalic 变量来表示文字是否为粗体和斜体。

当某个复选框的状态改变时会触发 typeChecked() 函数。该函数负责判断当前哪些复选框被选中,并将字体设置为对应的样式。

以上代码的运行效果如图 7-12 所示。

7.2.8　Menu 组件

视频讲解

图形用户界面应用程序通常提供了菜单,菜单包含各种按照主题分组的基本命令。图形用户界面应用程序包含以下两种类型的菜单。

> 主菜单:提供窗体的菜单系统。通过单击可打开下拉菜单,选择命令可执行相关的操作。常用的主菜单通常包括文件、编辑、视图、帮助等菜单项。

> 上下文菜单(也称为快捷菜单):右击某对象而弹出的菜单,一般为与该对象相关的常用菜单命令,例如剪切、复制、粘贴等。

1. 创建和显示 Menu 对象

创建 Menu 对象的基本方法如下:

Menu 对象 = Menu(Windows 窗口对象)

将 Menu 对象显示在窗口中的方法如下:

Windows 窗口对象['menu'] = Menu 对象

Windows 窗口对象.mainloop()

图 7-13　使用 Menu 组件的程序的运行效果

【例 7-13】　使用 Menu 组件的简单例子。运行效果如图 7-13 所示。

代码如下:

```
from tkinter import *
root = Tk()
def hello():                    #菜单项事件函数,可以为每个菜单项单独写
    print("单击主菜单")
m = Menu(root)
for item in ['文件','编辑','视图']: #添加菜单项
    m.add_command(label = item, command = hello)
root['menu'] = m                #附加主菜单到窗口
root.mainloop()
```

2. 添加下拉菜单

前面介绍的 Menu 组件只创建了主菜单,在默认情况并不包含下拉菜单。用户可以将

一个 Menu 组件作为另一个 Menu 组件的下拉菜单,方法如下:

Menu 对象 1. add_cascade(label = 菜单文本,menu = Menu 对象 2)

上面的语句将 Menu 对象 2 设置为 Menu 对象 1 的下拉菜单。在创建 Menu 对象 2 时也要指定它是 Menu 对象 1 的子菜单,方法如下:

Menu 对象 2= Menu(Menu 对象 1)

【例 7-14】 使用 add_cascade()方法给"文件"和"编辑"菜单项添加下拉菜单。运行效果如图 7-14 所示。

代码如下:

```
from tkinter import *
def hello():
    print("I'm a child menu")
root = Tk()
m1 = Menu(root)                                  ♯创建主菜单
filemenu = Menu(m1)                              ♯创建下拉菜单
editmenu = Menu(m1)                              ♯创建下拉菜单
for item in ['打开','关闭','退出']:               ♯添加菜单项
    filemenu.add_command(label = item, command = hello)
for item in ['复制','剪切','粘贴']:               ♯添加菜单项
    editmenu.add_command(label = item, command = hello)
m1.add_cascade(label = '文件', menu = filemenu)   ♯把 filemenu 作为"文件"下拉菜单
m1.add_cascade(label = '编辑', menu = editmenu)   ♯把 editmenu 作为"编辑"下拉菜单
root['menu'] = m1                                ♯附加主菜单到窗口
root.mainloop()
```

图 7-14　添加下拉菜单程序的运行效果

3. 在菜单中添加复选框

使用 add_checkbutton()可以在菜单中添加复选框,方法如下:

菜单对象. add_checkbutton(label = 复选框的显示文本,command = 菜单命令函数,variable = 与复选框绑定的变量)

【例 7-15】 在菜单中添加复选框"自动保存"。

代码如下:

```
from tkinter import *
def hello():
    print(v.get())
root = Tk()
```

```
v = StringVar()
m = Menu(root)
filemenu = Menu(m)
for item in ['打开','关闭','退出']:
    filemenu.add_command(label = item, command = hello)
m.add_cascade(label = '文件', menu = filemenu)
filemenu.add_checkbutton(label = '自动保存',command = hello,variable = v)
root['menu'] = m
root.mainloop()
```

以上代码的运行效果如图 7-15 所示。

4. 在菜单中的当前位置添加分隔符

使用 add_separator()可以在菜单中添加分隔符,方法如下:

菜单对象.add_separator()

【例 7-16】 在菜单项间添加分隔符。运行效果如图 7-16 所示。

代码如下:

```
from tkinter import *
def hello():
    print("I'm a child menu")
root = Tk()
m = Menu(root)
filemenu = Menu(m)
filemenu.add_command(label = '打开', command = hello)
filemenu.add_command(label = '关闭', command = hello)
filemenu.add_separator()        #'关闭'和'退出'之间添加分隔符
filemenu.add_command(label = '退出', command = hello)
m.add_cascade(label = '文件', menu = filemenu)
root['menu'] = m
root.mainloop()
```

图 7-15　添加复选框程序的运行效果

图 7-16　添加分隔符程序的运行效果

5. 创建上下文菜单

创建上下文菜单一般遵循下列步骤。

Tkinter 图形界面设计

（1）创建菜单（与创建主菜单相同）。例如：

```
menubar = enu( root)
menubar.add_command(label = '剪切', command = hello1)
menubar.add_command(label = '复制', command = hello2)
menubar.add_command(label = '粘贴', command = hello3)
```

（2）绑定鼠标右击事件，并在事件处理函数中弹出菜单。例如：

```
def popup(event):                                    ♯事件处理函数
    menubar.post(event.x_root,event.y_root)          ♯在鼠标右键位置显示菜单
root. bind('< Button - 3 >',popup)                   ♯绑定事件
```

【例 7-17】 上下文菜单示例。运行效果如图 7-17 所示。
代码如下：

```
from tkinter import *
def popup(event):                                     ♯右键事件处理函数
    menubar.post( event.x_root, event.y_root)         ♯在鼠标右键位置显示菜单
def hello1():                                         ♯菜单事件处理函数
    print("我是剪切命令")
def hello2():
    print("我是复制命令")
def hello3():
    print("我是粘贴命令")
root = Tk()
root.geometry("300x150")
menubar = Menu(root)
menubar.add_command(label = '剪切', command = hello1)
menubar.add_command(label = '复制', command = hello2)
menubar.add_command(label = '粘贴', command = hello3)
♯创建 Entry 组件界面
s = StringVar()                                       ♯一个 StringVar()对象
s.set("大家好,这是测试上下文菜单")
entryCd = Entry(root, textvariable = s)               ♯Entry 组件
entryCd.pack()
root. bind('< Button - 3 >',popup)                    ♯绑定右键事件
root.mainloop()
```

图 7-17　上下文菜单程序的运行效果

7.2.9 对话框

对话框用于与用户交互和检索信息。Tkinter 模块的子模块 messagebox、filedialog、colorchooser、simpledialog 中包含了一些通用的预定义对话框,用户也可以通过继承 TopLevel 创建自定义对话框。

1. 文件对话框

Tkinter 模块的子模块 filedialog 中包含了用于打开文件对话框的函数 askopenfilename()。文件对话框供用户选择某个文件夹下的文件。格式如下:

askopenfilename(title='标题',filetypes=[('所有文件','.＊'),('文本文件','.txt')])

- ➤ filetypes:文件过滤器,可以筛选某种格式的文件。
- ➤ title:设置打开文件对话框的标题。

另外还有保存文件对话框的函数 asksaveasfilename()。例如:

```
asksaveasfilename(title = '标题', initialdir = 'D:\mywork', initialfile = 'hello.py')
```

- ➤ initialdir:默认保存路径即文件夹,例如'D:\mywork'。
- ➤ initialfile:默认保存的文件名,例如'hello.py'。

【例 7-18】 演示打开和保存文件对话框的程序。运行效果如图 7-18 所示。

代码如下:

```python
from tkinter import *
from tkinter.filedialog import *
def openfile():                                    #按钮事件处理函数
    #显示打开文件对话框,返回选中的文件名以及路径
    r = askopenfilename(title = '打开文件', filetypes = [('Python', '＊.py ＊.pyw'), ('All
Files', '＊')])
    print(r)
def savefile():                                    #按钮事件处理函数
    #显示保存文件对话框
    r = asksaveasfilename(title = '保存文件', initialdir = 'D:\mywork', initialfile = 'hello.py')
    print(r)

root = Tk()
root.title('打开文件对话框示例')                      #title 属性用来指定标题
root.geometry("300x150")
btn1 = Button(root, text = 'File Open', command = openfile)   #创建 Button 组件
btn2 = Button(root, text = 'File Save', command = savefile)   #创建 Button 组件
btn1.pack(side = 'left')
btn2.pack(side = 'left')
root.mainloop()
```

Tkinter 图形界面设计

图 7-18　打开文件对话框程序的运行效果

2. 颜色对话框

Tkinter 模块的子模块 colorchooser 中包含了用于打开颜色对话框的函数 askcolor()。颜色对话框供用户选择某种颜色。

【例 7-19】　演示使用颜色对话框的程序。运行效果如图 7-19 所示。

代码如下：

```python
'''使用颜色对话框'''
from tkinter import *
from tkinter.colorchooser import *        #引入 colorchooser 模块
root = Tk()
#调用 askcolor()返回选中颜色的(R,G,B)值及 #RRGGBB 表示
print(askcolor())
root.mainloop()
```

在图 7-19 中选择某种颜色后打印出如下结果：

```
((160, 160, 160), '#a0a0a0')
```

图 7-19　使用颜色对话框程序的运行效果

3. 简单对话框

Tkinter 模块的子模块 simpledialog 中包含了用于打开输入对话框的函数。

➤ askfloat(title，prompt，选项)：打开输入对话框，输入并返回浮点数。

➤ askinteger(title，prompt，选项)：打开输入对话框，输入并返回整数。

➤ askstring(title，prompt，选项)：打开输入对话框，输入并返回字符串。

其中，title 为窗口标题；prompt 为提示文本信息；选项是指各种选项，包括 initialvalue（初始值）、minvalue（最小值）和 maxvalue（最大值）。

【例 7-20】 演示简单对话框的程序。运行效果如图 7-20 所示。

代码如下：

```python
import tkinter
from tkinter import simpledialog
def inputStr():
    r = simpledialog.askstring('Python Tkinter', 'Input String', initialvalue = 'Python Tkinter')
    print(r)
def inputInt():
    r = simpledialog.askinteger('Python Tkinter', 'Input Integer')
    print(r)
def inputFloat():
    r = simpledialog.askfloat('Python Tkinter', 'Input Float')
    print(r)
root = tkinter.Tk()
btn1 = tkinter.Button(root, text = 'Input String', command = inputStr)
btn2 = tkinter.Button(root, text = 'Input Integer', command = inputInt)
btn3 = tkinter.Button(root, text = 'Input Float', command = inputFloat)
btn1.pack(side = 'left')
btn2.pack(side = 'left')
btn3.pack(side = 'left')
root.mainloop()
```

图 7-20　演示简单对话框程序的运行效果

7.2.10　消息窗口

消息窗口（messagebox）用于弹出提示框向用户进行告警，或让用户选择下一步如何操作。消息窗口包括很多类型，常用的有 info、warning、error、yesno、okcancel 等，包含不同的图标、按钮以及弹出提示音。

【例 7-21】 演示消息窗口的程序。消息窗口的运行效果如图 7-21 所示。

代码如下：

```python
import tkinter as tk
from tkinter import messagebox as msgbox
```

Tkinter 图形界面设计

```python
def btn1_clicked():
    msgbox.showinfo("Info", "Showinfo test.")
def btn2_clicked():
    msgbox.showwarning("Warning", "Showwarning test.")
def btn3_clicked():
    msgbox.showerror("Error", "Showerror test.")
def btn4_clicked():
    msgbox.askquestion("Question", "Askquestion test.")
def btn5_clicked():
    msgbox.askokcancel("OkCancel", "Askokcancel test.")
def btn6_clicked():
    msgbox.askyesno("YesNo", "Askyesno test.")
def btn7_clicked():
    msgbox.askretrycancel("Retry", "Askretrycancel test.")
root = tk.Tk()
root.title("MsgBox Test")
btn1 = tk.Button(root, text = "showinfo", command = btn1_clicked)
btn1.pack(fill = tk.X)
btn2 = tk.Button(root, text = "showwarning", command = btn2_clicked)
btn2.pack(fill = tk.X)
btn3 = tk.Button(root, text = "showerror", command = btn3_clicked)
btn3.pack(fill = tk.X)
btn4 = tk.Button(root, text = "askquestion", command = btn4_clicked)
btn4.pack(fill = tk.X)
btn5 = tk.Button(root, text = "askokcancel", command = btn5_clicked)
btn5.pack(fill = tk.X)
btn6 = tk.Button(root, text = "askyesno", command = btn6_clicked)
btn6.pack(fill = tk.X)
btn7 = tk.Button(root, text = "askretrycancel", command = btn7_clicked)
btn7.pack(fill = tk.X)
root.mainloop()
```

图 7-21 演示消息窗口程序的运行效果

7.2.11 Frame 组件

Frame 组件是框架组件,在进行分组组织其他组件的过程中是非常重要的,负责安排其他组件的位置。Frame 组件在屏幕上显示为一个矩形区域,作为显示其他组件的容器。

1. 创建和显示 Frame 对象

创建 Frame 对象的基本方法如下:

Frame 对象 = Frame(窗口对象, height = 高度, width = 宽度, bg = 背景色, …)

例如,创建一个 Frame 组件,其高为 100 像素,宽为 400 像素,背景色为绿色。代码如下:

f1 = Frame(root, height= 100, width = 400, bg = 'green')

显示 Frame 对象的方法如下:

Frame 对象.pack()

2. 向 Frame 组件中添加组件

在添加组件时指定其容器为 Frame 组件即可,例如:

```
Label(Frame 对象, text = 'Hello').pack()        # 向 Frame 组件添加一个 Label 组件
```

3. LabelFrame 组件

LabelFrame 组件是有标题的 Frame 组件,可以使用 text 属性设置 LabelFrame 组件的标题。方法如下:

LabelFrame(窗口对象, height = 高度, width = 宽度, text = 标题).pack()

【例 7-22】 使用两个 Frame 组件和一个 LabelFrame 组件的例子。

代码如下:

```
from tkinter import *
root = Tk()                                     # 创建窗口对象
root.title("使用 Frame 组件的例子")              # 设置窗口标题
f1 = Frame(root)                                # 创建第一个 Frame 组件
f1.pack()
f2 = Frame(root)                                # 创建第二个 Frame 组件
f2.pack()
f3 = LabelFrame(root, text = '第 3 个 Frame')   # 第 3 个 LabelFrame 组件放置在窗口底部
f3.pack(side = BOTTOM)
redbutton = Button(f1, text = "Red", fg = "red")
redbutton.pack(side = LEFT)
brownbutton = Button(f1, text = "Brown", fg = "brown")
brownbutton.pack(side = LEFT )
bluebutton = Button(f1, text = "Blue", fg = "blue")
bluebutton.pack(side = LEFT )
blackbutton = Button(f2, text = "Black", fg = "black")
blackbutton.pack()
greenbutton = Button(f3, text = "Black", fg = "yellow")
greenbutton.pack()
root.mainloop()
```

通过 Frame 组件把 5 个按钮分成 3 个区域,第 1 个区域中 3 个按钮,第 2 个区域中一个按钮,第 3 个区域中一个按钮。运行效果如图 7-22 所示。

4. 刷新 Frame

用 Python 做 GUI 图形界面,可以使用 after()方法每隔几秒刷新 GUI 图形界面。例如,下面的代码实现计数器效果,并且文字的背景色不断改变。

图 7-22 使用 Frame 组件的程序的运行效果

```python
from tkinter import *
colors = ('red', 'orange', 'yellow', 'green', 'blue', 'purple')
root = Tk()
f = Frame(root, height = 200, width = 200)
f.color = 0
f['bg'] = colors[f.color]                    ♯设置框架的背景色
lab1 = Label(f, text = '0')
lab1.pack()
def foo():
    f.color = (f.color + 1) % (len(colors))
    lab1['bg'] = colors[f.color]
    lab1['text'] = str(int(lab1['text']) + 1)
    f.after(500, foo)                        ♯每隔 500ms 执行 foo 函数刷新屏幕
f.pack()
f.after(500, foo)
root.mainloop()
```

例如,开发移动电子广告效果就可以使用 after()方法实现不断移动 lab1。

```python
from tkinter import *
root = Tk()
f = Frame(root, height = 200, width = 200)
lab1 = Label(f, text = '欢迎参观中原工学院')
x = 0
def foo():
    global x
    x = x + 10
    if x > 200:
        x = 0
    lab1.place(x = x, y = 0)
    f.after(500, foo)                   ♯每隔 500 ms 执行 foo 函数刷新屏幕
f.pack()
f.after(500, foo)
```

运行程序可见"欢迎参观中原工学院"不停地从左向右移动,出了窗口右侧以后重新从左侧出现。利用此技巧可以开发贪吃蛇游戏,可以借助 after()方法不断改变蛇的位置,从而达到蛇移动的效果。

7.2.12 Scrollbar 组件

Scrollbar 组件是滚动条组件,Scrollbar 组件用于滚动一些组件的可见范围,根据方向可分为垂直滚动条和水平滚动条。Scrollbar 组件常被用于实现文本、画布和列表框的滚动。

Scrollbar 组件通常与 Text 组件、Canvas 组件和 Listbox 组件一起使用,水平滚动条还能跟 Entry 组件配合。

在某个组件上添加垂直滚动条需要两个步骤:

(1) 设置该组件的 yscrollbarcommand 选项为 Scrollbar 组件的 set()方法。

(2) 设置 Scrollbar 组件的 command 选项为该组件的 yview()方法。

【例 7-23】 向列表框中加入垂直滚动条,列表框内显示 100 项内容。

代码如下:

```python
from tkinter import *
def print_item(event):                              #鼠标松开事件打印出当前选中项的内容
    print(mylist.get(mylist.curselection()))
root = Tk()
mylist = Listbox(root)                              #创建列表框
mylist.bind('<ButtonRelease-1>', print_item)
for line in range(100):
    mylist.insert(END, "This is line number " + str(line))   #列表框内追加100项内容
mylist.pack(side = LEFT, fill = BOTH)
scrollbar = Scrollbar(root)
scrollbar.pack(side = RIGHT, fill = Y)
scrollbar.config(command = mylist.yview)
mylist.configure(yscrollcommand = scrollbar.set)
mainloop()
```

其运行效果如图 7-23 所示。单击鼠标滚动右侧的 Scrollbar,左边列表框也会随之移动,用方向键移动列表框里面的值,右侧的 Scrollbar 也会跟着移动。这是根据上面的两个步骤实现的。

图 7-23　向列表框中加入垂直滚动条的程序的运行效果

添加一个水平方向的 Scrollbar 也很简单,只需要设置好 xscrollcommand 和 xview 即可。

第 7 章

Tkinter 图形界面设计

7.3 图形的绘制

7.3.1 Canvas 组件

Canvas(画布)是一个长方形的区域,用于图形绘制或复杂的图形界面布局。用户可以在画布上绘制图形、文字,放置各种组件和框架。

使用下面的方法创建一个 Canvas 对象。

Canvas 对象 = Canvas(窗口对象,选项,…)

其常用选项如表 7-9 所示。

表 7-9 Canvas 的常用选项

选 项	说 明
bd	指定画布的边框宽度,单位是像素
bg	指定画布的背景颜色
confine	指定画布在滚动区域外是否可以滚动。默认为 True,表示不能滚动
cursor	指定画布中的鼠标指针,例如 arrow、circle、dot
height	指定画布的高度
highlightcolor	选中画布时的背景色
relief	指定画布的边框样式,可选值包括 SUNKEN、RAISED、GROOVE、RIDGE
scrollregion	指定画布的滚动区域的元组(w,n,e,s)

显示 Canvas 对象的方法如下:

Canvas 对象.pack()

例如创建一个白色背景、宽度为 300、高为 120 的 Canvas:

```
from tkinter import *
root = Tk()
cv = Canvas(root, bg = 'white', width = 300, height = 120)
cv.create_line(10,10,100,80,width = 2, dash = 7)    ♯绘制直线
cv.pack()                                           ♯显示画布
root.mainloop()
```

7.3.2 Canvas 上的图形对象

1. 绘制图形对象

在 Canvas 上可以绘制各种图形对象,通过调用以下绘制函数实现。

➢ create_arc():绘制圆弧。

➢ create_line():绘制直线。

➢ create_bitmap():绘制位图。

➢ create_image():绘制位图图像。

➢ create_oval():绘制椭圆。

➤ create_polygon()：绘制多边形。

➤ create_window()：绘制子窗口。

➤ create_text()：创建一个文字对象。

Canvas 上的每个绘制对象都有一个标识 id（整数），在使用绘制函数创建绘制对象时返回绘制对象的 id。例如：

```
id1 = cv.create_line(10,10,100,80,width = 2, dash = 7)        #绘制直线
```

通过 id1 可以得到绘制对象直线的 id。

在创建图形对象时可以使用 tags 属性设置图形对象的标记(tag)。例如：

```
rt = cv.create_rectangle(10,10,110,110, tags = 'r1')
```

上面的语句指定矩形对象 rt 具有一个标记 r1。

另外可以同时设置多个标记(tag)。例如：

```
rt = cv.create_rectangle(10,10,110,110, tags = ('r1','r2','r3'))
```

上面的语句指定矩形对象 rt 具有 3 个标记 r1、r2 和 r3。

在指定标记后，使用 find_withtag()方法可以获取指定 tag 的图形对象，然后设置图形对象的属性。find_withtag()方法的语法如下：

Canvas 对象.find_withtag(tag 名)

find_withtag()方法返回一个图形对象数组，其中包含所有具有 tag 名的图形对象。

使用 find_withtag()方法可以设置图形对象的属性，语法如下：

Canvas 对象.itemconfig(图形对象，属性 1＝值 1，属性 2＝值 2,…)

【例 7-24】 使用 tags 属性设置图形对象标记。

代码如下：

```
from tkinter import *
root = Tk()
#创建一个 Canvas,设置其背景色为白色
cv = Canvas(root, bg = 'white', width = 200, height = 200)
#使用 tags 指定给第一个矩形 3 个 tag
rt = cv.create_rectangle(10,10,110,110, tags = ('r1','r2','r3'))
cv.pack()
cv.create_rectangle(20,20,80,80, tags = 'r3')        #使用 tags 指定给第二个矩形一个 tag
#将所有与 tag('r3')绑定的 item 边框的颜色设置为蓝色
for item in cv.find_withtag('r3'):
    cv.itemconfig(item,outline = 'blue')
```

2. 绘制圆弧

使用 create_arc()方法可以创建一个圆弧对象，可以是一个饼图扇区或者一个简单的弧，具体语法如下：

Canvas 对象.create_arc(弧外框矩形左上角的 x 坐标,弧外框矩形左上角的 y 坐标,弧外框矩形右下角的 x 坐标,弧外框矩形右下角的 y 坐标,选项,…)

创建圆弧常用的选项:outline,指定圆弧边框的颜色;fill,指定填充颜色;width,指定圆弧边框的宽度;start,代表起始角度;extent,代表指定角度偏移量而不是终止角度。

【例 7-25】 使用 create_arc()方法创建圆弧。其运行效果如图 7-24 所示。

代码如下:

```python
from tkinter import *
root = Tk()
#创建一个 Canvas,设置其背景色为白色
cv = Canvas(root,bg = 'white')
cv.create_arc((10,10,110,110),)            #使用默认参数创建一个圆弧,结果为 90°的扇形
d = {1:PIESLICE,2:CHORD,3:ARC}
for i in d:
    #使用 3 种样式,分别创建了扇形、弓形和弧形
    cv.create_arc((10,10 + 60 * i,110,110 + 60 * i),style = d[i])
    print (i,d[i])
#使用 start/extent 指定圆弧的起始角度与偏移角度
cv.create_arc(
        (150,150 ,250,250),
        start = 10,                        #指定起始角度
        extent = 120                       #指定角度偏移量(逆时针)
        )
cv.pack()
root.mainloop()
```

图 7-24　创建圆弧对象程序的运行效果

3. 绘制线条

使用 create_line()方法可以创建一个线条对象,具体语法如下:

line = canvas.create_line(x0,y0,x1,y1,…,xn,yn,选项)

参数(x0,y0)、(x1,y1)、…、(xn,yn)是线段的端点。

创建线段的常用选项:width,指定线段的宽度;arrow,指定是否使用箭头(没有箭头为 none,起点有箭头为 first,终点有箭头为 last,两端有箭头为 both);fill,指定线段的颜色;dash,指定线段为虚线(其整数值决定虚线的样式)。

【例 7-26】　使用 create_line()方法创建线条对象的例子。其运行效果如图 7-25 所示。代码如下：

```
from tkinter import *
root = Tk()
cv = Canvas(root, bg = 'white', width = 200, height = 100)
cv.create_line(10, 10, 100, 10, arrow = 'none')        #绘制没有箭头的线段
cv.create_line(10, 20, 100, 20, arrow = 'first')       #绘制起点有箭头的线段
cv.create_line(10, 30, 100, 30, arrow = 'last')        #绘制终点有箭头的线段
cv.create_line(10, 40, 100, 40, arrow = 'both')        #绘制两端有箭头的线段
cv. create_line(10,50,100,100,width = 3, dash = 7)     #绘制虚线
cv.pack()
root.mainloop()
```

4. 绘制矩形

使用 create_rectangle()方法可以创建矩形对象，具体语法如下：

Canvas 对象. create_rectangle(矩形左上角的 x 坐标，矩形左上角的 y 坐标，矩形右下角的 x 坐标，矩形右下角的 y 坐标，选项，…)

创建矩形对象时的常用选项：outline，指定边框的颜色；fill，指定填充颜色；width，指定边框的宽度；dash，指定边框为虚线；stipple，使用自定义画刷填充矩形。

【例 7-27】　使用 create_rectangle()方法创建矩形对象。其运行效果如图 7-26 所示。

图 7-25　创建线条对象程序的运行效果

图 7-26　创建矩形对象程序的运行效果

代码如下：

```
from tkinter import *
root = Tk()
#创建一个 Canvas,设置其背景色为白色
cv = Canvas(root, bg = 'white', width = 200, height = 100)
cv.create_rectangle(10,10,110,110, width = 2,fill = 'red')     #指定矩形的填充颜色为红色, 宽度为2
cv.create_rectangle(120, 20,180, 80, outline = 'green')        #指定矩形的边框颜色为绿色
cv.pack()
root.mainloop()
```

5. 绘制多边形

使用 create_polygon()方法可以创建一个多边形对象，可以是一个三角形、矩形或者任意一个多边形，具体语法如下：

Canvas 对象. create_polygon（顶点 1 的 x 坐标，顶点 1 的 y 坐标，顶点 2 的 x 坐标，顶点 2 的 y 坐标，…，顶点 n 的 x 坐标，顶点 n 的 y 坐标，选项，…）

创建多边形对象时的常用选项: outline,指定边框的颜色; fill,指定填充颜色; width,指定边框的宽度; smooth,指定多边形的平滑程度(等于 0 表示多边形的边是折线,等于 1 表示多边形的边是平滑曲线)。

【例 7-28】 创建三角形、正方形、对顶三角形对象。其运行效果如图 7-27 所示。

图 7-27 创建多边形对象程序的运行效果

代码如下:

```
from tkinter import *
root = Tk()
cv = Canvas(root, bg = 'white', width = 300, height = 100)
cv.create_polygon(35,10,10,60,60,60, outline = 'blue', fill = 'red', width = 2)
                                                           #等腰三角形
cv.create_polygon(70,10,120,10,120,60, outline = 'blue', fill = 'white', width = 2)
                                                           #直角三角形
cv.create_polygon(130,10,180,10,180,60, 130,60, width = 4)  #正方形
cv.create_polygon(190,10,240,10,190,60, 240,60, width = 1)  #对顶三角形
cv.pack()
root.mainloop()
```

6. 绘制椭圆

图 7-28 创建椭圆和圆形对象程序的运行效果

使用 create_oval()方法可以创建一个椭圆对象,具体语法如下:

Canvas 对象.create_oval(包裹椭圆的矩形左上角的 x 坐标,包裹椭圆的矩形左上角的 y 坐标,包裹椭圆的矩形右下角的 x 坐标,包裹椭圆的矩形右下角的 y 坐标,选项,…)

创建椭圆对象时的常用选项: outline,指定边框的颜色; fill,指定填充颜色; width,指定边框的宽度。如果包裹椭圆的矩形是正方形,则绘制一个圆形。

【例 7-29】 创建椭圆和圆形。其运行效果如图 7-28 所示。

代码如下:

```
from tkinter import *
root = Tk()
cv = Canvas(root, bg = 'white', width = 200, height = 100)
cv.create_oval(10,10,100,50, outline = 'blue', fill = 'red', width = 2)   #椭圆
cv.create_oval(100,10,190,100, outline = 'blue', fill = 'red', width = 2) #圆形
cv.pack()
root.mainloop()
```

7. 绘制文字

使用 create_text()方法可以创建一个文字对象,具体语法如下:

文字对象 = Canvas 对象.create_text((文本左上角的 x 坐标,文本左上角的 y 坐标),选项,…)

创建文字对象时的常用选项：text，文字对象的文本内容；fill，指定文字的颜色；anchor，控制文字对象的位置（其取值'w'表示左对齐，'e'表示右对齐，'n'表示顶对齐，'s'表示底对齐，'nw'表示左上对齐，'sw'表示左下对齐，'se'表示右下对齐，'ne'表示右上对齐，'center'表示居中对齐，anchor的默认值为'center'）；justify，设置文字对象中文本的对齐方式（其取值'left'表示左对齐，'right'表示右对齐，'center'表示居中对齐，justify的默认值为'center'）。

图 7-29 创建文本对象程序
的运行效果

【例 7-30】 创建文本。其运行效果如图 7-29 所示。

代码如下：

```python
from tkinter import *
root = Tk()
cv = Canvas(root, bg = 'white', width = 200, height = 100)
cv.create_text((10,10), text = 'Hello Python', fill = 'red', anchor = 'nw')
cv.create_text((200,50), text = '你好,Python', fill = 'blue', anchor = 'se')
cv.pack()
root.mainloop()
```

图 7-30 选中文本程序
的运行效果

select_from()方法用于指定选中文本的起始位置，具体用法如下：

Canvas 对象. select_from(文字对象，选中文本的起始位置)

select_to()方法用于指定选中文本的结束位置，具体用法如下：

Canvas 对象. select_to (文字对象，选中文本的结束位置)

【例 7-31】 选中文本。其运行效果如图 7-30 所示。

代码如下：

```python
from tkinter import *
root = Tk()
cv = Canvas(root, bg = 'white', width = 200, height = 100)
txt = cv.create_text((10,10), text = '中原工学院计算机学院', fill = 'red', anchor = 'nw')
#设置选中文本的起始位置
cv.select_from(txt,5)
#设置选中文本的结束位置
cv.select_to(txt,9)          #选中"计算机学院"
cv.pack()
root.mainloop()
```

8. 绘制位图和图像

1）绘制位图

使用 create_bitmap()方法可以绘制 Python 内置的位图，具体方法如下：

Canvas 对象. create_bitmap((x 坐标，y 坐标)，bitmap =位图字符串，选项，…)

其中，(x 坐标，y 坐标)是放置位图的中心坐标。其常用选项有 bitmap、activebitmap 和

Tkinter 图形界面设计

disabledbitmap,用于指定正常、活动、禁用状态时的位图。

2)绘制图像

在游戏开发中需要大量使用图像,使用 create_image()方法可以绘制图形图像,具体方法如下:

Canvas 对象. create_image((x 坐标,y 坐标), image =图像文件对象,选项,…)

其中,(x 坐标,y 坐标)是放置图像的中心坐标。其常用选项有 image、activeimage 和 disabled image,用于指定正常、活动、禁用状态时的图像。

注意:使用 PhotoImage()函数可以获取图像文件对象。

img1 = PhotoImage(file =图像文件)

例如,img1 = PhotoImage(file = 'C:\\aa. png')获取笑脸图形。Python 支持的图像文件格式一般为. png 和. gif。

【例 7-32】 绘制图像。其运行效果如图 7-31 所示。

代码如下:

```
from tkinter import *
root = Tk()
cv = Canvas(root)
img1 = PhotoImage(file = 'C:\\aa.png')            # 笑脸
img2 = PhotoImage(file = 'C:\\2.gif')             # 方块 A
img3 = PhotoImage(file = 'C:\\3.gif')             # 梅花 A
cv.create_image((100,100), image = img1)          # 绘制笑脸
cv.create_image((200,100), image = img2)          # 绘制方块 A
cv.create_image((300,100), image = img3)          # 绘制梅花 A
d = {1:'error',2:'info',3:'question',4:'hourglass',5:'questhead',
     6:'warning',7:'gray12',8:'gray25',9:'gray50',10:'gray75'}   # 字典
# cv.create_bitmap((10,220), bitmap = d[1])
# 以下遍历字典绘制 Python 内置的位图
for i in d:
    cv.create_bitmap((20 * i,20), bitmap = d[i])
cv.pack()
root.mainloop()
```

图 7-31 绘制图像示例

学会绘制图像,就可以开发图形版的扑克牌游戏了。

9. 修改图形对象的坐标

使用 coords()方法可以修改图形对象的坐标,具体方法如下:

Canvas 对象.coords(图形对象,(图形左上角的 x 坐标,图形左上角的 y 坐标,图形右下角的 x 坐标,图形右下角的 y 坐标))

因为可以同时修改图形对象左上角的坐标和右下角的坐标,所以可以缩放图形对象。

注意:如果图形对象是图像文件,则只能指定图像中心点的坐标,而不能指定图像对象左上角的坐标和右下角的坐标,故不能缩放图像。

【例 7-33】 修改图形对象的坐标。其运行效果如图 7-32 所示。

代码如下:

```
from tkinter import *
root = Tk()
cv = Canvas(root)
img1 = PhotoImage(file = 'C:\\aa.png')              ♯笑脸
img2 = PhotoImage(file = 'C:\\2.gif')               ♯方块 A
img3 = PhotoImage(file = 'C:\\3.gif')               ♯梅花 A
rt1 = cv.create_image((100,100),image = img1)       ♯绘制笑脸
rt2 = cv.create_image((200,100),image = img2)       ♯绘制方块 A
rt3 = cv.create_image((300,100),image = img3)       ♯绘制梅花 A
♯重新设置方块 A(rt2 对象)的坐标
cv.coords(rt2,(200,50))                             ♯调整 rt2 对象的位置
rt4 = cv.create_rectangle(20,140,110,220,outline = 'red', fill = 'green')   ♯正方形对象
cv.coords(rt4,(100,150,300,200))                    ♯调整 rt4 对象的位置
cv.pack()
root.mainloop()
```

图 7-32　调整图形对象的位置之前和之后的效果

10. 移动指定图形对象

使用 move()方法可以修改图形对象的坐标,具体方法如下:

Canvas 对象.move(图形对象,x 坐标偏移量,y 坐标偏移量)

【例 7-34】 移动指定图形对象。其运行效果如图 7-33 所示。

代码如下:

```
from tkinter import *
root = Tk()
♯创建一个 Canvas,设置其背景色为白色
cv = Canvas(root, bg = 'white', width = 200, height = 120)
```

```
rt1 = cv.create_rectangle(20,20,110,110,outline = 'red',stipple = 'gray12',fill = 'green')
cv.pack()
rt2 = cv.create_rectangle(20,20,110,110,outline = 'blue')
cv.move(rt1,20,-10)      #移动 rt1
cv.pack()
```

为了对比移动图形对象的效果,程序在同一位置绘制了两个矩形,其中矩形 rt1 有背景花纹,rt2 无背景填充。然后使用 move()方法移动 rt1,将被填充的矩形 rt1 向右移动 20 像素,向上移动 10 像素。最后出现如图 7-33 所示的效果。

11. 删除图形对象

使用 delete()方法可以删除图形对象,具体方法如下:

Canvas 对象.delete(图形对象)

例如:

```
cv.delete(rt1)        #删除 rt1 图形对象
```

12. 缩放图形对象

使用 scale()方法可以缩放图形对象,具体方法如下:

Canvas 对象.scale(图形对象,x 轴偏移量,y 轴偏移量,x 轴缩放比例,y 轴缩放比例)

【例 7-35】 缩放图形对象,对相同的图形对象进行放大、缩小。其运行效果如图 7-34 所示。

代码如下:

```
from tkinter import *
root = Tk()
#创建一个 Canvas,设置其背景色为白色
cv = Canvas(root, bg = 'white', width = 200, height = 300)
rt1 = cv.create_rectangle(10,10,110,110,outline = 'red',stipple = 'gray12', fill = 'green')
rt2 = cv.create_rectangle(10,10,110,110,outline = 'green',stipple = 'gray12', fill = 'red')
cv.scale(rt1,0,0,1,2)              #在 y 方向上放大一倍
cv.scale(rt2,0,0,0.5,0.5)         #缩小一半
cv.pack()
root.mainloop()
```

图 7-33　移动指定图形对象程序的运行效果

图 7-34　缩放图形对象程序的运行效果

7.4 Tkinter 字体

通过组件的 font 属性可以设置其显示文本的字体。在设置组件的字体前首先要学会如何表示一个字体。

7.4.1 通过元组表示字体

通过 3 个元素的元组可以表示字体：

```
(font family,size,modifiers)
```

其中，font family 是字体名；size 为字体的大小，单位为 point；modifiers 是包含粗体、斜体、下画线的样式修饰符。

例如：

```
("Times New Roman ", "16")          ♯16 点阵的 Times 字体
("Times New Roman ", "24", "bold italic")   ♯24 点阵的 Times 字体,且为粗体、斜体
```

【例 7-36】 通过元组表示字体设置 Label 的字体。其运行效果如图 7-35 所示。
代码如下：

```python
from tkinter import *
root = Tk()
♯创建 Label
for ft in ('Arial',('Courier New',19,'italic'),('Comic Sans MS',),'Fixdsys',('MS Sans Serif',),
('MS Serif',),'Symbol','System',('Times New Roman',),'Verdana'):
    Label(root,text = 'hello sticky',font = ft ).grid()
root.mainloop()
```

图 7-35 通过元组设置 Label 的字体

Tkinter 图形界面设计

这个程序是在 Windows 上测试字体显示的,注意字体中包含空格的字体名称必须指定为元组类型。

7.4.2 通过 Font 对象表示字体

使用 tkFont.Font 创建字体,格式如下:

ft = tkFont.Font(family = '字体名',size,weight,slant, underline, overstrike)

其中,size 为字体大小;weight = 'bold' 或 'normal','bold' 为粗体;slant = 'italic' 或 'normal','italic'为斜体;underline=1 或 0,1 为下画线;overstrike=1 或 0,1 为删除线。

例如:

```
ft = Font(family = "Helvetica", size = 36, weight = "bold")
```

【例 7-37】 通过 Font 对象设置标签字体。其运行效果如图 7-36 所示。

代码如下:

```
♯创建字体
from tkinter import *
import tkinter.font                                ♯引入字体模块
root = Tk()
♯指定字体的名称、大小、样式
ft = tkinter.font.Font(family = 'Fixdsys', size = 20, weight = 'bold')
Label(root, text = 'hello sticky', font = ft ).grid()      ♯创建一个 Label
root.mainloop()
```

图 7-36　通过 Font 对象设置标签字体

通过 tkFont.families()函数可以返回所有可用的字体。例如:

```
from tkinter import *
import tkinter.font            ♯引入字体模块
root = Tk()
print(tkinter.font.families())
```

输出以下结果:

```
('Forte', 'Felix Titling', 'Eras Medium ITC', 'Eras Light ITC', 'Eras Demi ITC', 'Eras Bold ITC',
'Engravers MT', 'Elephant', 'Edwardian Script ITC', 'Curlz MT', 'Copperplate Gothic Light',
'Copperplate Gothic Bold', 'Century Schoolbook', 'Castellar', 'Calisto MT', 'Bookman Old Style',
'Bodoni MT Condensed', 'Bodoni MT Black', 'Bodoni MT', 'Blackadder ITC', 'Arial Rounded MT Bold',
'Agency FB', 'Bookshelf Symbol 7', 'MS Reference Sans Serif', 'MS Reference Specialty', 'Berlin Sans FB
Demi', 'Tw Cen MT Condensed Extra Bold', 'Calibri Light', 'Bitstream Vera Sans Mono', '方正兰亭超细
黑简体', '@方正兰亭超细黑简体', 'Buxton Sketch', 'Segoe Marker', 'SketchFlow Print')
```

7.5 Python 事件处理

所谓事件(event),就是程序上发生的事,例如用户按键盘上的某个键或者单击、移动鼠标。对于这些事件,程序需要做出反应。Tkinter 提供的组件通常都有自己可以识别的事件。例如,当按钮被单击时执行特定的操作,或者当一个输入栏成为焦点,而又按了键盘上的某些按键时,所输入的内容就会显示在输入栏内。

程序可以使用事件处理函数来指定触发某个事件时所做的反应(操作)。

7.5.1 事件类型

事件类型的通用格式如下:

<[modifier-]…type[-detail]>

事件类型必须放置于尖括号<>内。type 描述了类型,例如键盘按键、鼠标单击。

modifier 用于组合键的定义,例如 Ctrl 和 Alt 键。detail 用于明确定义是哪个键或按钮的事件,例如 1 表示鼠标左键、2 表示鼠标中键、3 表示鼠标右键。

举例如下。

➢ <Button-1>:按下鼠标左键。

➢ <KeyPress-A>:按下键盘上的 A 键。

➢ <Control-Shift-KeyPress-A>:同时按下了 Ctrl、Shift 和 A 键。

Python 中的事件主要有键盘事件(见表 7-10)、鼠标事件(见表 7-11)和窗体事件(见表 7-12)。

表 7-10 键盘事件

名　称	描　述
KeyPress	按下键盘上的某键时触发,可以在 detail 部分指定是哪个键
KeyRelease	释放键盘上的某键时触发,可以在 detail 部分指定是哪个键

表 7-11 鼠标事件

名　称	描　述
ButtonPress 或 Button	按下鼠标的某键,可以在 detail 部分指定是哪个键
ButtonRelease	释放鼠标的某键,可以在 detail 部分指定是哪个键
Motion	单击组件并拖曳组件移动时触发
Enter	当鼠标指针移进某组件时触发
Leave	当鼠标指针移出某组件时触发
MouseWheel	当鼠标的滚轮滚动时触发

表 7-12 窗体事件

名　称	描　述
Visibility	当组件变为可视状态时触发
Unmap	当组件由显示状态变为隐藏状态时触发
Map	当组件由隐藏状态变为显示状态时触发
Expose	当组件从原本被其他组件遮盖的状态中暴露出来时触发

名　　称	描　　述
FocusIn	组件获得焦点时触发
FocusOut	组件失去焦点时触发
Configure	当改变组件大小时触发。例如,拖曳窗体边缘
Property	当窗体的属性被删除或改变时触发,属于 Tk 的核心事件
Destroy	当组件被销毁时触发
Activate	与组件选项中的 state 项有关,表示组件由不可用转为可用。例如,按钮由 disabled(灰色)转为 enabled
Deactivate	与组件选项中的 state 项有关,表示组件由可用转为不可用。例如,按钮由 enabled 转为 disabled(灰色)

modifier 组合键定义中常用的修饰符如表 7-13 所示。

表 7-13　组合键定义中常用的修饰符

修　饰　符	描　　述
Alt	Alt 键按下
Any	任何键按下,例如< Any-KeyPress >
Control	Ctrl 键按下
Double	两个事件在短时间内发生,例如双击鼠标左键< Double-Button-1 >
Lock	Caps Lock 键按下
Shift	Shift 键按下
Triple	类似于 Double,3 个事件在短时间内发生

可用短格式表示事件,例如< 1 >等同于< Button-1 >、< x >等同于< KeyPress-x >。

对于大多数的单字符按键,还可以忽略"< >"符号,但是空格键和尖括号键不能这样做(正确的表示分别为< space >、< less >)。

7.5.2　事件绑定

程序建立一个处理某个事件的事件处理函数,称为绑定。

1. 在创建组件对象时指定

在创建组件对象实例时,可通过其命名参数 command 指定事件处理函数。例如:

```
def callback():            ♯事件处理函数
    showinfo("Python command","人生苦短,我用 Python")
Bu1 = Button(root, text = "设置 command 事件调用命令",command = callback)
Bu1.pack()
```

2. 实例绑定

调用组件对象实例方法 bind()可以为指定的组件实例绑定事件,这是最常用的事件绑定方式。格式如下:

组件对象实例名.bind("<事件类型>",事件处理函数)

例如,假设声明了一个名为 canvas 的 Canvas 组件对象,想在 canvas 上按下鼠标左键时

画上一条线,可以这样实现:

```
canvas.bind("<Button-1>", drawline)
```

其中,bind()函数的第一个参数是事件描述符,指定无论什么时候在 canvas 上,当按下鼠标左键时就调用事件处理函数 drawline 进行画线的任务。特别地,drawline 后面的圆括号是省略的,Tkinter 会将此函数填入相关参数后调用运行,在这里只是声明而已。

3. 标识绑定

在 Canvas 中绘制各种图形,将图形与事件绑定可以使用标识绑定 tag_bind()函数。预先为图形定义标识 tag 后,通过标识 tag 来绑定事件。例如:

```
cv.tag_bind('r1','<Button-1>',printRect)
```

【例 7-38】 标识绑定。

代码如下:

```
from tkinter import *
root = Tk()
def printRect(event):
    print('rectangle 左键事件')
def printRect2(event):
    print('rectangle 右键事件')
def printLine(event):
    print('Line 事件')
cv = Canvas(root,bg = 'white')              ♯创建一个 Canvas,设置其背景色为白色
rt1 = cv.create_rectangle(
    10,10,110,110,
    width = 8, tags = 'r1')
cv.tag_bind('r1','<Button-1>',printRect)     ♯绑定 item 与鼠标左键事件
cv.tag_bind('r1','<Button-3>',printRect2)    ♯绑定 item 与鼠标右键事件
♯创建一个 Line,并将其 tags 设置为'r2'
cv.create_line(180,70,280,70,width = 10,tags = 'r2')
cv.tag_bind('r2','<Button-1>',printLine)     ♯绑定 item 与鼠标左键事件
cv.pack()
root.mainloop()
```

在这个示例中,单击矩形的边框时才会触发事件,矩形既响应鼠标左键又响应右键。在用鼠标左键单击矩形边框时出现"rectangle 左键事件"信息,用鼠标右键单击矩形边框时出现"rectangle 右键事件"信息,用鼠标左键单击直线时出现"Line 事件"信息。

7.5.3 事件处理函数

1. 定义事件处理函数

事件处理函数往往带有一个 event 参数。在触发事件调用事件处理函数时将传递 Event 对象实例。例如:

```
def callback(event):              ♯事件处理函数
    showinfo("Python command","人生苦短,我用 Python")
```

194

2. Event 事件对象的主要参数

Event 对象实例可以获取各种相关参数。Event 事件对象的主要参数如表 7-14 所示。

表 7-14   Event 事件对象的主要参数

参　　数	说　　明
.x,.y	鼠标相对于组件对象左上角的坐标
.x_root,.y_root	鼠标相对于屏幕左上角的坐标
.keysym	字符串命名按键,例如 Escape、F1~F12、Scroll_Lock、Pause、Insert、Delete、Home、Prior(这个是 Page Up)、Next(这个是 Page Down)、End、Up、Right、Left、Down、Shift_L、Shift_R、Ctrl_L、Ctrl_R、Alt_L、Alt_R、Win_L
.keysym_num	数字代码命名按键
.keycode	键码,但是它不能反映事件前缀 Alt、Ctrl、Shift、Lock,并且不区分按键大小写,即输入 a 和 A 是相同的键码
.time	时间
.type	事件类型
.widget	触发事件的对应组件
.char	字符

Event 事件对象的按键的说明如表 7-15 所示。

表 7-15   Event 事件对象的按键的说明

.keysym	.keycode	.keysym_num	说　　明
Alt_L	64	65513	左手边的 Alt 键
Alt_R	113	65514	右手边的 Alt 键
BackSpace	22	65288	BackSpace 键
Cancel	110	65387	Pause Break 键
F1~F11	67~77	65470~65480	功能键 F1~F11
F12	96	68481	功能键 F12
Delete	107	65535	Delete 键
Down	104	65364	向下方向键
End	103	65367	End 键
Escape	9	65307	Esc 键
Print	111	65377	打印屏幕键

【例 7-39】 触发 keyPress 键盘事件。其运行效果如图 7-37 所示。

代码如下:

```
from tkinter import *              ♯ 导入 Tkinter
def printkey(event):               ♯定义的函数监听键盘事件
    print('你按下了: ' + event.char)
root = Tk()                        ♯实例化 Tk
entry = Entry(root)                ♯实例化一个单行输入框
```

```
#给输入框绑定按键监听事件<KeyPress>为监听任何按键
#<KeyPress-x>监听某键x,例如大写的A<KeyPress-A>、回车<KeyPress-Return>
entry.bind('<KeyPress>', printkey)
entry.pack()
root.mainloop()          #显示窗体
```

```
你按下了: h
你按下了: e
你按下了: l
你按下了: l
你按下了: o
你按下了: x
你按下了: m
你按下了: j
```

图 7-37   触发 keyPress 键盘事件程序的运行效果

【例 7-40】   获取鼠标单击标签 Label 时坐标的鼠标事件,其运行效果如图 7-38 所示。
代码如下:

```
from tkinter import *                    #导入 Tkinter
def leftClick(event):                    #定义的函数监听鼠标事件
    print("x轴坐标:", event.x)
    print("y轴坐标:", event.y)
    print("相对于屏幕左上角的 x 轴坐标:", event.x_root)
    print("相对于屏幕左上角的 y 轴坐标:", event.y_root)
root = Tk()                              #实例化 Tk
lab = Label(root, text = "hello")        #实例化一个 Label
lab.pack()                               #显示 Label 组件
#给 Label 绑定鼠标监听事件
lab.bind("<Button-1>", leftClick)
root.mainloop()                          #显示窗体
```

```
x轴坐标: 33
y轴坐标: 11
相对于屏幕左上角的x轴坐标: 132
相对于屏幕左上角的y轴坐标: 91
x轴坐标: 8
y轴坐标: 11
相对于屏幕左上角的x轴坐标: 107
相对于屏幕左上角的y轴坐标: 91
x轴坐标: 5
y轴坐标: 6
相对于屏幕左上角的x轴坐标: 104
相对于屏幕左上角的y轴坐标: 86
```

图 7-38   鼠标事件程序的运行效果

7.6 图形界面程序设计的应用

7.6.1   开发猜数字游戏

【例 7-41】   使用 Tkinter 开发猜数字游戏。其运行效果如图 7-39 所示。
在游戏中计算机随机生成 1024 以内的数字,让玩家去猜,如果猜的数字过大或过小都
会给出提示,程序要统计玩家猜的次数。
代码如下:

图 7-39 猜数字游戏的运行效果

```
import tkinter as tk
import random
number = random.randint(0,1024)                  #玩家要猜的数字
running = True
num = 0                                           #猜的次数
nmaxn = 1024                                       #提示猜测范围的最大数
nminn = 0                                          #提示猜测范围的最小数
def eBtnClose(event):                             #"关闭"按钮事件函数
    root.destroy()
def eBtnGuess(event):                             #"猜"按钮事件函数
    global nmaxn                                   #全局变量
    global nminn
    global num
    global running
    if running:
        val_a = int(entry_a.get())                #获取猜的数字字符串并转换成数字
        if val_a == number:
            labelqval("恭喜答对了!")
            num += 1
            running = False
            numGuess()                             #显示猜的次数
        elif val_a < number:                       #猜小了
            if val_a > nminn:
                nminn = val_a                       #修改提示猜测范围的最小数
                num += 1
                labelqval("小了哦,请输入" + str(nminn) + "到" + str(nmaxn) + "的任意整数: ")
            else:
                if val_a < nmaxn:
                    nmaxn = val_a                   #修改提示猜测范围的最大数
                    num += 1
                    labelqval("大了哦,请输入" + str(nminn) + "到" + str(nmaxn) + "的任意整数: ")
    else:
        labelqval('你已经答对啦…')
#显示猜的次数
def numGuess():
    if num == 1:
        labelqval('哇!一次答对!')
```

```
        elif num < 10:
            labelqval(' == 10 次以内就答对了,牛…尝试次数: ' + str(num))
        else:
            labelqval('好吧,您都试了超过 10 次了…尝试次数: ' + str(num))
def labelqval(vText):
    label_val_q.config(label_val_q, text = vText)           #修改提示标签文字
root = tk.Tk(className = "猜数字游戏")
root.geometry("400x90 + 200 + 200")
label_val_q = tk.Label(root, width = "80")                   # 提示标签
label_val_q.pack(side = "top")
entry_a = tk.Entry(root, width = "40")                       # 单行输入文本框
btnGuess = tk.Button(root, text = "猜")                       #"猜"按钮
entry_a.pack(side = "left")
entry_a.bind('< Return >', eBtnGuess)                        # 绑定事件
btnGuess.bind('< Button - 1 >', eBtnGuess)                   #"猜"按钮
btnGuess.pack(side = "left")
btnClose = tk.Button(root, text = "关闭")                     #"关闭"按钮
btnClose.bind('< Button - 1 >', eBtnClose)
btnClose.pack(side = "left")
labelqval("请输入 0～1024 内的任意整数: ")
entry_a.focus_set()
print(number)
root.mainloop()
```

7.6.2 扑克牌发牌程序的窗体图形版

视频讲解

【例 7-42】 游戏初步——扑克牌发牌程序的窗体图形版。

4 位玩家打牌,计算机随机将 52 张牌(不含大小王)发给 4 位玩家,在屏幕上显示每位玩家的牌。程序的运行效果如图 7-40 所示。

图 7-40 扑克牌发牌程序的运行效果

Tkinter 图形界面设计

分析：其思路和控制台程序一样。将要发的 52 张牌按梅花 0～12、方块 13～25、红桃 26～38～黑桃 39～51 顺序编号并存储在 pocker 列表(未洗牌之前)中,同时按此编号顺序存储扑克牌图片于 imgs 列表中。也就是说,imgs[0]存储梅花 A 的图片,imgs[1]存储梅花 2 的图片,imgs[14]存储方块 2 的图片。

发牌后,根据每位玩家(p1、p2、p3、p4)的牌的编号列表从 imgs 列表中获取对应牌的图片,并使用 create_image((x 坐标,y 坐标), image ＝图像文件)显示在指定位置。

代码如下：

```python
from tkinter import *
import random
n = 52
def gen_pocker(n):
    x = 100
    while(x > 0):
        x = x - 1
        p1 = random.randint(0, n - 1)
        p2 = random.randint(0, n - 1)
        t = pocker[p1]
        pocker[p1] = pocker[p2]
        pocker[p2] = t
    return pocker
pocker = [i for i in range(n)]
pocker = gen_pocker(n)
print(pocker)
(player1, player2, player3, player4) = ([], [], [], [])    #4 位玩家的牌的图片列表
(p1, p2, p3, p4) = ([], [], [], [])                        #4 位玩家的牌的编号列表
root = Tk()
#创建一个 Canvas,设置其背景色为白色
cv = Canvas(root, bg = 'white', width = 700, height = 600)
imgs = []
for i in range(1, 5):
    for j in range(1, 14):
        imgs.insert((i - 1) * 13 + (j - 1), PhotoImage(file = 'D:\\python\\images\\' + str(i) +
'-' + str(j) + '.gif'))
for x in range(13):                                        #13 轮发牌
    m = x * 4
    p1.append( pocker[m] )
    p2.append( pocker[m + 1] )
    p3.append( pocker[m + 2] )
    p4.append( pocker[m + 3] )
p1.sort()                                                  #玩家的牌的排序,相当于理牌,同花色的牌放在一起
p2.sort()
p3.sort()
p4.sort()
for x in range(0, 13):
    img = imgs[p1[x]]
    player1.append(cv.create_image((200 + 20 * x, 80), image = img))
```

```
        img = imgs[p2[x]]
        player2.append(cv.create_image((100, 150 + 20 * x), image = img))
        img = imgs[p3[x]]
        player3.append(cv.create_image((200 + 20 * x, 500), image = img))
        img = imgs[p4[x]]
        player4.append(cv.create_image((560, 150 + 20 * x), image = img))
print("player1:", player1)
print("player2:", player2)
print("player3:", player3)
print("player4:", player4)
cv.pack()
root.mainloop()
```

7.6.3 关灯游戏

【例 7-43】 游戏初步——关灯游戏。

关灯游戏是很有意思的益智游戏,玩家通过单击关掉(或打开)一盏灯。如果关掉(或打开)一个电灯,其周围(上、下、左、右)的电灯也会触及开关,成功地关掉所有的电灯即可过关。程序的运行效果如图 7-41 所示。

图 7-41 关灯游戏的运行效果

分析:在游戏中用二维列表存储灯的状态,'you'表示电灯亮(黄色的圆),'wu'表示电灯被关掉(背景色的圆)。在 Canvas 单击事件中获取鼠标单击位置从而换算成棋盘位置(x1,y1),并处理四周灯的状态转换。

本例的代码如下:

```
from tkinter import *
from tkinter import messagebox
root = Tk()
l = [ ['wu', 'wu', 'you', 'you', 'you'],
      ['wu', 'you', 'wu', 'wu', 'wu'],
      ['wu', 'wu', 'wu', 'wu', 'wu'],
      ['wu', 'wu', 'wu', 'you', 'wu'],
      ['you', 'you', 'you', 'wu', 'wu']]
```

```
#绘制灯的状态情况图
def huaqi():
    for i in range(0, 5):
        for u in range(0, 5):
            if l[i][u] == 'you':
                cv.create_oval(i * 40 + 10, u * 40 + 10, (i + 1) * 40 + 10, (u + 1) *
40 + 10, outline = 'white', fill = 'yellow', width = 2)        #亮灯
            else:
                cv.create_oval(i * 40 + 10, u * 40 + 10, (i + 1) * 40 + 10, (u + 1) *
40 + 10, outline = 'white', fill = 'white', width = 2)        #灭灯
#反转(x1,y1)处灯的状态
def reserve(x1,y1):
    if l[x1][y1] == 'wu':
        l[x1][y1] = 'you'
    else:
        l[x1][y1] = 'wu'
#单击事件函数
def luozi(event):
    x1 = (event.x - 10) // 40
    y1 = (event.y - 10) // 40
    print(x1, y1)
    reserve(x1,y1)                                    #反转(x1,y1)处灯的状态
    #以下反转(x1,y1)周围的灯的状态
    #左侧灯的状态反转
    if x1 != 0:
        reserve(x1 - 1,y1)
    #右侧灯的状态反转
    if x1!= 4:
        reserve(x1 + 1,y1)
    #上侧灯的状态反转
    if y1!= 0:
        reserve(x1,y1 - 1)
    #下侧灯的状态反转
    if y1!= 4:
        reserve(x1,y1 + 1)
    huaqi()

#主程序
cv = Canvas(root, bg = 'white', width = 210, height = 210)
for i in range(0, 6):                                #绘制网格线
    cv.create_line(10, 10 + i * 40, 210, 10 + i * 40, arrow = 'none')
    cv.create_line(10 + i * 40, 10, 10 + i * 40, 210, arrow = 'none')
huaqi()                                              #绘制灯的状态情况图
p = 0
for i in range(0, 5):
    for u in l[i]:
        if u == 'wu':
            p = p + 1
```

```
        if p == 25:
            messagebox.showinfo('win','你过关了')        #显示赢信息的消息窗口
    cv.bind('<Button - 1>', luozi)
    cv.pack()
    root.mainloop()
```

7.6.4 游戏开发拓展——推箱子游戏

推箱子游戏在运行时载入相应的地图,屏幕中出现一个推箱子的工人,其周围是围墙、人可以走的通道 、几个可以移动的箱子和放置箱子的目的地。让玩家通过按上、下、左、右键控制工人推箱子,当箱子都被推到了目的地后出现过关信息,并显示下一关。若推错了,玩家可以按空格键重新玩这一关,直到过完全部关卡。推箱子游戏的效果如图 7-42 所示。

图 7-42　推箱子游戏的界面

限于篇幅,这里对游戏的具体实现没有详细讲解,读者可以扫描二维码观看项目的详细设计视频讲解。

视频讲解

7.7　习　　题

1. 设计登录程序,如图 7-4 所示。正确的用户名和密码存储在 user.txt 文件中,当用户单击“登录”按钮后判断用户的输入是否正确,并用消息对话框显示提示信息。当正确时消息对话框显示“欢迎进入”,错误时消息对话框显示“用户名和密码错误”。

2. 设计一个简单的某应用程序的用户注册窗口,填写注册姓名、性别、爱好信息,单击“提交”按钮,将出现消息对话框显示填写的信息,如图 7-43 所示,请根据图 7-43 建立应用程序界面。

3. 设计一个程序,用两个文本框输入数值数据,用列表框存放＋、－、×、÷、幂次方、余

Tkinter 图形界面设计

数。用户先输入两个操作数,再从列表框中选择一种运算,即可在标签中显示出计算结果。

4. 编写选课程序。左侧列表框中显示学生可以选择的课程名,右侧列表框中显示学生已经选择的课程名,通过 4 个按钮在两个列表框中移动数据项。通过">"和"<"按钮移动一门课程,通过"》"和"《"按钮移动全部课程。程序的运行界面如图 7-44 所示。

5. 设计井字棋游戏程序。该游戏有一个 3×3 方格的棋盘。游戏的双方各执一种颜色的棋子,在规定的方格内轮流布棋。如果一方在横、竖、斜方向上连成 3 子,则胜利。

6. 设计一个单选题考试程序。

7. 设计一个电子标题板。要求:

(1) 实现字幕从右向左循环滚动。

(2) 单击"开始"按钮,字幕开始滚动;单击"暂停"按钮,字幕停止滚动。

提示:使用 after()方法每隔 1s 刷新 GUI 图形界面。

8. 设计一个倒计时程序,其界面自己设计。

图 7-43　用户注册信息的消息对话框显示

图 7-44　选课程序的界面

第8章　　　Python 数据库应用

使用简单的纯文本文件只能实现有限的功能,如果要处理的数据量巨大并且容易让程序员理解,可以选择相对标准化的数据库(datebase)。Python 支持多种数据库,例如 Sybase、SAP、Oracle、SQL Server、SQLite 等。本章主要介绍数据库的概念以及结构化查询语言 SQL,讲解 Python 自带的轻量级的关系型数据库 SQLite 的使用方法。

8.1　数据库基础

视频讲解

8.1.1　数据库的概念

数据库是数据的集合,数据库能将大量数据按照一定的方式组织并存储起来,方便进行管理和维护。数据库的特征主要如下:

(1) 以一定的方式组织、存储数据。

(2) 能被多个用户共享。

(3) 具有尽可能少的冗余代码。

(4) 有与程序彼此独立的数据集合。

相对文件系统而言,数据库管理系统为用户提供安全、高效、快速检索和修改的数据集合。由于数据库管理系统与应用程序文件分开,独立存在,所以可以被多个应用程序使用,从而达到数据共享的目的。

数据库管理系统(database management system)是一种操纵和管理数据库的大型软件,用于建立、使用和维护数据库,简称 DBMS。它对数据库进行统一的管理和控制,以保证数据库的安全性和完整性。它所提供的功能有以下几种。

(1) 数据定义功能:DBMS 提供了相应数据定义语言(DDL)来定义数据库结构,它们刻画数据库框架,并被保存在数据字典中。

(2) 数据存取功能:DBMS 提供了数据操纵语言(DML)实现对数据库中数据的基本存取操作,包括检索、插入、修改和删除。

(3) 数据库运行管理功能:DBMS 提供了数据控制功能,即数据的安全性、完整性和并发控制等,对数据库的运行进行有效地控制和管理,以确保数据正确、有效。

(4) 数据库的建立和维护功能:包括数据库初始数据的装入,数据库的转储、恢复、重组织,系统性能的监视、分析等。

(5) 数据库的传输:DBMS 提供了数据传输功能,实现用户程序与 DBMS 之间的通信,通常与操作系统协调完成。

常用的数据库管理系统有 MS SQL、Sybase、DB2、Oracle、MySQL 等。

8.1.2 关系型数据库

数据库可分为层次型数据库、对象型数据库和关系型数据库。关系型数据库是目前的主流数据库类型。关系型数据库不仅描述数据本身,而且对数据之间的关系进行描述,表示关系型数据库中存放关系数据的集合。一个数据库里面通常包含多个表,例如一个学生信息数据库中可以包含学生的表、班级的表、学校的表等。通过在表之间建立关系可以将不同表中的数据联系起来,以便用户使用。

关系型数据库中的常用术语如下。

➢ 关系:可以理解为一张二维表,每一个关系都有一个关系名,也就是表名。

➢ 属性:可以理解为二维表中的一列,在数据库中称为字段。

➢ 元组:可以理解为二维表中的一行,在数据库中称为记录。

➢ 域:属性的取值范围,也就是数据库中某一列的取值范围。

➢ 关键字:一组可以唯一标识元组的属性,在数据库中称为主键,可以由一列或多列组成。

当前流行的数据库都是基于关系模型的关系数据库管理系统。关系模型认为世界由实体(entity)和联系(relationship)构成。实体是相互可以区别、具有一定属性的对象。联系是指实体之间的关系,一般分为以下 3 种类型。

(1)一对一(1:1):实体集 A 中的每个实体最多只与实体集 B 中的一个实体联系。反之亦然。例如,班级和班长的关系,如图 8-1(a)所示。

(2)一对多(1:n):实体集 A 中的每个实体与实体集 B 中的多个实体相联系,而实体集 B 中的每个实体最多只与实体集 A 中的一个实体相联系。例如,学生和班级的关系,如图 8-1(b)所示。

(3)多对多(m:n):实体集 A 中的每个实体与实体集 B 中的多个实体相联系,反之,实体集 B 中的每个实体与实体集 A 中的多个实体相联系。例如,学生和课程之间的关系,如图 8-1(c)所示。

图 8-1 实体之间的关系

8.1.3 数据库和 Python 接口程序

在 Python 中添加数据库支持可以使 Python 的应用如虎添翼。Python 可以通过数据库接口直接访问数据库。过去,人们编写了各种不同的数据库接口程序来访问各种各样的数据库,但它们的功能接口不兼容,因此使用这些接口的程序必须自定义它们选择的接口模块,当这个接口模块变化时,应用程序的代码也必须随之更新。DB-API 为不同的数据库提供了一致的访问接口,使得在不同的数据库之间移植代码成为一件轻松的事情。

DB-API 是一个规范。它定义了一系列必需的对象和数据库存取方式,以便为各种各样的底层数据库系统和多种多样的数据库接口程序提供一致的访问接口。从 Python 中访问数据库需要接口程序,接口程序是一个 Python 模块,它提供数据库客户端(通常用 C 语言编写)的接口以供访问,所有的 Python 接口程序都在一定程度上遵守 Python DB-API 规范。

8.2　结构化查询语言

视频讲解

数据库命令和查询操作需要通过 SQL 来执行,SQL(Structured Query Language,结构化查询语言)是通用的关系型数据库操作语言,可以查询、定义、操纵和控制数据库。SQL 是一种非过程化语言。

8.2.1　数据表的建立和删除

CREATE TABLE 语句用于创建数据库中的表。它的语法格式为:
CREATE TABLE 表名称
(
列名称 1 数据类型,
列名称 2 数据类型,
列名称 3 数据类型,
…)

【例 8-1】　创建 students 表,该表中包含 stuNumber、stuName、age、sex、score、address、city 字段。

代码如下:

```
CREATE TABLE students
(
stuNumber VARCHAR(12),
stuName VARCHAR(255),
age INTEGER(2),
sex VARCHAR(2),
score INTEGER(4),
address VARCHAR(255),
city VARCHAR(255)
)
```

DROP TABLE 语句用于删除表(表的结构、属性以及索引也会被删除),它的语法格式为:
DROP TABLE 表名称

【例 8-2】 删除 students 表。

代码如下：

```
DROP TABLE students
```

8.2.2 查询语句

SELECT 语句用于从表中选取数据,结果被存储在一个结果表中(称为结果集)。查询语句的语法如下：

SELECT 字段表 FROM 表名 WHERE 查询条件 GROUP BY 分组字段 ORDER BY 字段[ASC|DESC]

查询语句 SELECT 包括字段表、FROM 子句和 WHERE 子句,它们分别说明所查询的列、查询的表或视图,以及搜索条件等。

1. 字段表

字段表指出所查询的列,它可以是一组列名、星号、表达式、变量等。

【例 8-3】 查询 students 表中所有列的数据。

代码如下：

```
SELECT * FROM students
```

【例 8-4】 查询 students 表中所有记录的 stuName、stuNumber 字段内容。

代码如下：

```
SELECT stuName,stuNumber FROM students
```

2. WHERE 子句

WHERE 子句用于设置查询条件,过滤掉不需要的数据行。WHERE 子句可包括各种条件运算符。

(1) 比较运算符(大小比较)：>、>=、=、<、<=、<>、!>、!<。

【例 8-5】 查找 students 表中姓名为"李四"的学生的学号。

代码如下：

```
SELECT stuNumber FROM students WHERE stuName = '李四'
```

(2) 范围运算符(表达式的值是否在指定的范围内)：BETWEEN…AND…、NOT BETWEEN…AND…。

【例 8-6】 查找 students 表中年龄在 18～20 岁的学生的姓名。

代码如下：

```
SELECT stuName FROM students WHERE age BETWEEN 18 AND 20
```

(3) 列表运算符(判断表达式是否为列表中的指定项)：IN (项 1,项 2…)、NOT IN (项 1,项 2…)。

【例8-7】 查找 students 表中籍贯在"河南"或"北京"的学生的姓名。

代码如下：

```
SELECT stuName FROM students WHERE city IN ('Henan','BeiJing')
```

（4）逻辑运算符（用于多条件的逻辑连接）：NOT、AND、OR。

【例8-8】 查找 students 表中年龄大于 18 岁的女生的姓名。

代码如下：

```
SELECT stuName FROM students WHERE age > 18 AND sex = '女'
```

（5）模式匹配符（判断值是否与指定的字符通配格式相符）：LIKE 和 NOT LIKE，常用于模糊查找，判断列值是否与指定的字符串格式相匹配。

【例8-9】 查找 students 表中姓周的所有学生的信息。

代码如下：

```
SELECT * FROM students WHERE stuName LIKE "周 % %"
```

说明：%可匹配任意类型和长度的字符，如果是中文，使用两个百分号，即%%。

【例8-10】 查找 students 表中成绩为 80～90 的所有学生的信息。

代码如下：

```
SELECT * FROM students WHERE score LIKE [80 - 90]
```

说明：[]指定一个字符、字符串或范围，要求所匹配对象为它们中的任意一个。[^]要求所匹配对象为指定字符以外的任意一个字符。

3. GROUP BY 子句

GROUP BY 子句结合聚合函数，可以根据一个或多个列对结果集进行分组。

【例8-11】 统计 students 表中所有女生的平均成绩。

代码如下：

```
SELECT sex,Avg(score) AS 平均成绩 FROM students GROUP BY sex WHERE sex = '女'
```

说明：常用的聚合函数如表 8-1 所示。

表 8-1 常用的聚合函数

函　　数	作　　用	函　　数	作　　用
Sum(列名)	求和	Avg(列名)	求平均值
Max(列名)	求最大值	Count(列名)	统计记录数
Min(列名)	求最小值		

4. 查询结果的排序

使用 ORDER BY 子句将查询返回的结果按一列或多列排序。

【例 8-12】 查找 students 表中的姓名、学号字段,查询结果按照成绩的降序排列。
代码如下:

```
SELECT stuName,stuNumber FROM students ORDER BY score DESC
```

说明:ASC 表示升序,为默认值;DESC 为降序。

8.2.3 添加记录语句

INSERT INTO 语句用于向表格中插入新行。它的语法格式为:
INSERT INTO 数据表(字段 1,字段 2,字段 3,…) VALUES (值 1,值 2,值 3,…)
【例 8-13】 在 students 表中添加一条记录。
代码如下:

```
INSERT INTO students(stuNumber,stuName,age,sex,score,address,city) VALUES('2010005','李帆',19,
'男',92,'Changjiang 12','Zhengzhou')
```

说明:也可以写成"INSERT INTO students VALUES('2010005','李帆',19,'男',92,
'Changjiang 12','Zhengzhou')"。
不指定具体字段名表示将按照数据表中字段的顺序依次添加。

8.2.4 更新语句

UPDATE 语句用于修改表中的数据,其语法格式为:
UPDATE 表名 SET 列名 = 新值 WHERE 列名 = 某值
1) 更新某一行中的某一列
【例 8-14】 将 students 表中性别为"女"的学生的年龄增加一岁。
代码如下:

```
UPDATE students SET age = age + 1 WHERE sex = '女'
```

2) 更新某一行中的若干列
【例 8-15】 将 students 表中"李四"的地址 address 改为"Zhongyuanlu41",并增加城市
city 为 Zhengzhou。
代码如下:

```
UPDATE students SET address = 'Zhongyuanlu41', city = 'Zhengzhou' WHERE stuName = '李四'
```

说明:没有条件则更新整个数据表中指定的字段值。

8.2.5 删除记录语句

DELETE 语句用于删除表中的行。它的语法格式为:

DELETE FROM 表名称 WHERE 列名 = 值

【例 8-16】 在 students 表中删除"张三"对应的记录。

代码如下：

```
DELETE FROM students WHERE stuName = '张三'
```

说明：DELETE FROM students 表示删除表中的所有记录。

8.3 SQLite 数据库简介

视频讲解

8.3.1 SQLite 数据库

Python 自带了一个轻量级的关系型数据库 SQLite。SQLite 是一种嵌入式关系型数据库，该数据库就是一个文件。由于 SQLite 本身是用 C 语言编写的，而且占用的空间很少，所以经常被集成到各种应用程序中，甚至在 iOS 和 Android 的 App 中也可以集成。

SQLite 不需要一个单独的服务器进程或操作系统（无服务器的），也不需要配置，这意味着不需要安装或管理。一个完整的 SQLite 数据库存储在一个单一的跨平台的磁盘文件中。SQLite 是非常小的、轻量级的、自给自足的，不需要任何外部的依赖。SQLite 支持 SQL92（SQL2）标准的大多数查询语言的功能。SQLite 是用 ANSI-C 编写的，并提供了简单和易于使用的 API。另外，SQLite 可在 UNIX（Linux、Mac OS-X、Android、iOS）和 Windows（Win32、WinCE、WinRT）中运行。

8.3.2 SQLite3 的数据类型

大部分 SQL 数据库引擎使用静态数据类型，数据的类型取决于它的存储单元（即所在的列）的类型。SQLite3 采用了动态的数据类型，会根据存入值自动判断。SQLite3 的动态数据类型能够向后兼容其他数据库普遍使用的静态类型，这就意味着在那些使用静态数据类型的数据库上使用的数据表，在 SQLite3 上也能被使用。

每个存放在 SQLite3 数据库中的值都是表 8-2 中的一种存储类型。

表 8-2 存储类型

存 储 类 型	说 明
NULL	空值
INTEGER	带符号整数，根据所存入数值的大小占据 1、2、3、4、6 或者 8 字节
REAL	浮点数，采用 8B（即双精度）的 IEEE 格式表示
TEXT	字符串文本，采用数据库的编码（UTF-8、UTF-16BE 或者 UTF-16LE）
BLOB	无类型，可用于保存二进制文件

实际上，SQLite3 也接收表 8-3 中的数据类型。

表 8-3 数据类型

数 据 类 型	说 明
smallint	16 位整数
integer	32 位整数
decimal(p,s)	p 是精确值,s 是小数的位数
float	32 位实数
double	64 位实数
char(n)	n 长度字符串,n 不能超过 254
varchar(n)	长度不固定,最大字符串长度为 n,n 不超过 4000
graphic(n)	和 char(n)一样,但其单位是两个字符 double-bytes,n 不超过 127(中文字)
vargraphic(n)	可变长度且最大长度为 n
date	包含了年份、月份、日期
time	包含了小时、分钟、秒
timestamp	包含了年、月、日、时、分、秒、千分之一秒

这些数据类型在运算或保存时会转成对应的 5 种存储类型之一。一般情况下,存储类型与数据类型没什么差别,这两个术语可以互换使用。

SQLite 使用弱数据类型,除了被声明为主键的 INTEGER 类型的列外,允许保存任何类型的数据到所想要保存的任何表的任何列中,与列的类型声明无关。事实上,用户完全可以不声明列的类型。对于 SQLite 来说,对字段不指定类型是完全有效的。

8.3.3 SQLite3 的函数

1. SQLite 时间/日期函数

1) datetime():产生日期和时间

格式:datetime(日期/时间,修正符,修正符,…)

例子:select datetime("2012-05-16 00:20:00","3 hour","-12 minute")

结果:2012-05-16 03:08:00

说明:3 hour 和-12 minute 表示可以在基本时间上(datetime 函数的第一个参数)增加或减少一定的时间。

例子:select datetime('now')

结果:2012-05-16 03:23:21

2) date():产生日期

格式:date(日期/时间,修正符,修正符,…)

例子:select date("2012-05-16","1 day","1 year")

结果:2013-05-17

3) time():产生时间

格式:time(日期/时间,修正符,修正符,…)

例如:select time("12:10:30","3 hour","12 minute")

结果:15:22:30

4) strftime():对以上 3 个函数产生的日期和时间进行格式化

格式:strftime(格式,日期/时间,修正符,修正符,…)

说明：strftime()函数可以把 YYYY-MM-DD HH:MM:SS 格式的日期字符串转换成其他形式的字符串。

2. SQLite 算术函数

➤ abs(X)：返回绝对值。

➤ max(X,Y[,…])：返回最大值。

➤ min(X,Y,[,…])：返回最小值。

➤ random(*)：返回随机数。

➤ round(X[,Y])：四舍五入。

3. SQLite 字符串处理函数

➤ length(x)：返回字符串中字符的个数。

➤ lower(x)：大写转小写。

➤ upper(x)：小写转大写。

➤ substr(x,y,Z)：截取子串。

➤ like(A,B)：确定给定的字符串与指定的模式是否匹配。

4. 其他函数

➤ typeof(x)：返回数据的类型。

➤ last_insert_rowid()：返回最后插入数据的 ID。

8.3.4 SQLite3 的模块

Python 标准模块 SQLite3 使用 C 语言实现,提供了访问和操作数据库 SQLite 的各种功能。SQLite3 模块主要包括下列常量、函数和对象。

➤ sqlite3. version：常量,版本号。

➤ sqlite3. connect(database)：函数,链接到数据库,返回 Connect 对象。

➤ sqlite3. connect：数据库连接对象。

➤ sqlite3. cursor：游标对象。

➤ sqlite3. row：行对象。

8.4 Python 的 SQLite3 数据库编程

从 Python 2.5 版本以上内置了 SQLite3,所以在 Python 中使用 SQLite 不需要安装,直接使用即可。SQLite3 数据库使用 SQL。SQLite 作为后端数据库,可以制作有数据存储需求的工具。Python 标准库中的 SQLite3 提供了该数据库的接口。

8.4.1 访问数据库的步骤

从 Python 2.5 开始,SQLite3 就成为 Python 的标准模块,这也是 Python 中唯一的一个数据库接口类模块,这大大方便了用户使用 Python SQLite 数据库开发小型数据库应用系统。

Python 的数据库模块有统一的接口标准,所以数据库操作有统一的模式。操作数据库 SQLite3 主要分为以下几步。

1）导入 Python SQLite 数据库模块

Python 标准库中带有 SQLite3 模块，可以直接导入。

代码如下：

```
import sqlite3
```

2）建立数据库连接，返回 Connection 对象

使用数据库模块的 connect() 函数建立数据库连接，返回连接对象 con。

代码如下：

```
con = sqlite3.connect(connectstring)    ♯连接到数据库,返回 sqlite3.connection 对象
```

说明：connectstring 是连接字符串。对于不同的数据库连接对象，其连接字符串的格式各不相同，sqlite 的连接字符串为数据库的文件名，例如"E:\\test.db"。如果指定连接字符串为 memory，则可以创建一个内存数据库。例如：

```
import sqlite3
con = sqlite3.connect("E:\\test.db")
```

如果"E:\\test.db"存在，则打开数据库；否则在该路径下创建数据库 test.db 并打开。

3）创建游标对象

使用游标对象能够灵活地对从表中检索出的数据进行操作。就本质而言，游标实际上是一种能从包括多条数据记录的结果集中每次提取一条记录的机制。

调用 con.cursor() 函数创建游标对象 cur：

```
cur = con.cursor()       ♯创建游标对象
```

4）使用 Cursor 对象的 execute 执行 SQL 命令返回结果集

调用 cur.execute、cur.executemany、cur.executescript 方法查询数据库。

➢ cur.execute(sql)：执行 SQL 语句。

➢ cur.execute(sql,parameters)：执行带参数的 SQL 语句。

➢ cur.executemany(sql,seq_of_pqrameters)：根据参数执行多次 SQL 语句。

➢ cur.executescript(sql_script)：执行 SQL 脚本。

例如创建一个表 category：

```
cur.execute(''CREATE TABLE category(id PRIMARY KEY,sort,name)'')
```

上述语句将创建一个包含 3 个字段 id、sort 和 name 的表类别 category。下面向表中插入记录：

```
cur.execute("INSERT INTO category VALUES(1, 1, 'computer')")
```

在 SQL 语句的字符串中可以使用占位符"?"表示参数,传递的参数使用元组。例如:

```
cur.execute("INSERT INTO category VALUES(?, ?,?) ",(2, 3, 'literature'))
```

5)获取游标的查询结果集

调用 cur.fetchone、cur.fetchall、cur.fetchmany 返回查询结果。

➤ cur.fetchone():返回结果集的下一行(Row 对象);无数据时返回 None。

➤ cur.fetchall():返回结果集的剩余行(Row 对象列表),无数据时返回空 List。

➤ cur.fetchmany():返回结果集的多行(Row 对象列表),无数据时返回空 List。

例如:

```
cur.execute("SELECT * FROM catagory")
print(cur.fetchall())          # 提取查询到的数据
```

返回结果如下:

```
[(1, 1, 'computer'), (2, 2, 'literature')]
```

如果使用 cur.fetchone(),则首先返回列表中的第一项,再次使用,返回第二项,依次进行。另外也可以直接使用循环输出结果。例如:

```
for row in cur.execute("SELECT * FROM catagory"):
   print(row[0],row[1])
```

6)数据库的提交和回滚

根据数据库事务隔离级别的不同,可以提交或回滚。

➤ con.commit():事务提交。

➤ con.rollback():事务回滚。

7)关闭 Cursor 对象和 Connection 对象

最后需要关闭打开的 Cursor 对象和 Connection 对象。

➤ cur.close():关闭 Cursor 对象。

➤ con.close():关闭 Connection 对象。

8.4.2 创建数据库和表

【例 8-17】 创建数据库 sales,并在其中创建表 book,表中包含 id、price 和 name 3 列,其中 id 为主键(PRIMARY KEY)。

```
# 导入 Python SQLite 数据库模块
import sqlite3
# 创建 SQLite 数据库
con = sqlite3.connect("E:\\sales.db")
# 创建表 book,包含 3 个列,即 id、price 和 name
con.execute("CREATE TABLE book(id PRIMARY KEY,price,name)")
```

213

第 8 章

说明：Connection 对象的 execute()方法是 Cursor 对象对应方法的快捷方式，系统会创建一个临时 Cursor 对象，然后调用对应的方法，并返回 Cursor 对象。

8.4.3　数据库的插入、更新和删除操作

在数据库表中插入、更新、删除记录的一般步骤为：

(1) 建立数据库连接。

(2) 创建游标对象 cur，使用 cur.execute(sql)执行 SQL 的 INSERT、UPDATE、DELETE 等语句完成数据库记录的插入、更新、删除操作，并根据返回值判断操作结果。

(3) 提交操作。

(4) 关闭数据库。

【例 8-18】　数据库表记录的插入、更新和删除操作。

代码如下：

```
import sqlite3
books = [("021",25,"大学计算机"),("022",30, "大学英语"),("023",18, "艺术欣赏 "),( "024",
35, "高级语言程序设计")]
#打开数据库
con = sqlite3.connect("E:\\sales.db")
#创建游标对象
cur = con.cursor()
#插入一行数据
cur.execute("INSERT INTO book(id,price,name) VALUES('001',33,'多媒体技术')")
cur.execute("INSERT INTO book(id,price,name) VALUES(?,?,?) " ,("002",28,"数据库基础"))
#插入多行数据
cur.executemany("INSERT INTO book(id,price,name) VALUES(?,?,?) ",books)
#修改一行数据
cur.execute("UPDATE book SET price = ? WHERE name = ? ",(25,"大学英语"))
#删除一行数据
n = cur.execute("DELETE FROM book WHERE price = ?",(25,))
print("删除了",n.rowcount,"行记录")
con.commit()                    #提交,否则没有实现插入、更新操作
cur.close()
con.close()
```

运行结果如下：

```
删除了 2 行记录
```

8.4.4　数据库表的查询操作

查询数据库的步骤为：

(1) 建立数据库连接。

(2) 创建游标对象 cur，使用 cur.execute(sql)执行 SQL 的 SELECT 语句。

(3) 循环输出结果。

```
import sqlite3
#打开数据库
con = sqlite3.connect("E:\\sales.db")
#创建游标对象
cur = con.cursor()
#查询数据库表
cur.execute("SELECT id,price,name FROM book")
for row in cur:
    print(row)
```

运行结果如下:

```
('001', 33, '多媒体技术')
('002', 28, '数据库基础')
('023', 18, '艺术欣赏 ')
('024', 35, '高级语言程序设计')
```

8.4.5 数据库使用实例

【例 8-19】 设计一个学生通讯录,可以添加、删除、修改里面的信息。

代码如下:

视频讲解

```
import sqlite3
#打开数据库
def opendb():
        conn = sqlite3.connect("E:\\mydb.db")
        cur = conn.execute("""CREATE TABLE if not exists tongxunlu(usernum integer PRIMARY
KEY,username VARCHAR(128), password VARCHAR(128), address VARCHAR(125), telnum VARCHAR
(128))""")
        return cur, conn
#查询全部信息
def showalldb():
        print("-------------------- 处理后的数据 -------------------- ")
        hel = opendb()
        cur = hel[1].cursor()
        cur.execute("SELECT * FROM tongxunlu")
        res = cur.fetchall()
        for line in res:
                for h in line:
                        print(h),
                print
        cur.close()
#输入信息
def into():
        usernum = input("请输入学号: ")
```

215

第 8 章

Python 数据库应用

```python
        username1 = input("请输入姓名: ")
        password1 = input("请输入密码: ")
        address1 = input("请输入地址: ")
        telnum1 = input("请输入联系电话: ")
        return usernum,username1, password1, address1, telnum1
# 往数据库中添加内容
def adddb():
        welcome = """---------------- 欢迎使用添加数据功能 ------------------"""
        print(welcome)
        person = into()
        hel = opendb()
        hel[1].execute("INSERT INTO tongxunlu(usernum,username, password, address, telnum)
VALUES (?,?,?,?,?)",(person[0], person[1], person[2], person[3],person[4]))
        hel[1].commit()
        print ("----------------- 恭喜你,数据添加成功 ----------------- ")
        showalldb()
        hel[1].close()
# 删除数据库中的内容
def deldb():
        welcome = "----------------- 欢迎使用删除数据库功能 ------------------"
        print(welcome)
        delchoice = input("请输入想要删除的学号: ")
        hel = opendb()          # 返回游标 conn
        hel[1].execute("DELETE FROM tongxunlu WHERE usernum = " + delchoice)
        hel[1].commit()
        print ("----------------- 恭喜你,数据删除成功 ----------------- ")
        showalldb()
        hel[1].close()
# 修改数据库的内容
def alter():
        welcome = "-------------------- 欢迎使用修改数据库功能 ---------------- "
        print(welcome)
        changechoice = input("请输入想要修改的学生的学号:")
        hel = opendb()
        person = into()
        hel[1].execute("UPDATE tongxunlu SET usernum = ?, username = ?, password = ?,address = ?,
telnum = ? WHERE usernum = " + changechoice, (person[0], person[1], person[2], person[3],
person[4]))
        hel[1].commit()
        showalldb()
        hel[1].close()
# 查询数据
def searchdb():
        welcome = "-------------------- 欢迎使用查询数据库功能 ---------------- "
        print(welcome)
        choice = input("请输入想要查询的学生的学号: ")
        hel = opendb()
```

```
        cur = hel[1].cursor()
        cur.execute("SELECT * FROM tongxunlu WHERE usernum = " + choice)
        hel[1].commit()
        print(" ---------------- 恭喜你,你要查找的数据如下 ---------------- ")
        for row in cur:
            print(row[0],row[1],row[2],row[3],row[4])
        cur.close()
        hel[1].close()
#是否继续
def conti():
        choice = input("是否继续?(y or n):")
        if choice == 'y':
                a = 1
        else:
                a = 0
        return a
if __name__ == "__main__":
        flag = 1
        while flag:
                welcome = " --------- 欢迎使用数据库通讯录 --------- "
                print(welcome)
                choiceshow = """
                        请你进一步选择:
                        (添加)往通讯录数据库里面添加内容
                        (删除)删除通讯录的内容
                        (修改)修改通讯录的内容
                        (查询)查询通讯录的内容
                        选择你想要进行的操作:
                        """
                choice = input(choiceshow)
                if choice == "添加":
                        adddb()
                        flag = conti()
                elif choice == "删除":
                        deldb()
                        flag = conti()
                elif choice == "修改":
                        alter()
                        flag = conti()
                elif choice == "查询":
                        searchdb()
                        flag = conti()
                else:
                        print("你输入错误,请重新输入")
```

程序运行界面及添加记录界面如图 8-2 所示。

图 8-2   程序运行界面及添加记录界面

视频讲解

8.5   Python 数据库应用案例——智力问答游戏

智力问答游戏的内容涉及历史、经济、风情、民俗、地理、人文等多个方面,让玩家在轻松娱乐、益智的同时不知不觉增长知识。在答题过程中对于做对、做错可以实时反馈。

程序使用一个 SQLite 试题库 test2.db,其中每个智力问答由题目、4 个选项和正确答案(question、Answer_A、Answer_B、Answer_C、Answer_D、right_Answer)组成。在测试时,程序从试题库中顺序读出题目供用户答题,并根据用户的答题情况给出成绩。程序的运行界面如图 8-3 所示。

图 8-3   智力问答游戏程序的运行界面

程序代码如下:

```
import sqlite3                    ♯导入 SQLite 驱动
♯连接到 SQLite 数据库,数据库文件是 test2.db
♯如果文件不存在,会自动在当前目录创建
conn = sqlite3.connect('test2.db')
cursor = conn.cursor()           ♯创建一个 Cursor
```

```
# cursor.execute("DELETE FROM exam")
# 执行一条 SQL 语句, 创建 exam 表, 字段名的方括号可以不写
cursor.execute('CREATE TABLE [exam] ([question] VARCHAR(80) NULL, [Answer_A] VARCHAR(50)
NULL, [Answer_B] VARCHAR(50) NULL, [Answer_C] VARCHAR(50) NULL, [Answer_D] VARCHAR(50) NULL,
[right_Answer] VARCHAR(1) NULL)')
# 继续执行一条 SQL 语句, 插入一条记录
cursor.execute(" INSERT INTO exam(question, Answer_A, Answer_B, Answer_C, Answer_D, right_
Answer) VALUES ('哈雷彗星的平均周期为', '54 年', '56 年', '73 年', '83 年', 'C')")
cursor.execute(" INSERT INTO exam(question, Answer_A, Answer_B, Answer_C, Answer_D, right_
Answer) VALUES ('夜郎自大中"夜郎"指的是现在哪个地方?', '贵州', '云南', '广西', '福建', 'A')")
cursor.execute(" INSERT INTO exam(question, Answer_A, Answer_B, Answer_C, Answer_D, right_
Answer) VALUES ('在中国历史上是谁发明了麻药', '孙思邈', '华佗', '张仲景', '扁鹊', 'B')")
cursor.execute(" INSERT INTO exam(question, Answer_A, Answer_B, Answer_C, Answer_D, right_
Answer) VALUES ('京剧中花旦是指', '年轻男子', '年轻女子', '年长男子', '年长女子', 'B')")
cursor.execute(" INSERT INTO exam(question, Answer_A, Answer_B, Answer_C, Answer_D, right_
Answer) VALUES ('篮球比赛每队几人?', '4', '5', '6', '7', 'B')")
cursor.execute(" INSERT INTO exam(question, Answer_A, Answer_B, Answer_C, Answer_D, right_
Answer) VALUES ('在天愿作比翼鸟,在地愿为连理枝。讲述的是谁的爱情故事?', '焦仲卿和刘兰芝',
'梁山伯与祝英台', '崔莺莺和张生', '杨贵妃和唐明皇', 'D')")
print(cursor.rowcount)          # 通过 rowcount 获得插入的行数
cursor.close()                  # 关闭 Cursor
conn.commit()                   # 提交事务
conn.close()                    # 关闭 Connection
```

以上代码完成数据库 test2.db 的建立。下面实现智力问答游戏程序的功能:

```
conn = sqlite3.connect('test2.db')
cursor = conn.cursor()
# 执行查询语句
cursor.execute('SELECT * FROM exam')
# 获得查询结果集
values = cursor.fetchall()
cursor.close()
conn.close()
```

以上代码完成从数据库 test2.db 中读取试题信息, 存储到 values 列表中。

callNext()实现判断用户选择的正误, 正确加 10 分, 错误不加分, 并判断用户是否做完, 如果没做完则将下一题的题目信息显示到 timu 标签, 将 4 个选项显示到 radio1~radio4 这 4 个单选按钮上。

代码如下:

```
import tkinter
from tkinter import *
from tkinter.messagebox import *
def callNext():
    global k
    global score
```

```
        useranswer = r.get()                          # 获取用户的选择
        print(r.get())                                # 获取被选中单选按钮变量的值
        if useranswer == values[k][5]:
            showinfo("恭喜","恭喜你对了!")
            score += 10
        else:
            showinfo("遗憾","遗憾你错了!")
        k = k + 1
        if k >= len(values):                          # 判断用户是否做完
            showinfo("提示","题目做完了")
            return
        # 显示下一题
        timu["text"] = values[k][0]                   # 题目信息
        radio1["text"] = values[k][1]                 # A 选项
        radio2["text"] = values[k][2]                 # B 选项
        radio3["text"] = values[k][3]                 # C 选项
        radio4["text"] = values[k][4]                 # D 选项
        r.set('E')
def callResult():
    showinfo("你的得分",str(score))
```

以下是界面布局的代码:

```
root = tkinter.Tk()
root.title('Python 智力问答游戏')
root.geometry("500x200")
r = tkinter.StringVar()                               # 创建 StringVar 对象
r.set('E')                                            # 设置初始值为'E',初始没选中
k = 0
score = 0
timu = tkinter.Label(root,text = values[k][0])        # 题目
timu.pack()
f1 = Frame(root)                                      # 创建第一个 Frame 组件
f1.pack()
radio1 = tkinter.Radiobutton(f1,variable = r,value = 'A',text = values[k][1])
radio1.pack()
radio2 = tkinter.Radiobutton(f1,variable = r,value = 'B',text = values[k][2])
radio2.pack()
radio3 = tkinter.Radiobutton(f1,variable = r,value = 'C',text = values[k][3])
radio3.pack()
radio4 = tkinter.Radiobutton(f1,variable = r,value = 'D',text = values[k][4])
radio4.pack()
f2 = Frame(root)                                      # 创建第二个 Frame 组件
f2.pack()
Button(f2,text = '下一题',command = callNext).pack(side = LEFT)
Button(f2,text = '结果',command = callResult).pack(side = LEFT)
root.mainloop()
```

8.6 习 题

一、简答题

1. 什么是 Python DB-API? 它有什么作用?

2. SQLite 支持哪几类数据类型? SQLite3 包含哪些常量、函数和对象?

3. 使用 SQLite3 模块操作数据的典型步骤是什么?

4. 游标对象的 fetch * 系列方法有什么不同?

二、操作题

1. 创建一个数据库 stuinfo,在其中创建数据库表 student,表中包含 stuid(学号)、stuname(姓名)、birthday(出生日期)、sex(性别)、address(家庭地址)、rxrq(入学日期)6 列,将 stuid 设为主键,并添加 5 条记录。

2. 将第 1 题中所有记录的 rxrq 属性更新为 2016-9-1。

3. 查询第 2 题中性别为"女"的所有学生的 stuname 和 address 字段值。

4. 创建商品数据库 commodity,在其中创建商品信息表 info,表中包含 num(商品编号)、cname(商品名称)、brand(品牌)、price(价格)、spokesman(代言人)5 个字段,将 num 设为主键,并完成以下操作:

(1) 向 info 表中添加 5 条记录,将最后一条记录的 spokesman 字段设置为你的姓名。

(2) 查询 info 表中 cname 字段为"冰箱"并且 price>2000 的所有记录,并输出相关记录信息。

(3) 删除 info 表中 price 字段值大于 5000 的所有记录,并显示删除的记录数量。

第9章   网络编程和多线程

Python 提供了用于网络编程和通信的各种模块，可以使用 socket 模块进行基于套接字的底层网络编程。Socket 是计算机之间进行网络通信的一套程序接口，计算机之间的通信都必须遵守 Socket 接口的相关要求。Socket 对象是网络通信的基础，相当于一个管道连接了发送端和接收端，并在两者之间相互传递数据。Python 语言对 Socket 进行了二次封装，简化了程序开发的步骤，大大提高了开发的效率。本章主要介绍 Socket 程序的开发，讲述常见的两种通信协议 TCP 和 UDP 的发送和接收的实现，同时介绍多线程并发问题的处理。

9.1　网络编程基础

9.1.1　TCP/IP

计算机为了联网，必须规定通信协议，早期的计算机网络都是由各厂商自己规定一套协议。例如 IBM、Apple 和 Microsoft 公司都有各自的网络协议，互不兼容，这就好比一群人，有的说英语，有的说中文，有的说德语，说同一种语言的人可以交流，说不同语言的人不能交流。

为了把全世界所有不同类型的计算机都连接起来，必须规定一套全球通用的协议，为了实现互联网这个目标，国际标准化组织 ISO 制定了开放系统互连（OSI）参考模型，将其作为互联网协议标准，如图 9-1 所示。因为互联网协议包含了上百种协议标准，但是最重要的两个协议是 TCP 和 IP，所以通常把互联网的协议简称为 TCP/IP。

图 9-1　互联网协议

9.1.2 IP

在通信的时候,双方必须知道对方的标识,例如发邮件必须知道对方的邮件地址。互联网上每台计算机的唯一标识就是 IP 地址,类似 123.123.123.123。如果一台计算机同时接入两个或更多的网络,例如路由器,它就会有两个或多个 IP 地址,所以 IP 地址对应的实际上是计算机的网络接口,通常是网卡。

IP(网络之间互联的协议)负责把数据从一台计算机通过网络发送到另一台计算机。数据被分割成一小块一小块,然后通过 IP 包发送出去。由于互联网的链路复杂,两台计算机之间经常有多条线路,所以路由器决定如何把一个 IP 包转发出去。IP 包的特点是按块发送,途经多个路由,但不保证能到达,也不保证顺序到达。

IP 地址是一个 32 位整数(称为 IPv4)、以字符串表示的地址,类似 192.168.0.1,实际上是把 32 位整数按 8 位分组后的数字表示,目的是便于阅读。

IPv6 地址实际上是一个 128 位整数,它是目前使用的 IPv4 的升级版,以字符串表示,类似于 2001:0db8:85a3:0042:1000:8a2e:0370:7334。

9.1.3 TCP 和 UDP

TCP(传输控制协议)是建立在 IP 之上的。TCP 负责在两台计算机之间建立可靠的连接,保证数据包按顺序到达。TCP 会通过握手建立连接,然后对每个 IP 包编号,确保对方按顺序收到,如果包丢了,就自动重发。

许多常用的更高级的协议都是建立在 TCP 基础之上的,例如用于浏览器的 HTTP、发送邮件的 SMTP 等。

UDP(用户数据报协议)同样是建立在 IP 之上的,但 UDP 是面向无连接的通信协议,不保证数据包的顺利到达,是不可靠传输,所以效率比 TCP 高。

9.1.4 端口

一个 IP 包除了包含要传输的数据外,还包含源 IP 地址和目标 IP 地址、源端口和目标端口。

端口有什么作用? 在两台计算机通信时只发 IP 地址是不够的,因为同一台计算机上运行着多个网络程序(例如浏览器、QQ 等网络程序),一个 IP 包来了之后,到底是交给浏览器还是 QQ,就需要通过端口号来区分。每个网络程序都向操作系统申请唯一的端口号,这样两个进程在两台计算机之间建立网络连接时就需要各自的 IP 地址和各自的端口号。例如,浏览器经常使用 80 端口,FTP 程序使用 21 端口,邮件收发使用 25 端口。

网络上两台计算机之间的数据通信归根结底就是不同主机的进程交互,而每台主机的进程都对应着某个端口。也就是说,单独靠 IP 地址是无法完成通信的,必须要有 IP 和端口。

9.1.5 Socket

Socket 是网络编程的一个抽象概念。Socket 是套接字的英文名称,主要用于网络通信编程。在 20 世纪 80 年代初,美国国防部高级研究项目机构(ARPA)给加利福尼亚大学的伯克利分校提供了资金,让他们在 UNIX 操作系统下实现 TCP/IP。在这个项目中,研究人员为 TCP/IP 网络通信开发了一个 API(应用程序接口)。这个 API 称为 Socket(套接字),Socket 是 TCP/IP 网络最为通用的 API。任何网络通信都是通过 Socket 来完成的。

通常用一个 Socket 表示"打开了一个网络连接",而打开一个 Socket 需要知道目标计算机的 IP 地址和端口号,再指定协议类型即可。

套接字构造函数 socket(family,type[,protocal])使用给定的套接字家族、套接字类型、协议编号来创建套接字。

对其参数说明如下。

➢ family:套接字家族,可以使用 AF_UNIX 或者 AF_INET、AF_INET6。
➢ type:套接字类型,可以根据是面向连接还是非连接分为 SOCK_STREAM 或 SOCK_DGRAM。
➢ protocol:一般不填,默认为 0。

参数的取值如表 9-1 所示。

表 9-1　参数的取值

参数的取值	描　　述
socket. AF_UNIX	只能够用于单一的 UNIX 系统进程间的通信
socket. AF_INET	服务器之间的网络通信
socket. AF_INET6	IPv6
socket. SOCK_STREAM	流式 Socket ,针对 TCP
socket. SOCK_DGRAM	数据报式 Socket ,针对 UDP
socket. SOCK_RAW	原始套接字,普通的套接字无法处理 ICMP、IGMP 等网络报文,而 SOCK_RAW 可以;SOCK_RAW 也可以处理特殊的 IPv4 报文;此外,利用原始套接字,可以通过 IP_HDRINCL 套接字选项由用户构造 IP 头
socket. SOCK_SEQPACKET	可靠的连续数据包服务

例如创建 TCP Socket:

```
s = socket.socket(socket.AF_INET,socket.SOCK_STREAM)
```

创建 UDP Socket:

```
s = socket.socket(socket.AF_INET,socket.SOCK_DGRAM)
```

Socket 同时支持数据流 Socket 和数据报 Socket。图 9-2、图 9-3 是利用 Socket 进行通信连接的过程框图。其中图 9-2 是面向连接支持数据流 TCP 的时序图,图 9-3 是无连接数据报 UDP 的时序图。

由图 9-2 和图 9-3 可以看出,客户机(Client)与服务器(Server)的关系是不对称的。

对于 TCP C/S,服务器首先启动,然后在某个时刻启动客户机与服务器建立连接。服务器与客户机开始都必须调用 Socket()建立一个套接字 Socket,然后服务器调用 Bind()将套接字与一个本机指定端口绑定在一起,再调用 Listen()使套接字处于一种被动的准备接收状态,这时客户机建立套接字便可以通过调用 Connect() 和服务器建立连接,服务器就可以调用 Accept() 来接收客户机连接。然后继续侦听指定端口,并发出阻塞,直到下一个请求出现,从而实现多个客户机的连接。在连接建立之后,客户机和服务器之间就可以通过连接发送和接收数据。最后,待数据传送结束,双方调用 Close() 关闭套接字。

图 9-2　面向连接支持数据流 TCP 的时序图

图 9-3　无连接数据报 UDP 的时序图

对于 UDP C/S,客户机并不与服务器建立一个连接,而仅调用函数 SendTo() 给服务器发送数据报。相似地,服务器也不从客户端接收一个连接,而只是调用函数 ReceiveFrom() 等待从客户端发来的数据。依照 ReceiveFrom() 得到的协议地址以及数据报,服务器就可以给客户发送一个应答。

在 Python 的 socket 模块中,Socket 对象提供的函数如表 9-2 所示。

表 9-2　Socket 对象提供的函数

函　　数	描　　述
服务器端套接字函数	
s. bind(host,port)	绑定地址(host,port)到套接字,在 AF_INET 下以元组(host,port)的形式表示地址
s. listen(backlog)	开始 TCP 监听。backlog 指定在拒绝连接之前可以达到的最大连接数量。该值至少为 1,大部分应用程序设为 5 就可以了
s. accept()	被动接受 TCP 客户端连接,(阻塞式)等待连接的到来
客户端套接字函数	
s. connect(address)	主动与 TCP 服务器连接。一般 address 的格式为元组(hostname,port),如果连接出错,则返回 socket.error 错误
s. connect_ex()	connect()函数的扩展版本,出错时返回出错码,而不是抛出异常
公共用途的套接字函数	
s. recv(bufsize,[,flag])	接收 TCP 数据,数据以字节串形式返回。bufsize 指定要接收的最大数据量。flag 提供有关消息的其他信息,通常可以忽略
s. send(data)	发送 TCP 数据,将 data 中的数据发送到连接的套接字。其返回值是要发送的字节数量,该数量可能小于 data 的字节大小
s. sendall(data)	完整地发送 TCP 数据,将 data 中的数据发送到连接的套接字,但在返回之前会尝试发送所有数据。若成功则返回 None;若失败则抛出异常
s. recvform(bufsize,[,flag])	接收 UDP 数据,与 recv()类似,但返回值是(data,address)。其中 data 是包含接收数据的字节串,address 是发送数据的套接字地址
s. sendto(data,address)	发送 UDP 数据,将数据发送到套接字,address 是形式为(ip,port)的元组,指定远程地址。其返回值是发送的字节数
s. close()	关闭套接字
s. getpeername()	返回连接套接字的远程地址。其返回值通常是元组(ipaddr,port)
s. getsockname()	返回套接字自己的地址。通常是一个元组(ipaddr,port)
s. setsockopt(level,optname,value)	设置给定套接字选项的值
s. getsockopt(level,optname)	返回套接字选项的值
s. settimeout(timeout)	设置套接字操作的超时时间。timeout 是一个浮点数,单位是秒。值为 None 表示没有超时时间。一般地,超时时间应该在刚创建套接字时设置,因为它们可能用于连接的操作,例如 connect()
s. gettimeout()	返回当前超时时间的值,单位是秒,如果没有设置超时时间,则返回 None
s. fileno()	返回套接字的文件描述符
s. setblocking(flag)	如果 flag 为 0,则将套接字设为非阻塞模式,否则将套接字设为阻塞模式(默认值)。在非阻塞模式下,如果调用 recv()没有发现任何数据,或调用 send()无法立即发送数据,那么将引起 socket.error 异常
s. makefile()	创建一个与该套接字相关联的文件

在了解 TCP/IP 的基本概念、IP 地址、端口的概念和 Socket 之后,就可以开始进行网络编程了。下面采用不同协议类型来开发网络通信程序。

9.2 TCP 编程

视频讲解

在日常生活中大多数连接都是可靠的 TCP 连接。在创建 TCP 连接时,主动发起连接的叫客户端,被动响应连接的叫服务器端。

9.2.1 TCP 客户端编程

举个例子,当在浏览器中访问新浪网时,自己的计算机就是客户端,浏览器会主动向新浪网的服务器端发起连接。如果一切顺利,新浪的服务器接收了我们的连接,一个 TCP 连接就建立起来,后面的通信就是发送网页内容了。

【例 9-1】 访问新浪的 TCP 客户端程序。

获取新浪网页客户端程序的整个代码:

```
import socket                                              ＃导入 socket 模块
s = socket.socket(socket.AF_INET, socket.SOCK_STREAM)      ＃创建一个 Socket
s.connect(('www.sina.com.cn', 80))                         ＃建立与新浪网站的连接
＃发送数据请求
s.send(b'GET / HTTP/1.1\r\nHost: www.sina.com.cn\r\nConnection: close\r\n\r\n')
＃接收数据
buffer = []
while True:
    d = s.recv(1024)                                       ＃每次最多接收服务器端 1KB 数据
    if d:                                                  ＃是否为空数据
        buffer.append(d)                                   ＃将字节串增加到列表中
    else:
        break                                              ＃返回空数据,表示接收完毕,退出循环
data = b''.join(buffer)
header, html = data.split(b'\r\n\r\n', 1)
print(header.decode('utf-8'))
＃把接收的数据写入文件
with open('sina.html', 'wb') as f:
    f.write(html)
```

在代码中首先要创建一个基于 TCP 连接的 Socket:

```
import socket                                              ＃导入 socket 模块
s = socket.socket(socket.AF_INET, socket.SOCK_STREAM)      ＃创建一个 Socket
s.connect(('www.sina.com.cn', 80))                         ＃建立与新浪网站的连接
```

在创建 Socket 时,AF_INET 指定使用 IPv4,如果要用更先进的 IPv6,就指定为 AF_INET6。SOCK_STREAM 指定使用面向流的 TCP,这样一个 Socket 对象就创建成功,但是还没有建立连接。

客户端要主动发起 TCP 连接,必须知道服务器的 IP 地址和端口号。新浪网站的 IP 地址可以用域名 www.sina.com.cn 自动转换为 IP 地址,但是怎么知道新浪网服务器的端口号呢?

网络编程和多线程

答案是作为服务器,提供什么样的服务,端口号必须固定下来。由于想要访问网页,所以新浪网提供网页服务的服务器必须把端口号固定在 80 端口,因为 80 端口是 Web 服务的标准端口。其他服务都有对应的标准端口号,例如 SMTP 服务是 25 端口,FTP 服务是 21 端口,等等。端口号小于 1024 的是 Internet 标准服务的端口,端口号大于 1024 的可以任意使用。

因此,连接新浪网服务器的代码如下:

```
s.connect(('www.sina.com.cn', 80))
```

注意:参数是一个元组,包含地址和端口号。

在建立 TCP 连接后,就可以向新浪网的服务器发送请求,要求返回首页的内容:

```
#发送数据请求
s.send(b'GET / HTTP/1.1\r\nHost: www.sina.com.cn\r\nConnection: close\r\n\r\n')
```

TCP 连接创建的是双向通道,双方都可以同时给对方发数据。但是谁先发谁后发,怎么协调,要根据具体的协议来决定。例如,HTTP 规定客户端必须先发请求给服务器端,服务器端收到后才发数据给客户端。

发送的文本格式必须符合 HTTP 标准,如果格式没问题,接下来就可以接收新浪网服务器返回的数据了:

```
#接收数据
buffer = []
while True:
    d = s.recv(1024)            #每次最多接收 1KB 数据
    if d:                       #是否为空数据
        buffer.append(d)        #将字节串增加到列表中
    else:
        break                   #返回空数据,表示接收完毕,退出循环
data = b''.join(buffer)
```

在接收数据时,调用 recv(max)方法指定一次最多接收的字节数,因此在一个 while 循环中反复接收,直到 recv()返回空数据,表示接收完毕,退出循环。

在 data = b''.join(buffer)语句中,b''是一个空字节,join()是连接列表的函数,buffer 是一个字节串的列表,使用空字节把 buffer 这个字节列表连接在一起,成为一个新的字节串。这是 Python 3 的新功能,在以前的版本中 join()函数只能连接字符串,现在可以连接字节串了。

在接收完数据后,调用 close()方法关闭连接,这样一次完整的网络通信就结束了。

```
s.close()            #关闭连接
```

接收到的数据包括 HTTP 头和网页本身,只需要把 HTTP 头和网页分离,把 HTTP 头打印出来,把网页内容保存到文件:

```
header, html = data.split(b'\r\n\r\n', 1)    #以'\r\n\r\n'分割,且仅分割一次
print(header.decode('utf-8'))                #decode('utf-8')以 utf-8 编码将字节串转换成字符串
#把接收的数据写入文件
with open('sina.html', 'wb') as f:           #以写方式打开文件 sina.html,即可以写入信息
    f.write(html)
```

现在,只需要在浏览器中打开 sina.html 文件就可以看到新浪首页。新浪网站现已改成 HTTPS 安全传输协议,HTTPS 在 HTTP 的基础上加入 SSL 协议,SSL 协议依靠证书验证服务器的身份,并为浏览器和服务器之间的通信加密。读者可以换成其他网站(例如当当网 www.dangdang.com),这样仍可以采用 HTTP 传输协议测试本例。

HTTPS 传输协议需要使用 ssl 模块,HTTPS 协议访问新浪网站的代码做如下修改:

```
import socket                                        #导入 socket 模块
import ssl
#s = socket.socket(socket.AF_INET,socket.SOCK_STREAM)    #创建一个 Socket
s = ssl.wrap_socket(socket.socket())
s.connect(('www.sina.com.cn', 443))                  #建立与新浪网站的连接
```

9.2.2 TCP 服务器端编程

服务器端编程和客户端编程相比要复杂一些。服务器端进程首先要绑定一个端口并监听来自其他客户端的连接。如果某个客户端连接过来了,服务器就与该客户端建立 Socket 连接,随后的通信就靠这个 Socket 连接了。

所以,服务器端会打开固定端口(例如 80)监听,每来一个客户端连接,就创建该 Socket 连接。由于服务器端会有大量来自客户端的连接,所以服务器端要能够区分一个 Socket 连接是和哪个客户端绑定的。一个 Socket 依赖 4 项——服务器端地址、服务器端端口、客户端地址、客户端端口来唯一确定一个 Socket。

但是服务器端还需要同时响应多个客户端的请求,所以每个连接都需要一个新的进程或者新的线程来处理,否则服务器端一次只能服务一个客户端。

【例 9-2】 编写一个简单的 TCP 服务器端程序,它接收客户端连接,把客户端发过来的字符串加上 Hello 再发回去。

完整的 TCP 服务器端程序如下:

```
import socket                                    #导入 socket 模块
import threading                                 #导入 threading 模块
def tcplink(sock, addr):
    print('接收一个来自%s:%s连接请求' % addr)
    sock.send(b'Welcome!')                       #发给客户端 Welcome!信息
    while True:
        data = sock.recv(1024)                   #接收客户端发来的信息
        time.sleep(1)                            #延时 1s
        if not data or data.decode('utf-8') == 'exit':    #如果没数据或收到'exit'信息
            break                                #终止循环
```

```
          sock.send(('Hello, % s!' % data.decode('utf-8')).encode('utf-8'))
                                                              ♯收到信息加上 Hello 发回
     sock.close()                                            ♯关闭连接
     print('来自 % s: % s 连接关闭了.' % addr)
s = socket.socket(socket.AF_INET, socket.SOCK_STREAM)
s.bind(('127.0.0.1', 8888))                                  ♯监听本机的 8888 端口
s.listen(5)                                                  ♯连接的最大数量为 5
print('等待客户端连接...')
while True:
     sock, addr = s.accept()                                 ♯接收一个新连接
     ♯创建新线程来处理 TCP 连接
     t = threading.Thread(target = tcplink, args = (sock, addr))
     t.start()
```

在程序中首先创建一个基于 IPv4 和 TCP 的 Socket:

```
s = socket.socket(socket.AF_INET, socket.SOCK_STREAM)
```

然后绑定监听的地址和端口。服务器端可能有多块网卡,可以绑定到某一块网卡的 IP 地址上,也可以用 0.0.0.0 绑定到所有的网络地址,还可以用 127.0.0.1 绑定到本机地址。127.0.0.1 是一个特殊的 IP 地址,表示本机地址,如果绑定到这个地址,客户端必须同时在本机上运行才能连接,也就是说外部的计算机无法连接进来。

端口号需要预先指定。因为本例中写的服务不是标准服务,所以用 8888 这个端口号。注意,小于 1024 的端口号必须要有管理员权限才能绑定。

```
♯监听本机的 8888 端口
s.bind(('127.0.0.1', 8888))
```

紧接着,调用 listen()方法开始监听端口,传入的参数指定等待连接的最大数量为 5。

```
s.listen(5)
print('等待客户端连接...')
```

接下来,服务器端程序通过一个无限循环来接收来自客户端的连接,accept()会等待并返回一个客户端的连接。

```
while True:
     ♯接收一个新连接
     sock, addr = s.accept()     ♯sock 是新建的 Socket 对象,服务器通过它与对应的客户端
                                 ♯通信,addr 是 IP 地址
     ♯创建新线程来处理 TCP 连接
     t = threading.Thread(target = tcplink, args = (sock, addr))
     t.start()
```

每个连接都必须创建新线程(或进程)来处理,否则单线程在处理连接的过程中无法接

收其他客户端的连接。

```
def tcplink(sock, addr):
    print('接收一个来自 %s:%s 连接请求' % addr)
    sock.send(b'Welcome!')                            #发给客户端 Welcome!信息
    while True:
        data = sock.recv(1024)                        #接收客户端发来的信息
        time.sleep(1)                                 #延时 1s
        if not data or data.decode('utf-8') == 'exit':  #如果没数据或收到'exit'信息
            break                                     #终止循环
        sock.send(('Hello, %s!' % data.decode('utf-8')).encode('utf-8'))
                                                      #收到信息加上 Hello 发回
    sock.close()                                      #关闭连接
    print('来自 %s:%s 连接关闭了.' % addr)
```

当连接建立后,服务器端首先发一条欢迎消息,然后等待客户端数据,并加上 Hello 再发送给客户端。如果客户端发送了 exit 字符串,直接关闭连接。

要测试这个服务器端程序,还需要编写一个客户端程序:

```
import socket                                         #导入 socket 模块
s = socket.socket(socket.AF_INET, socket.SOCK_STREAM)
s.connect(('127.0.0.1', 8888))                        #建立连接
#打印接收到的欢迎消息
print(s.recv(1024).decode('utf-8'))
for data in [b'Michael', b'Tracy', b'Sarah']:
    s.send(data)                                      #客户端程序发送人名数据给服务器端
    print(s.recv(1024).decode('utf-8'))
s.send(b'exit')
s.close()
```

需要打开两个命令行窗口,一个运行服务器端程序,另一个运行客户端程序,可以看到运行效果如图 9-4 和图 9-5 所示。

图 9-4　服务器端程序效果　　　　　　　图 9-5　客户端程序效果

需要注意的是,客户端程序运行完毕就退出了,而服务器端程序会永远运行下去,必须按快捷键 Ctrl+C 退出程序。

可见,用 TCP 进行 Socket 编程在 Python 中十分简单,对于客户端,要主动连接服务器端的 IP 和指定端口,对于服务器端,要首先监听指定端口,然后对每个新连接创建一个线程或进程来处理。通常服务器端程序会无限运行下去。另外还需注意,同一个端口被一个Socket 绑定了以后,就不能被其他 Socket 绑定了。

网络编程和多线程

9.3 UDP 编程

TCP 建立可靠连接,并且通信双方都可以以流的形式发送数据。相对 TCP 而言,UDP 则是面向无连接的协议。

在使用 UDP 时不需要建立连接,只需要知道对方的 IP 地址和端口号就可以直接发数据包,但是能不能到达就不知道了。虽然用 UDP 传输数据不可靠,但它的优点是和 TCP 相比速度快。对于不要求可靠到达的数据,就可以使用 UDP。

通过 UDP 传输数据和 TCP 类似,使用 UDP 的通信双方也分为客户端和服务器端。

【例 9-3】 编写一个简单的 UDP 演示下棋程序。服务器端把 UDP 客户端发来的下棋 x、y 坐标信息显示出来,并把 x、y 坐标加 1 后(模拟服务器端下棋)再发给 UDP 客户端。

服务器端首先需要绑定 8888 端口:

```
import socket                          ♯导入 socket 模块
s = socket.socket(socket.AF_INET, socket.SOCK_DGRAM)
s.bind(('127.0.0.1', 8888))           ♯绑定端口
```

在创建 Socket 时,SOCK_DGRAM 指定了这个 Socket 的类型是 UDP。绑定端口和 TCP 一样,但是不需要调用 listen()方法,而是直接接收来自任何客户端的数据:

```
print('Bind UDP on 8888...')
while True:
    ♯接收数据
    data, addr = s.recvfrom(1024)
    print('Received from %s: %s.' % addr)
    print('received:',data)
    p = data.decode('utf-8').split(",");    ♯decode()解码,将字节串转换成字符串
    x = int(p[0]);
    y = int(p[1]);
    print(p[0],p[1])
    pos = str(x + 1) + "," + str(y + 1)     ♯模拟服务器端下棋位置
    s.sendto(pos.encode('utf-8'),addr)      ♯发回客户端
```

recvfrom()方法返回数据和客户端的地址与端口,这样服务器端收到数据后,直接调用 sendto()就可以把数据用 UDP 发给客户端。

客户端使用 UDP 时,首先仍然创建基于 UDP 的 Socket,然后不需要调用 connect(),直接通过 sendto()给服务器发数据:

```
import socket                          ♯导入 socket 模块
s = socket.socket(socket.AF_INET, socket.SOCK_DGRAM)
x = input("请输入 x 坐标")
y = input("请输入 y 坐标")
data = str(x) + "," + str(y)
```

```
    s.sendto(data.encode('utf-8'), ('127.0.0.1', 8888))
                                        #encode()编码,将字符串转换成传送的字节串
#接收服务器加1后的坐标数据
data2, addr = s.recvfrom(1024)
print("接收服务器加1后坐标数据: ", data2.decode('utf-8'))      #decode()解码
s.close()
```

从服务器端接收数据仍然调用 recvfrom()方法。

仍然用两个命令行分别启动服务器端和客户端测试,运行效果如图 9-6 和图 9-7 所示。

图 9-6　服务器端程序效果

图 9-7　客户端程序效果

上例模拟服务器端和客户端两方下棋过程中的通信过程,在 9.5 节中会学习基于 UDP 的网络五子棋游戏,真正开发出实用的网络程序。

9.4　多线程编程

线程是操作系统可以调度的最小执行单位,能够执行并发处理。通常将程序拆分成两个或多个并发运行的线程,即同时执行多个操作。例如,使用线程同时监视用户并发输入,并执行后台任务等。

9.4.1　进程和线程

1. 进程和线程的概念

进程是操作系统中正在执行的应用程序的一个实例,操作系统把不同的进程(即不同程序)分离开来。每个进程都有自己的地址空间,在一般情况下,包括文本区域、数据区域和堆栈区域。文本区域存储处理器执行的代码;数据区域存储变量和进程执行期间使用的动态分配的内存;堆栈区域存储活动过程调用的指令和本地变量。

每个进程至少包含一个线程,它从程序开始执行,直到退出程序,主线程结束,该进程也被从内存中卸载。主线程在运行过程中还可以创建新的线程,实现多线程的功能。

线程就是一段顺序程序。线程不能独立运行,只能在程序中运行。

不同的操作系统实现进程和线程的方法也不同,但大多数是在进程中包含线程,Windows 就是这样。在一个进程中可以存在多个线程,线程可以共享进程的资源(例如内存),而不同的进程之间是不能共享资源的。

2. 多线程的优点

多线程类似于同时执行多个不同的程序。多线程运行有以下优点:

(1) 使用线程可以把占据较长时间的程序中的任务放到后台去处理。

(2) 用户界面可以更加吸引人,例如用户单击了一个按钮去触发某些事件的处理,可以

弹出一个进度条来显示处理的进度。

(3) 程序的运行速度可能加快。

(4) 在一些等待的任务实现上,例如用户输入、文件的读/写和网络收发数据等,线程就比较有用了。在这种情况下可以释放一些珍贵的资源,例如占用的内存等。

线程在执行过程中与进程还是有区别的。每个独立的线程有一个程序运行的入口、顺序执行序列和程序的出口。线程不能够独立执行,必须依存在应用程序中,由应用程序提供多个线程执行控制。

每个线程都有自己的一组 CPU 寄存器,称为线程的上下文,该上下文反映了线程上次运行该线程的 CPU 寄存器的状态。

3. 线程的状态

在操作系统的内核中,线程可以被标记成如下状态。

➤ 初始化(init):在创建线程时,操作系统在内部会将其标识为初始化状态。此状态只在系统内核中使用。

➤ 就绪(ready):线程已经准备好被执行。

➤ 延迟就绪(deferred ready):表示线程已经被选择在指定的处理器上运行,但还没有被调度。

➤ 备用(standby):表示线程已经被选择在下一个指定的处理器上运行。当该处理器上运行的线程因等待资源等被挂起时,调度器将备用线程切换到处理器上运行。注意,只有一个线程可以是备用状态。

➤ 运行(running):表示调度器将线程切换到处理器上运行,它可以运行一个线程周期(quantum),然后将处理器让给其他线程。

➤ 等待(waiting):线程可以因为等待一个同步执行的对象或等待资源等原因切换到等待状态。

➤ 过渡(transition):表示线程已经准备好被执行,但它的内核堆已经从内存中移除。一旦其内核堆被加载到内存中,线程就会变成运行状态。

➤ 终止(terminated):在线程被执行完成后,其状态会变成终止,系统会释放线程中的数据结构和资源。

9.4.2 创建线程

在 Python 中使用线程有两种方式,即用函数或者类创建线程对象。

1. 用 start_new_thread()函数创建线程

调用_thread 模块中的 start_new_thread()函数产生新线程。格式如下:

_thread. start_new_thread(function, args[, kwargs])

参数说明如下。

➤ function:线程运行的函数。

➤ args:传递给线程函数的参数,必须是元组类型。

➤ kwargs:可选参数。

start_new_thread()创建一个线程并运行指定函数,当函数返回时线程自动结束。另外也可以在线程函数中调用_thread. exit()抛出 SystemExit exception,达到退出线程的目的。

【例 9-4】 使用_thread 模块中的 start_new_thread()函数来创建线程。

代码如下:

```
import _thread
import time
# 为线程定义一个函数
def print_time(threadName, delay):
    count = 0
    while count < 5:
        time.sleep(delay)
        count += 1
        print("%s: %s" % (threadName, time.ctime(time.time())))
# 创建两个线程
try:
    _thread.start_new_thread(print_time, ("Thread-1", 2, ))
    _thread.start_new_thread(print_time, ("Thread-2", 4, ))
except:
    print("Error: unable to start thread")
while 1:
    pass
```

执行以上程序,输出结果如下:

```
Thread-1: Tue Aug 2 10:00:53 2016
Thread-2: Tue Aug 2 10:00:55 2016
Thread-1: Tue Aug 2 10:00:56 2016
Thread-1: Tue Aug 2 10:00:58 2016
Thread-2: Tue Aug 2 10:00:59 2016
Thread-1: Tue Aug 2 10:01:00 2016
```

Python 通过两个标准模块_thread 和 threading 提供对线程的支持。_thread 提供了低级别的、原始的线程以及一个简单的锁。

2. 用 Thread 类创建线程

threading 线程模块封装了_thread 模块,并提供了更多功能,虽然可以使用_thread 模块中的 start_new_thread()函数创建线程,但一般建议使用 threading 模块。

threading 模块提供了 Thread 类来创建和处理线程,格式如下:

线程对象= threading. Thread(target=线程函数,args=(参数列表),name=线程名, group=线程组)

线程名和线程组都可以省略。

在创建线程后,通常需要调用线程对象的 setDaemon()方法将线程设置为守护线程。主线程执行完后,如果还有其他非守护线程,则主线程不会退出,会被无限挂起;必须将线程声明为守护线程,之后如果队列中的线程运行完了,那么整个程序不用等待就可以退出。

setDaemon()函数的使用方法如下:

线程对象. setDaemon(是否设置为守护线程)

setDaemon()函数必须在运行线程之前被调用。调用线程对象的 start()方法可以运行线程。

【例 9-5】 使用 threading. Thread 类创建线程的例子。

代码如下:

```
import threading
def f(i):
    print(" I am from a thread, num = %d \n" % (i))
def main():
    for i in range(1,10):
    t = threading.Thread(target = f,args = (i,))
        t.setDaemon(True)          ♯设置为守护进程,主线程可以结束,退出
        t.start();
if __name__ == "__main__":
    main();
```

上述程序定义了一个函数 f(),用于打印参数 i。在主程序中依次使用 1~10 作为参数创建 10 个线程来运行函数 f()。以上程序的执行结果如下:

```
I am from a thread, num = 2
I am from a thread, num = 1
I am from a thread, num = 5
I am from a thread, num = 3
I am from a thread, num = 6
I am from a thread, num = 7
I am from a thread, num = 8
>>>
I am from a thread, num = 9
I am from a thread, num = 4
```

可以看到,虽然线程的创建和启动是有顺序的,但线程是并发运行的,所以哪个线程先执行完是不确定的。从运行结果可以看到,输出的数字也是没有规律的。另外在"I am from a thread, num = 9"前面有一个>>>,说明主程序在此处已经退出了。

Thread 类还提供了以下方法。

➢ run(): 用于表示线程活动的方法。

➢ start(): 启动线程活动。

➢ join([time]):可以阻塞进程,直到线程执行完毕。其参数 time 指定超时时间(单位为 s),超过指定时间 join()就不再阻塞进程了。

➢ isAlive():返回线程是否为活动的。

➢ getName():返回线程名。

➢ setName():设置线程名。

threading 模块提供的其他方法如下。

➢ threading. currentThread():返回当前的线程变量。

➢ threading. enumerate():返回一个包含正在运行的线程的 list。正在运行指线程启动后、结束前,不包括启动前和终止后。

➢ threading. activeCount( ):返回正在运行的线程数量,与 len(threading. enumerate( ))有相同的结果。

【例 9-6】 编写自己的线程类 myThread 来创建线程对象。

分析:自己的线程类直接从 threading. Thread 类继承,然后重写__init__( )方法和 run( )方法就可以创建线程对象了。

代码如下:

```python
import threading
import time
exitFlag = 0

class myThread(threading.Thread):      ♯继承父类 threading.Thread
    def __init__(self, threadID, name, counter):
        threading.Thread.__init__(self)
        self.threadID = threadID
        self.name = name
        self.counter = counter
    def run(self):    ♯把要执行的代码写到 run()函数里面,线程在创建后会直接运行 run()函数
        print("Starting " + self.name)
        print_time(self.name, self.counter, 5)
        print("Exiting " + self.name)
def print_time(threadName, delay, counter):
    while counter:
        if exitFlag:
            thread.exit()
        time.sleep(delay)
        print("%s: %s" % (threadName, time.ctime(time.time())))
        counter -= 1
♯创建新线程
thread1 = myThread(1, "Thread-1", 1)
thread2 = myThread(2, "Thread-2", 2)
♯开启线程
thread1.start()
thread2.start()
print("Exiting Main Thread")
```

以上程序的执行结果如下:

```
Starting Thread-1Exiting Main ThreadStarting Thread-2
Thread-1: Tue Aug 2 10:19:01 2016
Thread-2: Tue Aug 2 10:19:02 2016
Thread-1: Tue Aug 2 10:19:02 2016
Thread-1: Tue Aug 2 10:19:03 2016
Thread-1: Tue Aug 2 10:19:04 2016
Thread-2: Tue Aug 2 10:19:04 2016
Thread-1: Tue Aug 2 10:19:05 2016
Exiting Thread-1
Thread-2: Tue Aug 2 10:19:06 2016
Thread-2: Tue Aug 2 10:19:08 2016
Thread-2: Tue Aug 2 10:19:10 2016
Exiting Thread-2
```

网络编程和多线程

9.4.3　线程的同步

如果多个线程共同对某个数据进行修改,则可能出现不可预料的结果。为了保证数据的正确性,需要对多个线程进行同步。

使用 Threading 的 Lock(指令锁)和 Rlock(可重入锁)对象可以实现简单的线程同步,这两个对象都有 acquire()方法(申请锁)和 release()方法(释放锁),对于每次只允许一个线程操作的数据,可以将其操作放到 acquire()和 release()方法之间。

例如这样一种情况:一个列表中的所有元素都是 0,线程"set"从后向前把所有元素改成 1,而线程"print"负责从前往后读取列表并打印。

那么,可能线程"set"开始改的时候,线程"print"便来打印列表了,输出就成了一半 0 一半 1,这就是数据的不同步。为了避免这种情况,引入了锁的概念。

锁有两种状态,即锁定和未锁定。每当一个线程(如"set")要访问共享数据时,必须先获得锁定;如果已经有其他线程(如"print")获得锁定,那么就让线程"set"暂停,也就是同步阻塞;等到线程"print"访问完毕,释放锁以后,再让线程"set"继续。

经过这样的处理,在打印列表时要么全部输出 0,要么全部输出 1,不会再出现一半 0 一半 1 的尴尬场面。

【例 9-7】　使用指令锁实现多个线程同步。

代码如下:

```python
import threading
import time
class myThread(threading.Thread):
    def __init__(self, threadID, name, counter):
        threading.Thread.__init__(self)
        self.threadID = threadID
        self.name = name
        self.counter = counter
    def run(self):
        print("Starting " + self.name)
        #获得锁,成功获得锁定后返回 True
        #可选的 timeout 参数不填时将一直阻塞直到获得锁定
        #否则超时后将返回 False
        threadLock.acquire()              #线程一直阻塞直到获得锁
        print(self.name, "获得锁")
        print_time(self.name, self.counter, 3)
        print(self.name, "释放锁")
        threadLock.release()              #释放锁
def print_time(threadName, delay, counter):
    while counter:
        time.sleep(delay)
        print("%s: %s" % (threadName, time.ctime(time.time())))
        counter -= 1
threadLock = threading.Lock()            #创建一个指令锁
threads = []
#创建新线程
thread1 = myThread(1, "Thread-1", 1)
```

```
thread2 = myThread(2, "Thread-2", 2)
#开启新线程
thread1.start()
thread2.start()
#添加线程到线程列表
threads.append(thread1)
threads.append(thread2)
#等待所有线程完成
for t in threads:
    t.join()        #可以阻塞主程序直到线程执行完毕后主程序结束
print("Exiting Main Thread")
```

以上程序的执行结果如下：

```
Starting Thread-1Starting Thread-2
Thread-1 获得锁
Thread-1: Tue Aug 2 11:13:20 2016
Thread-1: Tue Aug 2 11:13:21 2016
Thread-1: Tue Aug 2 11:13:22 2016
Thread-1 释放锁
Thread-2 获得锁
Thread-2: Tue Aug 2 11:13:24 2016
Thread-2: Tue Aug 2 11:13:26 2016
Thread-2: Tue Aug 2 11:13:28 2016
Thread-2 释放锁
Exiting Main Thread
```

9.4.4 定时器

定时器 Timer 是 Thread 的派生类，用于在指定时间后调用一个函数。具体方法如下：

timer = threading.Timer(指定时间 t，函数 f)

timer.start()

执行 timer.start()后，程序会在指定时间 t 后启动线程执行函数 f。

【例 9-8】 使用定时器 Timer 的例子。

代码如下：

```
import threading
import time
def func():
    print(time.ctime())            #打印出当前时间
print(time.ctime())
timer = threading.Timer(5, func)
timer.start()
```

该程序可实现延迟 5s 后调用 func()方法的功能。

9.5 网络编程案例——网络五子棋游戏

视频讲解

本节介绍通过基于 UDP 的 Socket 编程方法来编写网络五子棋游戏程序。网络五子棋游戏采用 C/S 架构,分为服务器端和客户端。服务器端运行界面如图 9-8 所示,游戏时服务器端首先启动,当客户端连接后服务器端可以走棋。用户根据提示信息,轮到自己下棋时才可以在棋盘上落子,同时下方标签会显示对方的走棋信息,服务器端用户通过"退出游戏"按钮可以结束游戏。

客户端运行界面如图 9-9 所示,需要输入服务器的 IP 地址(这里采用默认地址,即本机地址),如果正确且服务器启动则可以连接服务器。连接成功后客户端用户根据提示信息,轮到自己下棋时才可以在棋盘上落子,同样可以通过"退出游戏"按钮结束游戏。

图 9-8 网络五子棋游戏的服务器端界面

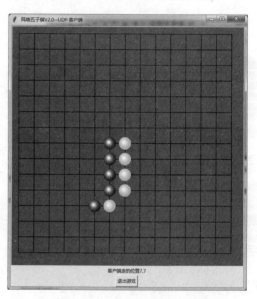

图 9-9 网络五子棋游戏的客户端界面

网络五子棋游戏的设计难点在于需要与对方通信。这里使用了面向非连接的 Socket 编程。Socket 编程用于开发 C/S 结构的程序,在这类应用中,客户端和服务器端通常需要先建立连接,然后发送和接收数据,交互完成后需要断开连接。本章的通信采用基于 UDP 的 Socket 编程实现。这里虽然两台计算机不分主次,但在设计时假设一台做服务器端(黑方),等待其他人加入,其他人想加入的时候输入服务器端主机的 IP。为了区分通信中传送的输赢信息、下的棋子的位置信息、结束游戏信息等,在发送信息的首部加上标识。因此定义了如下协议:

1) move|下的棋子的位置坐标(x,y)

例如,"move|7,4"表示对方下子的位置坐标(7,4)。

2) over|哪方赢的信息

例如,"over|黑方你赢了"表示黑方赢了。

3) exit|

表示对方离开了,游戏结束。

4) join|

表示连接服务器。

当然可以根据程序的功能增加协议,例如悔棋、文字聊天等协议。本程序没有设计"悔棋"和"文字聊天"功能,所以没定义相应的协议。读者可以自己完善程序。

程序中接收的信息都是字符串,通过字符串. split("|")获取消息类型(move、join、exit 或者 over),从中区分出"输赢信息 over""下的棋子的位置信息 move"等。代码如下:

```python
def receiveMessage():        #接收消息函数
    global s
    while True:
        #接收客户端发送的消息
        global addr
        data, addr = s.recvfrom(1024)
        data = data.decode('utf-8')
        a = data.split("|")                    #分割数据
        if not data:
            print('client has exited!')
            break
        elif a[0] == 'join':                   #连接服务器请求
            print('client 连接服务器!')
            label1["text"] = 'client 连接服务器成功,请你走棋!'
        elif a[0] == 'exit':                   #对方退出信息
            print('client 对方退出!')
            label1["text"] = 'client 对方退出,游戏结束!'
        elif a[0] == 'over':                   #对方赢的信息
            print('对方赢的信息!')
            label1["text"] = data.split("|")[0]
            showinfo(title = "提示",message = data.split("|")[1] )
        elif a[0] == 'move':                   #客户端走的位置信息,例如 move|7,4
            print('received:',data, 'from',addr)
            p = a[1].split(",")
            x = int(p[0]);
            y = int(p[1]);
            print(p[0],p[1])
            label1["text"] = "客户端走的位置" + p[0] + p[1]
            drawOtherChess(x,y)                #画对方棋子
    s.close()
```

掌握通信协议以及单机版五子棋的知识后就可以开发网络五子棋游戏了。下面了解服务器端程序设计的步骤。

9.5.1　服务器端程序设计

1. 主程序

定义含两个棋子图片的列表 imgs,创建 Window 窗口对象 root,初始化游戏地图 map,

绘制 15×15 的游戏棋盘,添加显示提示信息的标签 Label,绑定 Canvas 的鼠标和按钮左键单击事件。

同时创建 UDP 通信服务器端的 Socket,绑定在 8000 端口,启动线程接收客户端的消息 receiveMessage( ),最后使用 root. mainloop( )方法进入窗口的主循环,也就是显示窗口。

代码如下:

```python
from tkinter import *
from tkinter.messagebox import *
import socket
import threading
import os

root = Tk()
root.title("网络五子棋 V2.0 -- 服务器端")
imgs = [PhotoImage(file = 'BlackStone.gif'), PhotoImage(file = 'WhiteStone.gif')]
turn = 0          # 轮到哪方走棋,0 为黑方,1 为白方
Myturn = -1       # 保存自己的角色,-1 表示还没确定下来
map = [[" "," "," "," "," "," "," "," "," "," "," "," "," "," "," "]for y in range(15)]
cv = Canvas(root, bg = 'green', width = 610, height = 610)
drawQiPan()                                    # 绘制 15×15 的游戏棋盘
cv.bind("<Button-1>", callpos)
cv.pack()
label1 = Label(root,text = "服务器端....")      # 显示提示信息
label1.pack()
button1 = Button(root,text = "退出游戏")        # 按钮
button1.bind("<Button-1>", callexit)
button1.pack()
# 创建 UDP Socket
s = socket.socket(socket.AF_INET,socket.SOCK_DGRAM)
s.bind(('localhost',8000))
addr = ('localhost',8000)
startNewThread()                               # 启动线程接收客户端的消息 receiveMessage()
root.mainloop()
```

2. 退出函数

"退出游戏"按钮的单击事件代码很简单,仅发送一个"exit|"命令协议消息,最后调用 os. _exit(0)结束程序。

```python
def callexit(event):                      # 退出
    pos = "exit|"
    sendMessage(pos)
    os._exit(0)
```

3. 走棋函数

在鼠标单击事件中完成走棋功能,判断单击位置是否合法,即不能在已有棋的位置单击,也不能超出游戏棋盘的边界,如果合法,则将此位置信息记录到 map 列表(数组)中。

同时由于是网络对战,第一次走棋时还要确定自己的角色(是白方还是黑方),而且要判断是否轮到自己走棋。这里使用两个变量 Myturn、turn 来解决。

```
Myturn = - 1        #保存自己的角色
```

Myturn 是-1 表示还没确定下来,第一次走棋时修改。

turn 保存轮到谁走棋,如果 turn 是 0 则轮到黑方走棋,如果 turn 是 1 则轮到白方走棋。

最后是本游戏的关键——输赢的判断。在程序中调用 win_lose()函数判断输赢,判断在 4 种情况下是否连成五子,返回 True 或 False,根据当前走棋方 turn 的值(0 为黑方,1 为白方)得出谁赢。

```python
def callpos(event):                                #走棋
    global turn
    global Myturn
    if Myturn == - 1:                              #第一次确定自己的角色(是白方还是黑方)
        Myturn = turn
    else:
        if(Myturn!= turn):
            showinfo(title = "提示", message = "还没轮到自己走棋")
            return
    #print("clicked at", event.x, event.y, turn)
    x = (event.x)//40                              #换算棋盘坐标
    y = (event.y)//40
    print("clicked at", x, y, turn)
    if map[x][y]!= " ":
        showinfo(title = "提示", message = "已有棋子")
    else:
        img1 = imgs[turn]
        cv.create_image((x * 40 + 20, y * 40 + 20), image = img1)      #画自己的棋子
        cv.pack()
        map[x][y] = str(turn)
        pos = str(x) + "," + str(y)
        sendMessage("move|" + pos)
        print("服务器走的位置", pos)
        label1["text"] = "服务器走的位置" + pos
        #输出输赢信息
        if win_lose() == True:
            if turn == 0:
                showinfo(title = "提示", message = "黑方你赢了")
                sendMessage("over|黑方你赢了")
            else:
                showinfo(title = "提示", message = "白方你赢了")
                sendMessage("over|白方你赢了")
        #换下一方走棋
        if turn == 0:
            turn = 1
        else:
            turn = 0
```

网络编程和多线程

4. 画对方的棋子

轮到对方走棋后,在自己的棋盘上根据 turn 知道对方的角色,根据从 Socket 上获取的对方走棋坐标(x,y)画出对方的棋子。画出对方的棋子后同样换下一方走棋。

```python
def drawOtherChess(x,y):                    #画对方的棋子
    global turn
    img1 = imgs[turn]
    cv.create_image((x * 40 + 20,y * 40 + 20),image = img1)
    cv.pack()
    map[x][y] = str(turn)
    #换下一方走棋
    if turn == 0:
        turn = 1
    else:
        turn = 0
```

5. 画棋盘

drawQiPan()画 15×15 的五子棋棋盘:

```python
def drawQiPan():                            #画棋盘
    for i in range(0,15):
        cv.create_line(20,20 + 40 * i,580,20 + 40 * i,width = 2)
    for i in range(0,15):
        cv.create_line(20 + 40 * i,20,20 + 40 * i,580,width = 2)
    cv.pack()
```

6. 输赢的判断

win_lose()从 4 个方向扫描整个棋盘,判断是否连成五子:

```python
def win_lose():                            #输赢的判断
    #扫描整个棋盘,判断是否连成五子
    a = str(turn)
    print("a = ",a)
    for i in range(0,11):              #0~10
        #判断 X = Y 轴上是否形成五子连珠
        for j in range(0,11):          #0~10
            if map[i][j] == a and map[i + 1][j + 1] == a and map[i + 2][j + 2] == a
                and map[i + 3][j + 3] == a and map[i + 4][j + 4] == a:
                print("X = Y轴上形成五子连珠")
                return True

    for i in range(4,15):              #4~14
        #判断 X = - Y 轴上是否形成五子连珠
        for j in range(0,11):          #0~10
            if map[i][j] == a and map[i - 1][j + 1] == a and map[i - 2][j + 2] == a
                and map[i - 3][j + 3] == a and map[i - 4][j + 4] == a:
```

```
                    print("X = - Y 轴上形成五子连珠")
                    return True

        for i in range(0,15):           #0～14
            #判断 Y 轴上是否形成五子连珠
            for j in range(4,15):          #4～14
                if map[i][j] == a and map[i][j - 1] == a and map[i][j - 2] == a
                                and map[i][j - 3] == a and map[i][j - 4] == a:
                    print("Y 轴上形成五子连珠")
                    return True

        for i in range(0,11):           #0～10
            #判断 X 轴上是否形成五子连珠
            for j in range(0,15):          #0～14
                if map[i][j] == a and map[i + 1][j] == a and map[i + 2][j] == a
                                and map[i + 3][j] == a and map[i + 4][j] == a:
                    print("X 轴上形成五子连珠")
                    return True
        return False
```

7. 输出 map 地图

map 地图主要显示当前棋子信息。输出 map 地图的代码如下：

```
def print_map():                   #输出 map 地图
    for j in range(0,15):          #0～14
        for i in range(0,15):      #0～14
            print(map[i][j],end = ' ')
        print('w')
```

8. 接收消息

本程序的关键部分就是接收消息 data，从 data 字符串.split("|")中分割出消息类型（move、join、exit 或者 over）。如果是'join'，则为客户端连接服务器端请求；如果是'exit'，则为对方客户端退出信息；如果是'move'，则为客户端走的位置信息；如果是'over'，则为对方客户端赢的信息。这里重点是处理对方的走棋信息，例如"move|7,4"，通过字符串.split(",")分割出(x,y)坐标。

代码如下：

```
def receiveMessage():
    global s
    while True:
        #接收客户端发送的消息
        global addr
        data, addr = s.recvfrom(1024)
        data = data.decode('utf-8')
        a = data.split("|")                    #分割数据
        if not data:
            print('client has exited!')
```

245

第9章

网络编程和多线程

```
                break
        elif a[0] == 'join':                          #连接服务器请求
            print('client 连接服务器!')
            label1["text"] = 'client 连接服务器成功,请你走棋!'
        elif a[0] == 'exit':                          #对方退出信息
            print('client 对方退出!')
            label1["text"] = 'client 对方退出,游戏结束!'
        elif a[0] == 'over':                          #对方赢的信息
            print('对方赢的信息!')
            label1["text"] = data.split("|")[0]
            showinfo(title = "提示",message = data.split("|")[1])
        elif a[0] == 'move':                          #客户端走的位置信息"move|7,4"
            print('received:',data,'from',addr)
            p = a[1].split(",")
            x = int(p[0]);
            y = int(p[1]);
            print(p[0],p[1])
            label1["text"] = "客户端走的位置" + p[0] + p[1]
            drawOtherChess(x,y)                       #画对方的棋子
    s.close()
```

9. 发送消息

发送消息代码很简单,仅调用 Socket 的 sendto()函数就可以把按协议写的字符串信息发出:

```
def sendMessage(pos):      #发送消息
    global s
    global addr
    s.sendto(pos.encode(),addr)
```

10. 启动线程接收客户端的消息

启动线程接收客户端消息的代码如下:

```
#启动线程接收客户端的消息
def startNewThread():
        #启动一个新线程来接收客户端的消息
        #thread.start_new_thread(function,args[,kwargs])函数原型
        #其中 function 参数是将要调用的线程函数,args 是传递给线程函数的参数,它必须
        #是元组类型,而 kwargs 是可选的参数
        #receiveMessage()函数不需要参数,只传一个空元组
        thread = threading.Thread(target = receiveMessage,args = ())
        thread.setDaemon(True);
        thread.start();
```

至此完成服务器端程序设计。图 9-10 是服务器端走棋过程中打印的输出信息。网络五子棋客户端程序设计基本上与服务器端的代码相似,主要区别在对消息的处理上。

图 9-10　走棋过程中打印的输出信息

下面了解客户端程序设计的步骤。

9.5.2　客户端程序设计

1. 主程序

定义含两个棋子图片的列表 imgs,创建 Window 窗口对象 root,初始化游戏地图 map,绘制 15×15 的游戏棋盘,添加显示提示信息的标签 Label,绑定 Canvas 的鼠标和按钮单击事件。

同时创建 UDP 通信客户端的 Socket,这里不指定端口会自动绑定某个空闲端口,由于是客户端 Socket,需要指定服务器端的 IP 和端口号,并发出连接服务器端的请求。

启动线程接收服务器端的消息 receiveMessage(),最后 root.mainloop()方法是进入窗口的主循环,也就是显示窗口。

代码如下:

```python
from tkinter import *
from tkinter.messagebox import *
import socket
import threading
import os
root = Tk()
root.title("网络五子棋 V2.0 -- UDP 客户端")
imgs = [PhotoImage(file = 'BlackStone.gif'), PhotoImage(file = 'WhiteStone.gif')]
turn = 0
Myturn = -1
map = [[" "," "," "," "," "," "," "," "," "," "," "," "," "," "," "]for y in range(15)]
cv = Canvas(root, bg = 'green', width = 610, height = 610)
drawQiPan()
cv.bind("< Button - 1 >", callback)
```

247

第9章

网络编程和多线程

```
cv.pack()
label1 = Label(root, text = "客户端....")
label1.pack()
button1 = Button(root, text = "退出游戏")
button1.bind("< Button - 1 >", callexit)
button1.pack()
# 创建 UDP Socket
s = socket.socket(socket.AF_INET, socket.SOCK_DGRAM)
port = 8000                              # 服务器端口
host = 'localhost'                       # 服务器地址 192.168.0.101
pos = 'join|'                            # "连接服务器"命令
sendMessage(pos);                        # 发送连接服务器的请求
startNewThread()                         # 启动线程接收服务器端的消息 receiveMessage()
root.mainloop()
```

2. 退出函数

"退出游戏"按钮的单击事件代码很简单,仅发送一个"exit|"命令协议消息,最后调用 os._exit(0)结束程序。

```
def callexit(event):      # 退出
    pos = "exit|"
    sendMessage(pos)
    os._exit(0)
```

3. 走棋函数

其功能同服务器端,仅提示信息不同:

```
def callback(event):                     # 走棋
    global turn
    global Myturn
    if Myturn == - 1:                    # 第一次确定自己的角色(是白方还是黑方)
        Myturn = turn
    else:
        if(Myturn!= turn):
            showinfo(title = "提示", message = "还没轮到自己走棋")
            return
    # print ("clicked at", event.x, event.y, turn)
    x = (event.x)//40                    # 换算棋盘坐标
    y = (event.y)//40
    print("clicked at", x, y, turn)
    if map[x][y]!= " ":
        showinfo(title = "提示", message = "已有棋子")
    else:
        img1 = imgs[turn]
        cv.create_image((x * 40 + 20, y * 40 + 20), image = img1)
        cv.pack()
```

```
        map[x][y] = str(turn)
        pos = str(x) + "," + str(y)
        sendMessage("move|" + pos)
        print("客户端走的位置", pos)
        label1["text"] = "客户端走的位置" + pos
        # 输出输赢信息
        if win_lose() == True:
            if turn == 0:
                showinfo(title = "提示", message = "黑方你赢了")
                sendMessage("over|黑方你赢了")
            else:
                showinfo(title = "提示", message = "白方你赢了")
                sendMessage("over|白方你赢了")
        # 换下一方走棋
        if turn == 0:
            turn = 1
        else:
            turn = 0
```

4. 画棋盘

drawQiPan()画 15×15 的五子棋棋盘,代码同服务器端。

5. 输赢的判断

win_lose()从 4 个方向扫描整个棋盘,判断是否连成五子。其功能同服务器端,代码没有区别,因此这里省略了代码。

6. 接收消息

接收消息 data,从 data 字符串.split("|")中分割出消息类型(move、join、exit 或者 over)。其功能和服务器端没有区别,仅没有'join'消息类型,因为客户端连接服务器,而服务器不会连接客户端,所以少了'join'消息类型的判断。

代码如下:

```
def receiveMessage():                          # 接收消息
    global s
    while True:
        data = s.recv(1024).decode('utf-8')
        a = data.split("|")                    # 分割数据
        if not data:
            print('server has exited!')
            break
        elif a[0] == 'exit':                   # 对方退出信息
            print('对方退出!')
            label1["text"] = '对方退出,游戏结束!'
        elif a[0] == 'over':                   # 对方赢的信息
            print('对方赢的信息!')
            label1["text"] = data.split("|")[0]
            showinfo(title = "提示", message = data.split("|")[1])
        elif a[0] == 'move':                   # 服务器走的位置信息
            print('received:', data)
```

```
            p = a[1].split(",")
            x = int(p[0]);
            y = int(p[1]);
            print(p[0],p[1])
            label1["text"] = "服务器走的位置" + p[0] + p[1]
            drawOtherChess(x,y)            ♯画对方的棋子,函数的代码同服务器端
    s.close()
```

7. 发送消息

发送消息的代码很简单,仅调用 Socket 的 sendto()函数就可以把按协议写的字符串信息发出。

代码如下:

```
def sendMessage(pos):                           ♯发送消息
    global s
    s.sendto(pos.encode(),(host,port))
```

8. 启动线程接收服务器端的消息

启动线程接收服务器端消息的代码如下:

```
♯启动线程接收服务器端的消息
def startNewThread():
        ♯启动一个新线程来接收服务器端的消息
        ♯thread.start_new_thread(function,args[,kwargs])函数原型
        ♯其中 function 参数是将要调用的线程函数,args 是传递给线程函数的参数,它必须
        ♯是元组类型,而 kwargs 是可选的参数
        ♯receiveMessage 函数不需要参数,只传一个空元组
        thread = threading.Thread(target = receiveMessage,args = ())
        thread.setDaemon(True);
        thread.start();
```

至此完成客户端程序设计。

9.6 习 题

1. TCP 协议和 UDP 协议的主要区别是什么?
2. Socket 有什么用途?
3. 简单描述开发 UDP 程序的过程。
4. 设计网络井字棋游戏,该游戏具有"联机""悔棋""退出"功能。
5. 编写获取本机 IP 的程序。

开 发 篇

第10章 函数式编程

视频讲解

视频讲解

　　函数式编程(Functional Programming)是编程的一种基本风格,也就是构建程序结构的方式。函数式编程虽然也可以归到面向过程的程序设计,但其思想更接近数学计算,也就是可以使用表达式编程。

　　函数式编程是一种抽象程度很高的编程范式,纯粹的函数式编程语言编写的函数没有变量,因此任意一个函数,只要输入是确定的,输出就是确定的,这种纯函数没有副作用。允许使用变量的程序设计语言,由于函数内部的变量状态不确定,同样的输入可能得到不同的输出,因此这种函数是有副作用的。

　　函数式编程的一个特点就是,允许把函数本身作为参数传入另一个函数,还允许返回一个函数。Python 对函数式编程提供部分支持。由于 Python 允许使用变量,所以 Python 不是纯函数式编程语言。

10.1　高　阶　函　数

1. 高阶函数的概念

　　高阶函数是可以将其他函数作为参数或返回结果的函数。例如,定义一个简单的高阶函数:

```
def add(x, y, f):
    return f(x) + f(y)
```

如果传入 abs 作为参数 f 的值:

```
add( - 5, 9, abs)
```

根据函数的定义,函数执行的代码实际上是:

```
abs( - 5) + abs(9)
```

由于参数 x、y 和 f 都可以任意传入,如果 f 传入其他函数就可以得到不同的返回值:

```
add(65, 66, chr)     ♯结果是'AB',chr 函数是获取 ASCII 码值对应的字符
```

2. 返回函数

高阶函数除了可以接受函数作为参数外,还可以把函数作为结果值返回。

下面来实现一个可变参数的求和。在通常情况下,求和的函数是这样定义的:

```
def calc_sum( * args):
    ax = 0
    for n in args:
        ax = ax + n
    return ax
```

如果不需要立刻求和,而是在后面的代码中根据需要再计算怎么办? 可以不返回求和的结果,而是返回求和的函数:

```
def lazy_sum( * args):
    def sum( ):
        ax = 0
        for n in args:
            ax = ax + n
        return ax
    return sum
```

当调用 lazy_sum( )时返回的并不是求和结果,而是求和函数:

```
>>> f = lazy_sum(1, 3, 5, 7, 9)
>>> f
< function lazy_sum.< locals >.sum at0x101c6ed90 >
```

在调用函数 f 时才真正计算求和的结果:

```
>>> f()
25
```

在这个例子中,在函数 lazy_sum 中又定义了函数 sum,并且内部函数 sum 可以引用外部函数 lazy_sum 的参数和局部变量,当 lazy_sum 返回函数 sum 时,相关参数和变量都保存在返回的函数中,这种称为"闭包(Closure)"的程序结构拥有极大的威力。

这里介绍闭包的用途。例如有一个方程式 $y=ax+b$,编写函数计算 y 的值。如果没有闭包,需要传入 3 个参数 a、b、x,这种做法不仅需要传递的参数较多,而且代码的移植性不好。

可以使用闭包完成:

```
    def line_conf(a,b):
        def line(x):
            return a * x + b
    return line
>>> line_one = line_conf(3,4)
```

```
>>> line_two = line_conf(4,6)
>>> line_one(5)          #结果为19
>>> line_two(5)          #结果为26
```

在上述代码中 line_conf 是外部函数,a、b 是它的参数。line(x)是内部函数,x 是它的参数。在 line(x)的内部通过外部函数的 a、b 确定闭包的最终形式。闭包具有提高代码可复用性的作用。

注意:当调用 lazy_sum()时,每次调用都会返回一个新的函数,即使传入相同的参数:

```
>>> f1 = lazy_sum(1, 3, 5, 7, 9)
>>> f2 = lazy_sum(1, 3, 5, 7, 9)
>>> f1 == f2
False
```

f1 和 f2 的调用结果互不影响。

10.2 Python 函数式编程常用的函数

1. map()函数

map()是 Python 内置的高阶函数,它有两个参数,一个是函数 f(),一个是列表 list,并通过把函数 f()依次作用在 list 的每个元素上得到一个新的 list 作为 map()函数的返回结果。

例如,对于 list[1,2,3,4,5,6,7,8,9],如果希望把 list 的每个元素都做平方,就可以用 map()函数。因此只需要传入函数 f(x)= x * x,就可以利用 map()函数完成这个计算:

```
def f(x):
    return x * x
list1 = map( f, [1, 2, 3, 4, 5, 6, 7, 8, 9] )
print(list(list1))
```

输出结果如下:

```
[1, 4, 9, 10, 25, 36, 49, 64, 81]
```

注意:map()函数不改变原有的 list,而是返回一个新的 list。利用 map()函数可以把一个 list 转换为另一个 list,只需要传入转换函数。由于 list 包含的元素可以是任何类型,所以 map()不仅可以处理只包含数值的 list,事实上它可以处理包含任意类型的 list,只要传入的函数 f 可以处理这种数据类型即可。

```
list1 = [2, 4, 6, 8, 10]
list2 = map(lambda x: x ** 2, list1)
for e in list2:
    print(e,end = ",")        #结果是 4,16,36,64,100
```

2. reduce()函数

reduce()函数也是 Python 内置的一个高阶函数。reduce()函数接收的参数和 map()类似,一个是函数 f(),一个是列表 list,但行为和 map()不同,reduce()传入的函数 f()必须接收两个参数。reduce()对列表 list 中的每个元素反复调用函数 f(),并返回最终结果。

例如,编写一个 f()函数,接收 x 和 y,返回 x 和 y 的和:

```
from functools import reduce
def f(x, y):
    return x + y
```

在调用 reduce(f, [1, 3, 5, 7, 9])时,reduce 函数将做如下计算。

先计算前面两个元素:f(1, 3),结果为 4;

再把结果和第 3 个元素计算:f(4, 5),结果为 9;

再把结果和第 4 个元素计算:f(9, 7),结果为 16;

再把结果和第 5 个元素计算:f(16, 9),结果为 25;

由于没有更多的元素了,计算结束,返回结果 25。

上述计算实际上是对 list 中的所有元素求和。虽然 Python 内置了求和函数 sum(),但是利用 reduce()求和也很简单。

reduce()还可以接收第 3 个可选参数作为计算的初始值。如果把初始值设为 100计算:

```
reduce(f, [1, 3, 5, 7, 9], 100)
```

结果将变为 125。

因为第一轮计算是计算初始值和第一个元素:f(100, 1),结果为 101。再把结果和第 2个元素计算:f(101, 3),结果为 104;以此类推。

3. filter()函数

filter()函数是 Python 内置的另一个有用的高阶函数,filter()函数接收一个函数 f()和一个 list,这个函数 f()的作用是对每个元素进行判断,返回 True 或 False,filter()根据判断结果自动过滤掉不符合条件的元素,返回由符合条件的元素组成的新 list。

例如,要从 list[1, 4, 6, 7, 9, 12, 17]中删除偶数,保留奇数。首先要编写一个判断奇数的函数:

```
def is_odd(x):
    return x % 2 == 1
```

然后利用 filter()过滤掉偶数：

```
filter(is_odd, [1, 4, 6, 7, 9, 12, 17])          #结果为[1, 7, 9, 17]
```

利用 filter()可以完成很多有用的功能，例如删除 None 或者空字符串。

4. zip()函数

zip()函数以一系列列表作为参数，将列表中对应的元素打包成一个个元组，然后返回由这些元组组成的列表。例如：

```
a = [1,2,3]
b = [4,5,6]
zipped = zip(a,b)
for element in zipped:
    print(element)
```

运行结果如下：

```
(1, 4)
(2, 5)
(3, 6)
```

5. sorted()函数

使用 Python 内置的 sorted()函数可以对 list 进行排序：

```
>>> sorted([36, 5, 12, 9, 21])          #默认升序,所以结果是[5, 9, 12, 21, 36]
```

sorted()也是一个高阶函数，Python 3.7 中它的格式如下：

sorted(list,key＝None,reverse＝False)

参数 key 可以接收一个函数（仅有一个参数）来实现自定义排序，key 指定的函数将作用于 list 的每个元素上，并根据 key 函数返回的结果进行排序。其默认值为 None。

参数 reverse 是一个布尔值。如果设置为 True,列表中的元素将被倒序排列,其默认为 False。

例如按绝对值大小排序：

```
>>> sorted([36, 5, -12, 9, -21],key = abs)          #结果是[5, 9, -12, -21, 36]
```

key 指定的函数将作用于 list 的每个元素上，并根据 key 函数返回的结果进行排序。
对比原始的 list 和经过 key＝abs 处理过的 list：

list ＝ [36, 5, -12, 9, -21]

keys ＝ [36, 5, 12, 9, 21]

然后用 sorted()函数按照 keys 进行排序，并按照对应关系返回 list 相应的元素：

keys 排序结果 => [5, 9, 12, 21, 36]

           | | | | |

最终结果   => [5, 9, -12, -21, 36]

258

这样,调用 sorted()并传入参数 key 就可以实现自定义排序。例如对学生按照年龄排序:

```
students = [('john', 'A', 15), ('jane', 'B', 12), ('dave','B', 10)]
sorted(students,key = lambda s: s[2])        # 按照年龄来排序
```

结果如下:

```
[('dave','B', 10), ('jane', 'B', 12), ('john', 'A', 15)]
```

参数 key 是 lambda 函数,lambda s:s[2]可以获取 students 列表中每个元组的第 3 个元素(年龄)的信息。

按照姓名信息排序如下:

```
sorted(students,key = lambda s: s[0])        # 按照姓名来排序
```

如果将[36,5,12,9,21]列表中的偶数放前,奇数放后,并各自升序排列,代码如下:

```
>>> sorted([36, 5, 12, 9, 21] ,key = lambda s: (s % 2 == 1,s))
[12, 36, 5, 9, 21]
```

其中 s % 2 ==1 的作用是保证偶数放前,奇数放后。

sorted()也可以对字符串进行排序,字符串默认按照 ASCII 大小来比较:

```
>>> sorted(['bob', 'about', 'Zoo', 'Credit'])
['Credit', 'Zoo', 'about', 'bob']
```

'Zoo'排在'about'之前是因为'Z'的 ASCII 码比'a'小。

现在提出排序应该忽略大小写,按照字母顺序排序。要实现这个算法,不必对现有代码大做改动,只要能用一个 key 函数把字符串映射为忽略大小写排序即可。忽略大小写来比较两个字符串,实际上就是先把字符串都变成大写(或者都变成小写),再比较。

这样给 sorted 传入 key 函数,即可实现忽略大小写的排序:

```
>>> sorted(['bob', 'about', 'Zoo','Credit'], key = str.lower)
['about', 'bob', 'Credit', 'Zoo']
```

如果要进行反向排序,不必改动 key 函数,可以传入第 3 个参数 reverse=True:

```
>>> sorted(['bob', 'about', 'Zoo','Credit'], key = str.lower, reverse = True)
['Zoo', 'Credit', 'bob', 'about']
```

从上述例子可以看出,高阶函数的抽象能力是非常大的,而且核心代码可以保持得非常简洁。

10.3   迭 代 器

迭代器是访问集合内元素的一种方式。迭代器对象从序列(列表、元组、字典、集合)的第一个元素开始访问,直到所有的元素都被访问一遍后结束。迭代器不能回退,只能往前进行迭代。

使用内建函数 iter(iterable)可以获取序列的迭代器对象,方法如下:

迭代器对象 = iter(序列对象)

使用 next()函数可以获取迭代器的下一个元素,方法如下:

next(迭代器对象)

【例 10-1】 使用 iter()函数获取序列的迭代器对象的例子。

代码如下:

```python
list = ['china','Japan', 333]
it = iter(list)        ♯获取迭代器对象
print(next(it))
print(next(it))
print(next(it))
```

运行结果如下:

```
china
Japan
333
```

10.4   普通编程方式与函数式编程的对比

下面以例子说明普通编程方式与函数式编程的区别。

【例 10-2】 以普通编程方式计算列表元素中的正数之和。

代码如下:

```python
list = [2, -6, 11, -7, 8, 15, -14, -1, 10, -13, 18]
sum = 0
for i in range(len(list)):
    if list [i]> 0:
        sum += list [i]
print(sum)
```

运行结果如下:

```
64
```

以函数式编程实现计算列表元素中的正数之和的功能。

```
from functools import reduce
list = [2, -6, 11, -7, 8, 15, -14, -1, 10, -13, 18]
sum = filter(lambda x: x > 0, list)
s = reduce(lambda x, y: x + y, sum)
print(s)
```

通过对比,发现函数式编程具有如下特点:

(1)代码更简单,数据、操作和返回值都放在一起。

(2)没有循环体,几乎没有临时变量,也就不用分析程序的流程和数据变化的过程了。

(3)代码用来实现做什么,而不是怎么去做。

10.5 习 题

1. 利用 map()函数把用户输入的不规范的英文名字变为首字母大写、其他字母小写的规范名字。例如输入['adam', 'LISA', 'barT'],输出['Adam', 'Lisa', 'Bart']。

2. 利用 filter()筛选出回数。回数是指从左向右读和从右向左读都一样的数,例如 12321、909。

3. 假设用一组 tuple 表示学生的名字和成绩:

L = [('Bob', 75), ('Adam', 92), ('Bart',66), ('Lisa', 88)]

请用 sorted()对上述列表元素分别按名字排序。

4. 用 filter()把一个序列中的空字符串删掉。

第11章　Python 文本处理

Python 具有强大的文本处理能力，不仅能处理字符串，还能使用正则表达式按一定的规则提取文本内容，而且能对中文进行分词操作。本章介绍 Python 具有的文本操作功能。

11.1　字符串的基本处理

在 Python 中字符串是 str 对象。str 对象的建立使用单引号、双引号或 3 个单引号。例如：

```
s = 'nice'
s = "nice"
s = "Let's go"
s = '''nice'''          ♯3 个单引号
s = str(123)            ♯相当于 s = '123'
```

对于特别长的字符串（比如包含几段文字），可以使用 3 个单引号。在字符串中可以使用转义字符（例如\n 代表换行符，\t 代表 tab 键）。

在 Python 中，字符串支持一系列的基本操作，包括索引访问、切片操作、连接操作、重复操作、成员关系操作、比较操作等。

1. 按照某种格式产生字符串

在 Python 中，有一个 str.format(* args, ** kwargs)方法用于实现按照某种格式产生字符串功能，和％占位符的功能类似。例如：

```
print('11 + 22 = {0}'.format(33) )
```

str.format()格式化方式通过花括号预留填充位置，在花括号中可以指定填充值对应的序号，通过.format（注意 format 前有一个"."字符）指定具体的填充值。例如在上例中，{0}是占位符，其中 0 表示第一个填充值。其结果就是'11＋22＝33'。

```
print('姓名{0} 年龄{1}'.format('nice',18) )
```

{0}和{1}是占位符，{0}指第一个填充值，替换成 nice；{1}指第二个填充值，替换成 18，以此类推。结果就是'姓名 nice 年龄 18'。

format()方式也可以对输出的数字进行格式处理或对数值进行进制转换。例如:

```
print('{0:.4f}'.format(3.1415926))
```

262

在{0}占位符中用冒号":"写入规定的格式符:.4f(取 4 位小数),所以结果为 3.1416。其他格式符如下:

```
#b、d、o、x 分别是二进制、十进制、八进制、十六进制,c 是 Unicode 字符
print('二进制是{0:b}'.format(76))              #二进制是 1001100
print('Unicode 字符是{0:c}'.format(101))      #Unicode 字符是 e
print('十六进制是{0:x}'.format(76))            #十六进制是 4c
#e 科学记数(默认精度为 6 位),f 定点记法(默认精度为 6 位)
print('{0:e}'.format(31415926))               #3.141593e+07
print('{0:f}'.format(3.1415926))              #3.141593
#^、<、>分别是居中、左对齐、右对齐,后面带宽度
#冒号":"后面可带填充字符,填充字符只能是一个字符,默认用空格填充
print('宽度 3 位,左补 0:{0:0>3d}'.format(8))   #宽度 3 位,左补 0:008
print('宽度 3 位,右补 0:{0:0<3d}'.format(8))   #宽度 3 位,右补 0:800
print('宽度 3 位,左补空格:{0:3d}'.format(8))    #宽度 3 位,左补 0: 8
print('宽度 3 位,右补空格:{0:<3d}'.format(8))   #宽度 3 位,右补 0:8
```

2. 字符串的连接和重复

字符串可以用+号连接起来,用*号重复:

```
>>> word = 'Help' + 'A'        # 'HelpA'
>>> '<' + word * 5 + '>'       #重复 5 次
'<HelpAHelpAHelpAHelpAHelpA>'
```

3. 字符串的索引和切片

字符串可以像在 C 语言中那样用下标索引,字符串的第一个字符的下标为 0。Python 没有单独的字符数据类型,一个字符就是长度为 1 的字符串。可以用切片(slice)来截取其中的任意部分形成新的子串,切片即用冒号隔开的两个下标。例如:

```
>>> word = 'HelpA'
>>> word[4]        #下标索引为 4 的字符,即'A'
>>> word[0:2]      # 'He'
>>> word[2:4]      'lp'
```

切片有默认值,第一个下标省略时默认为零,第二个下标省略时默认为字符串的长度。

```
>>> word[:2]       #前两个字符'He'
>>> word[2:]       #除前两个字符串以外的部分'lpA'
>>> s = '123456789'
>>> s[0]           #第一个字符:1
>>> s[-1]          #倒数第一个字符:9
>>> s[:2]          #前两个字符:12
```

```
>>> s[-2:]            #后两个字符:89
>>> s[2:-2]           #去掉前两个和后两个剩余的字符:34567
```

举一个实用的例子,例如用手机拍照,照片的文件名如下:

```
IMG_20170812_145732.jpg
IMG_20170813_144559.jpg
```

需要根据照片的文件名获取日期信息,日期格式如下:

```
2017-08-12
2017-08-13
```

要对照片的命名进行转换,才能得到对应的日期信息。代码如下:

```
def getName(name):
    return '{0}-{1}-{2}'.format(name[4:8],name[8:10],name[10:12])
getName('IMG_20170812_145732.jpg')    #结果是 2017-08-12
getName('IMG_20170813_144559.jpg')    #结果是 2017-08-13
```

4. 判断是否为子串

在 Python 中,in 用来判断某个字符串是否在另一个字符串中,例如:

```
'nice' in 'nice day'    #True
```

5. 替换字符串中的部分内容

替换有两种方法,一种是使用字符串对象 str 的方法 replace(),另一种是使用 re 模块中的 sub()。例如:

方法一:

```
语法 str.replace('old','new')    #替换 old 为 new
s = 'nice day'
s.replace('nice','good')         #s 本身不变,但会返回一个字符串:'good day'
```

方法二:

```
import re                        re 模块
s = 'cat1 cat2 cat3 in '
re.sub('cat[0-9]','CAT',s)       #s 本身不变,但会返回一个字符串:'CAT CAT CAT in'
```

对于 re 模块中的 sub(),需要了解正则表达式。

6. 拆分字符串

拆分字符串主要使用 str 对象的 split()方法。例如:

```
split(str = "", num = string.count(str))
```

参数 str 是分隔符,num 是分割次数。split()通过指定分隔符对字符串进行切片,如果参数 num 有指定值,则仅分隔 num 个子字符串。最后返回分割后的字符串列表。

例如:

```
s = 'one,two,three'
s.split(',')          # ['one', 'two', 'three'] 列表
```

7. 合并字符串

合并与拆分相反,用户可以将列表合并成一个字符串。这个功能使用 str 对象的 join()方法实现。例如:

```
l = ['one', 'two', 'three']
print(','.join(l))              # 'one,two,three'
str = " - ";
seq = ("a", "b", "c")          #字符串序列
print(str.join( seq) )          #a - b - c
```

8. 和字符串判断相关的方法

Python 提供了许多字符串判断方法。下面做简单列举,其中 str= 'hello123'。

是否以某个字符串(例如 hello)开头:

```
str.startswith('hello')       #True
```

是否以某个字符串(例如 hello)结尾:

```
str.endswith(' hello ')       #False
```

是否全为字母或数字:

```
str.isalnum()                 #True
```

是否全为字母:

```
str.isalpha()                 #False
```

是否全为数字:

```
str.isdigit()                 #False
```

是否全部小写:

```
str.islower()                #True
```

是否全部大写：

```
str.isupper()                #False
```

关于字符串的操作有很多。如果仅对一两行字符串进行操作，显示不出它的威力。在工作中有可能会对很大的文档进行处理，这时 Python 就有了用武之地。

11.2　正则表达式

视频讲解

在编程处理文本的过程中，经常需要按照某种规则去查找一些特定的字符串。比如知道一个网页上的图片都叫'image/8554278135.jpg'之类的名字，只是数字不一样；又或者在一堆人员电子档案中，需要把他们的电话号码全部找出来，整理成通讯录。诸如此类工作，可不可以利用这些规律让程序自动去做？答案是肯定的。这时候就需要一种描述这些规律的方法，正则表达式（regular expression）就是描述文本规则的代码。

正则表达式描述了一种字符串匹配的模式（pattern），可以用来检查一个串中是否含有某个子串、将匹配的子串替换或者从某个串中取出符合某个条件的子串等。它能方便地检查一个字符串是否与某种模式匹配。

11.2.1　正则表达式的语法

正则表达式并不是 Python 中特有的功能，它是一种通用的方法。如果要使用它，用户必须会用正则表达式来描述文本规则。正则表达式使用特殊的语法来表示，是由普通字符、预定义字符（例如\d 匹配数字）和数量词（例如＊）组成的模式（pattern），也称为模板，表 11-1列出了正则表达式的语法。

表 11-1　正则表达式的语法

模　　式	描　　　　述
^	匹配字符串的开头
$	匹配字符串的末尾
.	匹配任意字符，除了换行符
[…]	用来表示一组字符。例如[amk]匹配 'a'、'm' 或 'k'；[0-9]匹配任何数字，类似于[0123456789]；[a-z]匹配任何小写字母；[a-zA-Z0-9]匹配任何字母及数字
[^…]	不在[]中的字符。例如[^abc]匹配除了 a、b、c 之外的字符。[^0-9]匹配除了数字之外的字符
＊	数量词，匹配 0 个或多个
＋	数量词，匹配 1 个或多个
？	数量词，以非贪婪方式匹配 0 个或 1 个
{n,}	重复 n 次或更多次
{n, m}	重复 n 到 m 次

模　式	描　述
a|b	匹配 a 或 b
(re)	匹配括号内的表达式,也表示一个组
(? imx)	正则表达式包含 3 种可选标志,即 i、m 或 x,只影响括号中的区域
(? -imx)	正则表达式关闭 i、m 或 x 可选标志,只影响括号中的区域
\w	匹配字母、数字及下画线,等价于'[A-Za-z0-9_]'
\W	匹配非字母、数字及下画线,等价于 '[^A-Za-z0-9_]'
\s	匹配任何空白字符,包括空格、制表符、换页符等,等价于 [\f\n\r\t\v]
\S	匹配任何非空白字符,等价于 [^\f\n\r\t\v]
\d	匹配任意数字,等价于 [0-9]
\D	匹配任意非数字,等价于 [^0-9]
\A	匹配字符串开始
\Z	匹配字符串结束,如果存在换行,只匹配到换行前的结束字符串
\z	匹配字符串结束
\G	匹配最后匹配完成的位置
\b	匹配一个单词边界,也就是指单词和空格间的位置。例如, 'er\b' 可以匹配"never" 中的 'er',但不能匹配 "verb" 中的 'er'
\B	匹配非单词边界。'er\B' 能匹配 "verb" 中的 'er',但不能匹配 "never" 中的 'er'
\n、\t 等	匹配一个换行符、一个制表符等

下面列出正则表达式的应用实例。

1. 匹配单个字符

从正则表达式语法中可见 \d 可以匹配一个数字,\w 可以匹配一个字母或数字,. 可以匹配任意单个字符,所以模式 '00\d' 可以匹配 '007',但无法匹配 '00A',模式 '\d\d\d' 可以匹配 '010',模式 '\w\w\d' 可以匹配 'py3',模式 'py.' 可以匹配 'pyc'、'pyo'、'py!',等等。

2. 匹配变长的字符串

如果要匹配变长的字符串,在正则表达式的模式字符串中,用 * 表示任意个字符(包括 0 个),用+表示至少一个字符,用?表示 0 个或 1 个字符,用{n}表示 n 个字符,用{n,m}表示 n~m 个字符。下面看一个复杂的表示电话号码的例子:

\d{3}\s+\d{3,8}

从左到右解读一下:

\d{3}表示匹配 3 个数字,例如 '010';

\s 可以匹配一个空格(也包括 Tab 等空白符),所以\s+表示至少有一个空格;

\d{3,8}表示 3~8 个数字,例如 '67665230'。

综合起来,上面的正则表达式可以匹配以任意个空格隔开的带区号的电话号码。

如果要匹配 '010-67665230' 这样的号码呢? 由于 '-' 是特殊字符,在正则表达式中要用 '\' 转义,所以上面的正则表达式是 \d{3}\-\d{3,8}。

3. []表示范围

如果要做更精确地匹配,可以用[]表示范围,例如:

[0-9a-zA-Z_]可以匹配一个数字、字母或者下画线;

[0-9a-zA-Z_]＋可以匹配至少由一个数字、字母或者下画线组成的字符串,比如'a100'、'0_Z'、'Py3000'等;

[a-zA-Z_][0-9a-zA-Z_]＊可以匹配以字母或下画线开头,后接任意个由一个数字、字母或者下画线组成的字符串,也就是 Python 合法的变量;

[a-zA-Z_][0-9a-zA-Z_]{0,19}更精确地限制了变量的长度是 1~20 个字符(前面 1 个字符＋后面最多 19 个字符);

A|B 可以匹配 A 或 B,所以(P|p)ython 可以匹配'Python'或者'python';

[^...]形式表示排除的字符,例如[^abc]匹配除 a、b、c 外的字符。[^0-9]匹配除数字外的字符。

4. 匹配字符串的开头和结束

^表示字符串的开头,例如^\d 表示字符串必须以数字开头;

$ 表示字符串的结束,例如\d$表示必须以数字结束。

例如,^\d{3}\-\d{3,8}$表示带区号的电话号码。

5. 数量词的贪婪模式与非贪婪模式

正则表达式通常用于在文本中查找匹配的字符串。Python 中的数量词默认是贪婪的,总是尝试匹配尽可能多的字符;非贪婪的则相反,总是尝试匹配尽可能少的字符。

例如,正则表达式"ab＊"如果用来查找"abbbc",将找到"abbb"。如果使用非贪婪的数量词"ab＊?",将找到"a"。

11.2.2 re 模块

Python 提供了 re 模块,包含正则表达式的所有功能。

1. match()方法

re.match()的格式为 re.match(pattern, string, flags)。

第一个参数是正则表达式,第二个参数表示要匹配的字符串;第三个参数是标志位,用于控制正则表达式的匹配方式,例如 re.I 使匹配对大小写不区分,re.M 为多行匹配。

match()方法从字符串的起始位置判断是否匹配,如果匹配成功,返回一个 Match 对象,否则返回 None。其常见的判断方法如下:

```
test = '用户输入的字符串'
if re.match(r'正则表达式', test):          # r 前缀为原义字符串,它表示对字符串不进行转义
    print('ok')
else:
    print('failed')
```

例如:

```
>>> import re
>>> re.match(r'^\d{3}\-\d{3,8}$', '010-12345')          # 返回一个 Match 对象
<_sre.SRE_Match object; span = (0, 9), match = '010-12345'>
>>> re.match(r'^\d{3}\-\d{3,8}$', '010 12345')          # '010 12345'不匹配规则,
                                                         # 返回 None
```

Match 对象是一次匹配的结果,包含了很多关于此次匹配的信息,用户可以使用 Match 提供的可读属性或方法来获取这些信息。

1) Match 对象的属性

➢ string:匹配时使用的文本。

➢ re:匹配时使用的 Pattern 对象。

➢ pos:文本中正则表达式开始搜索的位置。

➢ endpos:文本中正则表达式结束搜索的位置。

➢ lastindex:最后一个被捕获的分组在文本中的位置。如果没有被捕获的分组,将为 None。

➢ lastgroup:最后一个被捕获的分组的别名。如果这个分组没有别名或者没有被捕获的分组,将为 None。

2) Match 对象的方法

➢ group([group1,…]):返回一个或多个分组截获的字符串,当指定多个参数时将以元组的形式返回。参数 group1 可以使用编号也可以使用别名;编号 0 代表整个匹配的子串;不填写参数时返回 group(0)。

➢ groups():以元组形式返回全部分组截获的字符串,相当于调用 group(1,2,…,last)。

➢ groupdict():返回以组的别名为键、以该组匹配捕获的子串为值的字典,没有别名的组不包含在字典内。

➢ start([group]):返回指定的组截获的子串在 string 中的起始索引(子串的第一个字符的索引)。group 的默认值为 0。

➢ end([group]):返回指定的组截获的子串在 string 中的结束索引(子串的最后一个字符的索引+1)。group 的默认值为 0。

➢ span([group]):返回(start(group),end(group))。

Match 对象的相关属性和方法的示例如下:

```python
import re
t = "19:05:25"
m = re.match(r'^(\d\d)\:(\d\d)\:(\d\d)$', t)        #r原义
print("m.string:", m.string)                        #m.string: 19:05:25
print(m.re)                                          #re.compile('^(\\d\\d)\\:(\\d\\d)\\:((\\d\\d))$')
print( "m.pos:", m.pos)                              #m.pos: 0
print( "m.endpos:", m.endpos)                        #m.endpos: 8
print( "m.lastindex:", m.lastindex)                  #m.lastindex: 3
print( "m.lastgroup:", m.lastgroup)                  #m.lastgroup: None
print( "m.group(0):", m.group(0) )                   #m.group(0): 19:05:25
print( "m.group(1,2):", m.group(1, 2) )              #m.group(1,2): ('19', '05')
print( "m.groups():", m.groups())                    #m.groups():('19', '05', '25')
print( "m.groupdict():", m.groupdict())              #m.groupdict(): {}
print( "m.start(2):", m.start(2) )                   #m.start(2): 3
print( "m.end(2):", m.end(2) )                        #m.end(2): 5
print( "m.span(2):", m.span(2) )                      #m.span(2): (3, 5)
```

2. 分组

除了简单地判断是否匹配之外,正则表达式还有提取子串的强大功能,用()表示的就是要提取的分组(Group)。例如^(\d{3})-(\d{3,8})$分别定义了两个组,可以直接从匹配的字符串中提取出区号和本地号码:

```
>>> m = re.match(r'^(\d{3})-(\d{3,8})$', '010-12345')
>>> m.group(0)        #'010-12345'
>>> m.group(1)        #'010'
>>> m.group(2)        #'12345'
```

如果正则表达式中定义了组,就可以在 Match 对象上用 group()方法提取出子串。注意,group(0)永远是原始字符串,group(1)、group(2)、…表示第 1、2、…个子串。

3. 切分字符串

用正则表达式切分字符串比用固定的字符更灵活,请看普通字符串的切分代码:

```
>>> 'a b   c'.split(' ')      #split(' ')按空格分隔
['a', 'b', '', '', 'c']
```

结果是无法识别连续的空格。可以使用 re.split()方法来分割字符串,例如:
re.split(r'\s+', text)将字符串按空格分割成一个单词列表。

```
>>> re.split(r'\s+', 'a b   c')      #用正则表达式
['a', 'b', 'c']
```

无论多少个空格都可以正常分割。
再例如分隔符既有空格又有逗号、分号的情况:

```
>>> re.split(r'[\s\,]+', 'a,b, c d')      #可以识别空格、逗号
['a', 'b', 'c', 'd']
>>> re.split(r'[\s\,\;]+', 'a,b;; c d')      #可以识别空格、逗号、分号
['a', 'b', 'c', 'd']
```

4. search()和 findall()方法

re.match()总是从字符串"开头"去匹配,并返回匹配的字符串的 Match 对象,所以当用 re.match()去匹配非"开头"部分的字符串时会返回 NONE:

```
str1 = 'Hello World!'
print(re.match(r'World',str1))      #结果为 NONE
```

如果想在字符串中的任意位置去匹配,请用 re.search()或 re.findall()。
re.search()将对整个字符串进行搜索,并返回第一个匹配的字符串的 Match 对象。

```
str1 = 'Hello World!'
print(re.search(r'World',str1))
```

输出结果如下：

```
<_sre.SRE_Match object; span = (6, 11), match = 'World'>
```

re.findall()函数将返回一个所有匹配的字符串的字符串列表。

```
str1 = 'Hi, I am Shirley Hilton. I am his wife.'
>>> print(re.search(r'hi',str1))
<_sre.SRE_Match object; span = (10, 12), match = 'hi'>
>>> re.findall(r'hi',str1)
```

输出结果如下：

```
['hi', 'hi']
```

这两个"hi"分别来自"Shirley"和"his"。默认情况下正则表达式是严格区分大小写的，所以"Hi"和"Hilton"中的"Hi"被忽略了。

如果只想找到"hi"这个单词，而不把包含它的单词也算在内，那么就可以使用"\bhi\b"这个正则表达式。"\b"在正则表达式中表示单词的开头或结尾,空格、标点、换行都算单词的分割。"\b"自身不会匹配任何字符,它代表的只是一个位置。所以单词前后的空格、标点之类不会出现在结果中。

在前面的例子中,"\bhi\b"匹配不到任何结果,因为没有单词 hi("Hi"不是,严格区分大小写)。如果是"\bhi",则可以匹配到一个"hi",出自"his"。

5. re.sub()方法

re.sub()用于替换字符串中的匹配项,格式为：

re.sub(pattern, repl, string, count=0, flags=0)

第一个参数 pattern 是正则表达式;第二个参数 repl 表示替换的字符串;第三个参数 string 是要被查找替换的原始字符串;count 参数是模式匹配后替换的最大次数,默认为 0,表示替换所有的匹配。例如：

```
import re
url = 'http://113.215.20.136:9011/index.html'
pattern = 'http://(.*?):9011/'
out = re.sub(pattern, 'http://127.0.0.1:8089/', url)    #替换网址 http://127.0.0.1:
                                                        #8089/index.html
print(out)
```

11.2.3 正则表达式的实际应用案例

1. 提取标签中的文本内容

假如网络爬虫得到了一个网页的 HTML 源代码。其中有一段如下：

```
< html >
< body >
< h1 > hello world1 </h1 >
< h1 > hello world2 </h1 >
</body >
</html >
```

把所有<h1>标签的正文 hello world1、hello world2 提取出来,如果用户仅会 Python 的字符串处理,可以如下处理：

```
s = "< html >< body >< h1 > hello world1 </h1 >< h1 > hello world2 </h1 ></body ></html >"
start_index = s.find('< h1 >')
end_index = s.find('</h1 >')
print(s[start_index : end_index])                    # < h1 > hello world1
print(s[start_index + len('< h1 >'): end_index])     # hello world1
```

然后从这个位置向下查找到下一个<h1>出现,这样做未尝不可,但是很麻烦。需要考虑可能有多个标签,如果想要非常准确地匹配到,又得多加循环判断,效率太低。这时候正则表达式就是首选的方法。

上例用正则表达式处理的代码如下：

```
import re
key = r"< html >< body >< h1 > hello world1 </h1 >< h1 > hello world2 </h1 ></body ></html >"
                                    # 要匹配的文本
p1 = r"(?<=< h1 >). + ?(? =</h1 >)"    # 正则表达式
matcher1 = re.findall(p1,key)         # 在源文本中搜索符合正则表达式的部分
print(matcher1)                       # 打印列表
```

运行结果如下：

```
['hello world1', 'hello world2']
```

可见非常容易地找出所有<h1>标签的正文 hello world1、hello world2。其中,(? <= < h1 >+? (? =</h1 >)正则表达式使用(? <=…)前向界定与(? =…)后向界定,将<h1></h1>中的内容提取出来。

下面从最基础的正则表达式来讲解。

假设把一个字符串中的所有"python"匹配到:

272

```
import re
key = r"javapythonhtmlpython"          # 要匹配的文本
p1 = r"python"                         # 正则表达式
matcher1 = re.search(p1,key)           # 查询
print(matcher1.group(0))
print(matcher1.span(0))
matcher2 = re.findall(p1,key)          # 查询所有 python
print(matcher2)
```

运行结果如下：

```
python
(4, 10)
['python', 'python']
```

正则表达式都是区分大小写的,所以上面的例子把"python"换成"Python"就不会匹配到。
如果匹配的文本是变化的,不是固定文字,例如< h1 >标签中的文字匹配,可以如下处理：

```
import re
key = r"< h1 > hello world </h1 >"     # 源文本
p1 = r"< h1 >. + ?</h1 >"              # 正则表达式, + 是数量词匹配一个或多个,非贪婪模式
print(re.findall(p1,key))
```

或者

```
pattern1 = re.compile(p1)              # 把正则表达式转换成对象,调用 findall()和 match()
print(pattern1.findall(key))           # 正则表达式对象调用 findall()
```

运行结果如下：

```
['< h1 > hello world </h1 >']
```

从前面的正则表达式语法规则中知道两个< h1 >就是普普通通的字符,中间的".".字
符在正则表达式中可以代表任何一个字符(包括它本身),+的作用是将前面一个字符或
一个子表达式重复一遍或者多遍。比如表达式"ab+",它能匹配到"abbbbb",但是不能
匹配到"a"。

findall()返回的是所有符合要求的元素列表,如果仅有一个元素,它还是返回列表。

假设匹配"xmj@zut.edu.cn"这个邮箱(笔者的邮箱),正好用到".".字符,可以使用转义
符\,正则表达式写成如下：

```
import re
key = r"fuichuxiuxmj@zut.edu.cnkdjhfiosueh"
p1 = r"xmj@zut\.edu\.cn"
pattern1 = re.compile(p1)
print(pattern1.findall(key))
```

2. 超链接的提取

在网页内遇到了超链接,可能既有 http://开头的,又有 https://开头的,可以如下处理:

```
import re
key = r"<a href = http://www.zut.edu.cn</a> and <a href = https:// www.zut.edu.cn</a>"
                            #网址
p1 = r"https*://"            # * 数量词,匹配 0 个或多个
pattern1 = re.compile(p1)
print(pattern1.findall(key))
```

运行结果如下:

```
['http://', 'https://']
```

如果把超链接网址提取出来,如下处理:

```
import re
key = r'<a href = "http://www.zut.edu.cn">中工 1</a> and <a href = "https://www.zut.edu.cn">中工 2</a>'
p1 = r'<a. * ?href = "(http. * ?)". * ?>([\S\s] * ?)</a>'      #正则表达式
pattern1 = re.compile(p1)                      #把正则表达式转换成对象来调用 findall()和 match()
urls = pattern1.findall(key)                      #超链接网址的列表
for url in urls:
    print(url)
```

运行结果如下:

```
('http://www.zut.edu.cn', '中工 1')
('https://www.zut.edu.cn', '中工 2')
```

11.3　Python 中文分词

在英文中,单词之间是以空格作为自然分界符的,而中文只是句子和段可以通过明显的分界符来简单划分,词没有一个形式上的分界符。虽然也同样存在短语之间的划分问题,但是在词这一层上,中文要比英文复杂得多。

中文分词就是将连续的字序列按照一定的规范重新组合成词序列的过程。中文分词是网页分析索引的基础。分词的准确性对搜索引擎来说十分重要,如果分词速度太慢,即使再准确,对于搜索引擎来说也是不可用的,因为搜索引擎需要处理很多的网页,如果分析消耗的时间过长,会严重影响搜索引擎内容的更新速度。因此,搜索引擎对于分词的准确率和速率都提出了很高的要求。

jieba 是一个支持中文分词,高准确率、高效率的 Python 中文分词组件,支持繁体分词

和自定义词典。jieba 支持以下 3 种分词模式。

(1) 精确模式：试图将句子最精确地切开,适合文本分析。

(2) 全模式：把句子中所有可以成词的词语都扫描出来,速度非常快,但是不能解决歧义。

(3) 搜索引擎模式：在精确模式的基础上对长词再次切分,提高召回率,适合用于搜索引擎分词。

11.3.1 安装和使用 jieba

在命令行状态下输入"pip install   jieba",出现如下提示则表示安装成功。

Installing collected packages：jieba

  Running setup. py install for jieba … done

Successfully installed jieba—0. 38

组件提供了 jieba. cut()方法用于分词,cut()方法接受两个输入参数,第一个参数为需要分词的字符串；cut_all 参数用来控制分词模式。

jieba. cut()返回的结构是一个可迭代的生成器(generator),可以使用 for 循环获得分词后得到的每一个词语,也可以用 list(jieba. cut(…))转换为 list 列表。例如：

```
import jieba
seg_list = jieba.cut("我来到北京清华大学", cut_all = True)      #全模式
print("Full Mode:", '/'.join(seg_list))
seg_list = jieba.cut("我来到北京清华大学")              #默认是精确模式, 或者 cut_all = False
print(type(seg_list))                                 #<class 'generator'>
print("Default Mode:", '/'.join(seg_list))
seg_list = jieba.cut_for_search("我来到北京清华大学")           #搜索引擎模式
print("搜索引擎模式:", '/'.join(seg_list))
seg_list = jieba.cut("我来到北京清华大学")
for word in seg_list:
    print(word,end = '')
```

运行结果如下：

```
Building prefix dict from the default dictionary ...
Loading model from cache C:\Users\ADMINI~1\AppData\Local\Temp\jieba.cache
Loading model cost 1.648 seconds.
Prefix dict has been built successfully.
Full Mode: 我/来到/北京/清华/清华大学/华大/大学
<class 'generator'>
Default Mode: 我/来到/北京/清华大学
搜索引擎模式: 我/来到/北京/清华/华大/大学/清华大学
我 来到 北京 清华大学
```

jieba. cut_for_search()方法仅一个参数,为分词的字符串,该方法适合用于搜索引擎构造倒排索引的分词,粒度比较细。

11.3.2 jieba 添加自定义词典

国家 5A 级景区存在很多与旅游相关的专有名词,举个例子:

[输入文本] 故宫的著名景点包括乾清宫、太和殿和黄琉璃瓦等

[精确模式] 故宫/的/著名景点/包括/乾/清宫/、/太和殿/和/黄/琉璃瓦/等

[全模式] 故宫/的/著名/著名景点/景点/包括/乾/清宫/太和/太和殿/和/黄/琉璃/琉璃瓦/等

显然,专有名词"乾清宫""太和殿""黄琉璃瓦"(假设为一个文物)可能因分词而分开,这也是很多分词工具的一个缺陷。但是 jieba 支持开发者使用自定义的词典,以便包含 jieba 词库中没有的词语。虽然 jieba 有新词识别能力,但用户自行添加新词可以保证更高的正确率,尤其是专有名词。

其基本用法如下:

```
jieba.load_userdict(file_name)        #file_name 为自定义词典的路径
```

词典格式是一个词占一行;每一行分三部分,一部分为词语,另一部分为词频,最后为词性(可省略,jieba 的词性标注方式和 ICTCLAS 的标注方式一样。ns 为地点名词,nz 为其他专用名词,a 是形容词,v 是动词,d 是副词),三部分用空格隔开。例如以下自定义词典 dict.txt:

```
乾清宫 5 ns
黄琉璃瓦 4
云计算 5
李小福 2 nr
八一双鹿 3 nz
凯特琳 2 nz
```

下面是导入自定义词典后再分词:

```
import jieba
jieba.load_userdict("dict.txt")              #导入自定义词典
text = "故宫的著名景点包括乾清宫、太和殿和黄琉璃瓦等"
seg_list = jieba.cut(text, cut_all = False)    #精确模式
print("[精确模式]: ", "/".join(seg_list))
```

输出结果如下,其中专有名词连在一起,即"乾清宫"和"黄琉璃瓦"。

[精确模式]:故宫/的/著名景点/包括/乾清宫/、/太和殿/和/黄琉璃瓦/等

11.4 习　　题

1. 统计输入的字符串中英文字母、数字、空格和其他字符出现的次数。
2. 输入手机号码字符串验证是否为手机号。

3. 使用正则表达式提取当当网首页的所有超链接。

4. 使用正则表达式清除字符串中的 HTML 标记。

5. 编写程序,实现当用户输入一段英文后,输出这段英文中长度为 4 个字母的所有单词。

6. 有一段英文文本,其中有些单词连续重复了两次,请编写程序检查重复的单词,并只保留一个。

7. 假设有一段英文,其中单独的字母"I"误写为"i",请编写程序进行纠正,要求必须使用正则表达式。

提 高 篇

Python 语言有标准库和第三方库两类库,标准库随 Python 安装包一起发布,用户可以随时使用,第三方库需要安装后才能使用。由于 Python 语言经历了版本更迭,而且第三方库由全球开发者分布式维护,缺少统一的集中管理,所以 Python 第三方库曾经一度制约了 Python 语言的普及和发展。随着官方 pip 工具的应用,Python 第三方库的安装变得十分容易。常用的 Python 第三方库如下。

库 的 名 称	库 的 用 途
Django	开源 Web 开发框架,它鼓励快速开发,并遵循 MVC 设计,比较好用,开发周期短
webpy	一个小巧、灵活的 Web 框架,虽然简单,但是功能强大
Matplotlib	用 Python 实现的类 Matlab 的第三方库,用于绘制一些高质量的数学二维图形
SciPy	基于 Python 的 Matlab 实现,旨在实现 Matlab 的所有功能
Numpy	基于 Python 的科学计算第三方库,提供了矩阵、线性代数、傅里叶变换等解决方案
PyGtk	基于 Python 的 GUI 程序开发 GTK＋库
PyQt	用于 Python 的 QT 开发库
WxPython	Python 下的 GUI 编程框架,与 MFC 的架构相似
BeautifulSoup	基于 Python 的 HTML/XML 解析器,简单、易用
PIL	基于 Python 的图像处理库,功能强大,对图形文件的格式支持广泛
MySQLdb	用于连接 MySQL 数据库
Pygame	基于 Python 的多媒体开发和游戏软件开发模块
Py2exe	将 Python 脚本转换为 Windows 上可以独立运行的可执行程序
pefile	Windows PE 文件解析器

最常用且最高效的 Python 第三方库的安装方式是采用 pip 工具安装。pip 是 Python 官方提供并维护的在线第三方库安装工具。对于同时安装 Python 2 和 Python 3 环境的系统,建议采用 pip3 命令专门为 Python 3 安装第三方库。

例如安装 Pygame 库,pip 工具默认从网络下载 Pygame 库安装文件并自动安装到系统中。注意,pip(或者 pip3)是在命令行下(cmd)运行的工具。

```
D:\> pip install pygame
```

也可以卸载 Pygame 库,卸载过程可能需要用户确认。

```
D:\> pip uninstall pygame
```

可以通过 list 子命令列出当前系统中已经安装的第三方库,例如:

```
D:\> pip list
```

pip 是 Python 第三方库最主要的安装方式,可以安装 90% 以上的第三方库。然而,由于一些历史、技术等原因,还有一些第三方库暂时无法用 pip 安装,此时需要用其他的安装方法(例如下载库文件后手工安装),可以参照第三方库提供的步骤和方式安装。下面学习一些常用的 Python 第三方库。

第 12 章　基于 Pygame 的游戏设计

　　Pygame 最初由 Pete Shinners 开发,它是一个跨平台的 Python 模块,专为电子游戏设计,包含图像、声音功能和网络支持,这些功能使开发者很容易用 Python 写一个游戏。虽然不使用 Pygame 也可以写一个游戏,但如果能充分利用 Pygame 库中已经写好的代码,开发要容易得多。Pygame 能把游戏设计者从低级语言(例如 C 语言)的束缚中解放出来,专注于游戏逻辑本身。

　　由于 Pygame 很容易使用且跨平台,所以其在游戏开发中十分受欢迎。因为 Pygame 是开放源代码的软件,所以也促使一大批游戏开发者为完善和增强它而努力。

12.1　Pygame 基础知识

视频讲解

1. 安装 Pygame 库

　　在开发 Pygame 程序之前需要安装 Pygame 库,可以通过 Pygame 的官方网站"http://www.pygame.org/download.shtml"下载源文件。安装指导也可以在相应页面找到。

　　一旦安装了 Pygame,就可以在 IDLE 交互模式中输入以下语句检验是否安装成功:

```
>>> import pygame
>>> print(pygame.ver)
1.9.2a0
```

其中,1.9.2 是 Pygame 的版本。

2. Pygame 的模块

　　Pygame 有大量可以被独立使用的模块。对于计算机的常用设备,都有对应的模块来进行控制,另外还有其他一些模块,例如 pygame.display 是显示模块,pygame.keyboard 是键盘模块,pygame.mouse 是鼠标模块,如表 12-1 所示。

表 12-1　Pygame 软件包中的模块

模　块　名	功　　能	模　块　名	功　　能
pygame.cdrom	访问光驱	pygame.movie	播放视频
pygame.cursors	加载光标	pygame.music	播放音频
pygame.display	访问显示设备	pygame.overlay	访问高级视频叠加
pygame.draw	绘制形状、线和点	pygame	专为电子游戏设计

模 块 名	功 能	模 块 名	功 能
pygame. event	管理事件	pygame. rect	管理矩形区域
pygame. font	使用字体	pygame. sndarray	操作声音数据
pygame. image	加载和存储图片	pygame. sprite	操作移动图像
pygame. joystick	使用游戏手柄或类似的东西	pygame. surface	管理图像和屏幕
pygame. key	读取键盘按键	pygame. surfarray	管理点阵图像数据
pygame. mixer	声音	pygame. time	管理时间和帧信息
pygame. mouse	鼠标	pygame. transform	缩放和移动图像

建立 Pygame 项目和建立其他 Python 项目的方法是一样的。在 IDLE 或文本编辑器中新建一个空文档,需要告诉 Python 该程序用到了 Pygame 模块。

为了实现此目的,用 import 指令告诉 Python 载入外部模块。例如输入下面两行在新项目中引入必要的模块:

```
import pygame, sys, time, random
from pygame.locals import *
```

第一行引入 Pygame 的主要模块,即 sys 模块、time 模块和 random 模块。

第二行告诉 Python 载入 pygame. locals 的所有指令使它们成为原生指令,这样在使用这些指令时就不需要使用全名调用。

由于硬件和游戏的兼容性或者请求的驱动没有安装的问题,有些模块可能在某些平台上不存在,可以用 None 来测试一下。例如测试字体是否载入:

```
if pygame.font is None:
    print("The font module is not available!")
    pygame.quit()        ♯ 如果没有则退出 Pygame 的应用环境
```

下面对常用模块进行简要说明。

1) pygame. surface

pygame. surface 模块中有一个 surface()函数,surface()函数的一般格式为:

```
pygame.surface((width, height), flags = 0, depth = 0, masks = none)
```

它返回一个新的 surface 对象。这里的 surface 对象是一个有确定尺寸的空图像,可以用它来进行图像的绘制与移动。

2) pygame. locals

pygame. locals 模块中定义了 Pygame 环境中用到的各种常量,而且包括事件类型、按键和视频模式等的名字,在导入所有内容(from pygame. locals import ＊)时用起来是很安全的。

如果知道需要的内容,也可以导入具体的内容(例如 from pygame. locals import FULLSCREEN)。

3) pygame. display

pygame. display 模块包括处理 Pygame 显示方式的函数,其中包含普通窗口和全屏模式。

游戏程序通常需要下面的函数。

(1) flip/update:更新显示。一般来说,修改当前屏幕的时候要经过两步,首先需要对 get_surface()函数返回的 surface 对象进行修改,然后调用 pygame. display. flip()更新显示,以反映所做的修改。在只想更新屏幕一部分的时候使用 update()函数,而不是 flip()函数。

(2) set_mode:建立游戏窗口,返回 surface 对象。它有 3 个参数,第一个参数是元组,指定窗口的尺寸;第二个参数是标志位(具体含义见表 12-2),例如 FULLSCREEN 表示全屏,默认值为不对窗口进行设置,读者可根据需要选用;第三个参数为色深,指定窗口的色彩位数。

表 12-2　set_mode 的窗口标志位参数的含义

窗口标志位参数	含　义
FULLSCREEN	创建一个全屏窗口
DOUBLEBUF	创建一个"双缓冲"窗口,建议在 HWSURFACE 或者 OPENGL 时使用
HWSURFACE	创建一个硬件加速的窗口,必须和 FULLSCREEN 同时使用
OPENGL	创建一个 OPENGL 渲染的窗口
RESIZABLE	创建一个可以改变大小的窗口
NOFRAME	创建一个没有边框的窗口

(3) set_caption:设定游戏程序的标题。当游戏以窗口模式(对应于全屏)运行时尤其有用,因为该标题会作为窗口的标题。

(4) get_surface:返回一个可用来画图的 surface 对象。

4) pygame. font

pygame. font 模块用于表现不同字体,可用于文本。

5) pygame. sprite

pygame. sprite 模块有两个非常重要的类,即 sprite 精灵类和 group 精灵组。

sprite 精灵类是所有可视游戏的基类。为了实现自己的游戏对象,需要子类化 sprite,覆盖它的构造函数,以设定 imge 和 rect 属性(决定 sprite 的外观和放置的位置),再覆盖 update()方法。在 sprite 需要更新的时候可以调用 update()方法。

group 精灵组的实例用作精灵 sprite 对象的容器。在一些简单的游戏中,只要创建名为 sprites、allsprite 或其他类似的组,然后将所有 sprite 精灵对象添加到上面即可。当 group 精灵组对象的 update()方法被调用时,就会自动调用所有 sprite 精灵对象的 update()方法。group 精灵组对象的 clear()方法用于清理它包含的所有 sprite 对象(使用回调函数实现清理),group 精灵组对象的 draw()方法用于绘制所有的 sprite 对象。

6) pygame. mouse

pygame. mouse 用来管理鼠标。其中,pygame. mouse. set_visible(False/True)隐藏/显示鼠标的光标;pygame. mouse. get_pos()获取鼠标指针的位置。

基于 Pygame 的游戏设计

7）pygame.event

pygame.event 模块会追踪鼠标单击、鼠标移动、按键按下和释放等事件。其中，pygame.event.get()可以获取最近事件列表。

8）pygame.image

这个模块用于处理保存在 GIF、PNG 或者 JPEG 内的图形，可用 load()函数来读取图像文件。

12.2　Pygame 的使用

本节主要讲解用 Pygame 开发游戏的逻辑、鼠标事件的处理、键盘事件的处理、字体的使用和声音的播放等基础知识，最后以一个"移动的坦克"例子来体现这些基础知识的应用。

12.2.1　Pygame 开发游戏的主要流程

Pygame 开发游戏的基础是创建游戏窗口，核心是处理事件、更新游戏状态和在屏幕上绘图。游戏状态可理解为程序中所有变量值的列表。在有些游戏中，游戏状态包括存放人物和位置的变量、物体或图形位置的变化，这些值可以在屏幕上显示。

物体或图形位置的变化只有通过在屏幕上绘图才能看出来。

可以简单地抽象出 Pygame 开发游戏的主要流程，如图 12-1 所示。

图 12-1　Pygame 开发游戏的主要流程

下面举一个具体例子进行说明。

【例 12-1】　使用 Pygame 开发一个显示'Hello World!'标题的游戏窗口。

代码如下：

```
import pygame                        # 导入 Pygame 模块
from pygame.locals import *
```

```
import sys
def hello_world():
    pygame.init()                           ♯任何 Pygame 程序均需要执行此句进行模块的初始化
    ♯设置窗口的模式,(680,480)表示窗口的宽度和高度
    ♯此函数返回一个 surface 对象,本程序不使用它,故没保存到对象变量中
    pygame.display.set_mode((680, 480))
    pygame.display.set_caption('Hello World!')          ♯设置窗口标题
    ♯无限循环,直到接收到窗口关闭事件
    while True:
        ♯处理事件
        for event in pygame.event.get():
            if event.type == QUIT:  ♯接收到窗口关闭事件
                pygame.quit()        ♯退出
                sys.exit()
        ♯将 surface 对象绘制在屏幕上
        pygame.display.update()
if __name__ == "__main__":
    hello_world()
```

程序运行后,仅见到黑色的游戏窗口,标题是'Hello World!',如图 12-2 所示。

图 12-2　Pygame 开发的游戏窗口

导入 Pygame 模块后,任何 Pygame 游戏程序均需要执行 pygame.init()语句进行模块的初始化。它必须在进入游戏的无限循环之前被调用。这个函数会自动初始化其他所有的模块(例如 pygame.font 和 pygame.image),通过它载入驱动和硬件请求,游戏程序才可以使用计算机上的所有设备,比较费时间。如果只使用少量模块,应该分别初始化这些模块,以节省时间,例如 pygame.sound.init()仅初始化声音模块。

在代码中有一个无限循环,这是每个 Pygame 程序都需要的,在无限循环中可以做以下工作:

① 处理事件,例如鼠标、键盘、关闭窗口等事件。
② 更新游戏状态,例如坦克的位置变化、数量变化等。
③ 在屏幕上绘图,例如绘制新的敌方坦克等。

不断重复上面的 3 个步骤,从而完成游戏逻辑。

基于 Pygame 的游戏设计

本例代码仅处理关闭窗口事件,也就是玩家关闭窗口时 pygame. quit()退出游戏。

12. 2. 2 Pygame 的图像与图形绘制

1. Pygame 的图像绘制

Pygame 支持多种存储图像的方式(也就是图片格式),例如 JPEG、PNG 等,具体支持的格式有 JPEG(一般扩展名为. jpg 或者. jpeg,数码相机、网上的图片基本上都是这种格式,这是一种有损压缩方式,尽管对图片质量有些损坏,但对于减小文件的尺寸效果非常好,其优点有很多,只是不支持透明)、PNG(支持透明,无损压缩)、GIF(网上很多,支持透明和动画,但只能有 256 种颜色,在软件和游戏中很少使用)以及 BMP、PCX、TGA、TIF 等。

Pygame 使用 surface 对象来加载绘制图像。对于 Pygame 加载图片,就是使用 pygame. image. load(),给它一个文件名,然后返回一个 surface 对象。尽管读入的图像格式各不相同,但是 surface 对象隐藏了这些不同。用户可以对一个 surface 对象进行涂画、变形、复制等各种操作。事实上,游戏屏幕也只是一个 surface 对象,pygame. display. set_mode()返回了一个屏幕 surface 对象。

对于任何一个 surface 对象,可以用 get_width()、get_height()和 get_size()函数获取它的尺寸,用 get_rect()获取它的形状区域。

【例 12-2】 使用 Pygame 开发一个显示坦克自由移动的游戏窗口。

代码如下:

```python
import pygame
from pygame.locals import *
import sys
def play_tank():
    pygame.init()
    window_size = (width, height) = (600, 400)      # 窗口的大小
    speed = [1, 1]                                  # 坦克移动的偏移量[水平,垂直],值越大,
                                                    # 移动越快
    color_black = (255, 255, 255)                   # 窗口背景色 RGB 值(白色)
    screen = pygame.display.set_mode(window_size)   # 设置窗口的模式
    pygame.display.set_caption('自由移动的坦克')     # 设置窗口的标题
    tank_image = pygame.image.load('tankU.bmp')     # 加载坦克图片
    tank_rect = tank_image.get_rect()               # 获取坦克图片,返回一个 surface 对象
    while True:                                      # 无限循环
        for event in pygame.event.get():
            if event.type == pygame.QUIT:           # 退出事件处理
                pygame.quit()
                sys.exit()
        # 使坦克移动,速度由 speed 变量控制
        tank_rect = tank_rect.move(speed)
        # 当坦克移出窗口时重新设置偏移量
        if (tank_rect.left < 0) or (tank_rect.right > width):      # 水平方向
            speed[0] = - speed[0]                   # 水平方向反向
        if (tank_rect.top < 0) or (tank_rect.bottom > height):     # 垂直方向
            speed[1] = - speed[1]                   # 垂直方向反向
        screen.fill(color_black)                    # 填充窗口背景
        screen.blit(tank_image, tank_rect)  # 在窗口 surface 的指定区域 tank_rect 上绘制坦克
```

```
            pygame.display.update()                    ♯更新窗口的显示内容
     if __name__ == '__main__':
         play_tank()
```

程序运行后,可以看到白色背景的游戏窗口,标题是"自由移动的坦克",如图 12-3 所示。

图 12-3   自由移动的坦克游戏的窗口

在游戏中通过修改坦克图像(surface 对象)区域的 Left 属性(可以认为是 x 坐标)和 Top 属性(可以认为是 y 坐标)改变坦克的位置,从而显示出坦克自由移动的效果。在窗口(窗口也是 surface 对象)中使用 blit 函数绘制坦克图像,最后注意需要更新窗口的显示内容。

设置 fpsClock 变量的值即可控制游戏的速度。代码如下:

```
fpsClock = pygame.time.Clock()
```

在无限循环中写入 fpsClock.tick(50),可以按指定帧频 50 更新游戏画面(即每秒刷新 50 次屏幕)。

2. Pygame 的图形绘制

在屏幕上绘制各种图形使用的是 pygame.draw 模块中的一些函数,事实上 Pygame 可以不加载任何图片,而使用图形来制作一个游戏。

pygame.draw 中函数的第一个参数总是一个 surface,然后是颜色,接着是一系列的坐标等。计算机中的坐标(0,0)代表绘图区域左上角的顶点,水平向右 x 代表正方向,垂直向下 y 代表正方向。函数的返回值是一个 Rect 对象,包含了绘制的区域,这样就可以很方便地更新那个部分了。pygame.draw 中的函数见表 12-3。

表 12-3   pygame.draw 中的函数

函　数	作　　　用	函　数	作　　　用
rect	绘制矩形	line	绘制线
polygon	绘制多边形(有 3 条及 3 条以上的边)	lines	绘制一系列的线
circle	绘制圆	aaline	绘制一条平滑的线
ellipse	绘制椭圆	aalines	绘制一系列平滑的线
arc	绘制圆弧		

基于 Pygame 的游戏设计

下面详细说明 pygame. draw 中各个函数的使用。

1) pygame. draw. rect

格式：pygame. draw. rect(surface，color，rect，width＝0)

pygame. draw. rect 在 surface 上绘制一个矩形，除了 surface 和 color，rect 接收一个矩形的坐标和线宽参数，如果线宽是 0 或省略，则填充。

2) pygame. draw. polygon

格式：pygame. draw. polygon(surface，color，pointlist，width＝0)

polygon 就是多边形，其用法类似 rect，第一、第二、第四个参数都是相同的，只不过 polygon 会接收一系列坐标的列表，代表了各个顶点坐标。

3) pygame. draw. circle

格式：pygame. draw. circle(surface，color，pos，radius，width＝0)

circle 绘制一个圆，它接收一个圆心坐标和半径参数。

4) pygame. draw. ellipse

格式：pygame. draw. ellipse(surface，color，rect，width＝0)

可以把 ellipse 想象成一个被压扁的圆，事实上，它是可以被一个矩形装起来的。pygame. draw. ellipse 的第三个参数就是这个椭圆的外接矩形。

5) pygame. draw. arc

格式：pygame. draw. arc(surface，color，rect，start_angle，stop_angle，width＝1)

arc 是椭圆的一部分，所以它的参数比椭圆多一点。但它是不封闭的，因此没有 fill 方法。start_angle 和 stop_angle 为开始和结束的角度。

6) pygame. draw. line

格式：pygame. draw. line(surface，color，start_pos，end_pos，width＝1)

line 绘制一条线段，start_pos、end_pos 是线段的起点、终点坐标。

7) pygame. draw. lines

格式：pygame. draw. lines(surface，color，closed，pointlist，width＝1)

closed 是一个布尔变量，指明是否需要多绘制一条线来使这些线条闭合（就和 polygon 一样了），pointlist 是一个顶点坐标的数组。

12.2.3 Pygame 中键盘和鼠标事件的处理

所谓事件(event)，就是程序上发生的事，例如用户按键盘上的某个键或者单击、移动鼠标。对于这些事件，游戏程序需要做出反应。在例 12-2 中，程序会一直运行下去，直到关闭窗口而产生一个 QUIT 事件，Pygame 会接收用户的各种操作（例如按键盘、移动鼠标等）产生事件。事件随时可能发生，而且量可能很大，Pygame 的做法是把一系列的事件存到一个队列中，逐个去处理。

在例 12-2 的程序中使用了 pygame. event. get()来处理所有事件，如果使用 pygame. event. wait()，Pygame 就会等到发生一个事件才继续下去，一般在游戏中不太实用，因为游戏往往是需要动态运作的。Pygame 的常用事件如表 12-4 所示。

表 12-4 Pygame 的常用事件

事　件	产 生 途 径	参　　数
QUIT	用户单击"关闭"按钮	none
ATIVEEVENT	Pygame 被激活或者隐藏	gain、state
KEYDOWN	键盘被按下	unicode、key、mod
KEYUP	键盘被放开	key、mod
MOUSEMOTION	鼠标被移动	pos、rel、buttons
MOUSEBUTTONDOWN	鼠标被按下	pos、button
MOUSEBUTTONUP	鼠标被放开	pos、button

1. Pygame 中键盘事件的处理

用 pygame. event. get()获取所有的事件,当 event. type == KEYDOWN 时,是键盘事件,再判断按键 event. key 的种类(即 K_a、K_b、K_LEFT 这种形式)。另外也可以用 pygame. key. get_pressed()来获取所有按下的键值,它会返回一个元组。这个元组的索引就是键值,对应的就是是否按下。

pressed_keys = pygame. key. get_pressed()

if pressed_keys[K_SPACE]:

　　　　♯空格键被按下

　　　fire()　　♯发射子弹

key 模块下有很多函数,具体如下。

➤ key. get_focused:返回当前的 Pygame 窗口是否激活。

➤ key. get_pressed:获取所有按下的键值。

➤ key. get_mods:按下的组合键(Alt、Ctrl、Shift)。

➤ key. set_mods:模拟按下组合键的效果(KMOD_ALT、KMOD_CTRL、KMOD_SHIFT)。

【例 12-3】 使用 Pygame 开发一个用户控制坦克移动的游戏。在例 12-2 的基础上增加通过方向键控制坦克移动的功能,并为游戏增加背景图片。程序的运行效果如图 12-4 所示。

代码如下:

```
import os
import sys
import pygame
from pygame.locals import *
def control_tank(event):                ♯控制坦克移动的函数
    speed = [x, y] = [0, 0]             ♯相对坐标
    speed_offset = 1                    ♯速度
    ♯当按下方向键时进行位置计算
    if event.type == pygame.KEYDOWN:
        if event.key == pygame.K_LEFT:
            speed[0] -= speed_offset
        if event.key == pygame.K_RIGHT:
            speed[0] = speed_offset
```

```python
            if event.key == pygame.K_UP:
                speed[1] -= speed_offset
            if event.key == pygame.K_DOWN:
                speed[1] = speed_offset
    #当释放方向键时相对偏移为0,即不移动
            if event.type in (pygame.KEYUP, pygame.K_LEFT, pygame.K_RIGHT, pygame.K_DOWN) :
                speed = [0, 0]
        return speed
def play_tank():
    pygame.init()
    window_size = Rect(0, 0, 600, 400)        #窗口的大小
    speed = [1, 1]                            #坦克移动的偏移量[水平,垂直],值越大,移动越快
    color_black = (255, 255, 255)             #窗口背景色的 RGB 值(白色)
    screen = pygame.display.set_mode(window_size.size)     #设置窗口的模式
    pygame.display.set_caption('用户方向键控制坦克移动')    #设置窗口的标题
    tank_image = pygame.image.load('tankU.bmp')            #加载坦克图片
    #加载窗口的背景图片
    back_image = pygame.image.load('back_image.jpg')
    tank_rect = tank_image.get_rect()         #获取坦克图片的区域形状
    while True:
        #退出事件处理
        for event in pygame.event.get():      #pygame.event.get()获取事件序列
            if event.type == pygame.QUIT:
                pygame.quit()
                sys.exit()
        #使坦克移动,速度由 speed 变量控制
        cur_speed = control_tank(event)
        #Rect 的 clamp()方法使移动范围限制在窗口内
        tank_rect = tank_rect.move(cur_speed).clamp(window_size)
        screen.blit(back_image, (0, 0))       #设置窗口的背景图片
        screen.blit(tank_image, tank_rect)   #在窗口 surface 上绘制坦克
        pygame.display.update()               #更新窗口的显示内容
if __name__ == '__main__':
    play_tank()
```

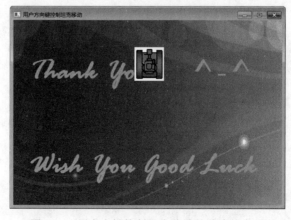

图 12-4　用方向键控制坦克移动的游戏的窗口

当用户按下方向键时,计算出相对位置 cur_speed 后,使用 tank_rect. move(cur_speed)
函数向指定方向移动坦克。当释放方向键时坦克停止移动。

2. Pygame 中鼠标事件的处理

pygame. mouse 的函数如下。

➢ pygame. mouse. get_pressed:返回键被按下的情况,返回的是一元组,分别为左键、
中键、右键,如按下则为 True。

➢ pygame. mouse. get_rel:返回相对偏移量(x 方向偏移量,y 方向偏移量)的一元组。

➢ pygame. mouse. get_pos:返回当前鼠标指针的位置(x, y)。

例如,x, y = pygame. mouse. get_pos()获得鼠标指针的位置。

➢ pygame. mouse. set_pos:设置鼠标指针的位置。

➢ pygame. mouse. set_visible:设置鼠标的光标是否可见。

➢ pygame. mouse. get_focused:如果鼠标在 Pygame 窗口内有效,则返回 True。

➢ pygame. mouse. set_cursor:设置鼠标的默认光标样式。

➢ pygame. mouse. get_cursor:返回鼠标的光标样式。

【例 12-4】 演示鼠标事件处理的程序。

代码如下:

```
import pygame
from pygame.locals import *
from sys import exit
from random import *
from math import pi
pygame.init()
screen = pygame.display.set_mode((640, 480), 0, 32)
points = []
while True:
    for event in pygame.event.get():
        if event.type == QUIT:
            pygame.quit()
            exit()
        if event.type == KEYDOWN:
            #按任意键可以清屏,并把点恢复到原始状态
            points = []
            screen.fill((255,255,255))            #用白色填充窗口的背景
        if event.type == MOUSEBUTTONDOWN:         #按下鼠标
            screen.fill((255,255,255))
            #绘制随机矩形
            rc = (255, 0, 0)                      #红色
            rp = (randint(0,639), randint(0,479))
            rs = (639 - randint(rp[0], 639), 479 - randint(rp[1], 479))
            pygame.draw.rect(screen, rc, Rect(rp, rs))
            #绘制随机圆形
            rc = (0,255, 0)                       #绿色
            rp = (randint(0,639), randint(0,479))
            rr = randint(1, 200)
            pygame.draw.circle(screen, rc, rp, rr)
```

基于 *Pygame 的游戏设计*

```
                      #获得当前鼠标单击的位置
                      x, y = pygame.mouse.get_pos()
                      points.append((x, y))
                      #根据单击位置绘制弧线
                      angle = (x/639.) * pi * 2.
                      pygame.draw.arc(screen, (0,0,0), (0,0,639,479), 0, angle, 3)
                      #根据单击位置绘制椭圆
                      pygame.draw.ellipse(screen, (0, 255, 0), (0, 0, x, y))
                      #从左上和右下绘制两根线连接到单击位置
                      pygame.draw.line(screen, (0, 0, 255), (0, 0), (x, y))
                      pygame.draw.line(screen, (255, 0, 0), (640, 480), (x, y))
                      #绘制单击轨迹图
                      if len(points) > 1:
                          pygame.draw.lines(screen, (155, 155, 0), False, points, 2)
                      #和轨迹图基本一样,只不过是闭合的,因为会覆盖,所以这里注释了
                      # if len(points) >= 3:
                      # pygame.draw.polygon(screen, (0, 155, 155), points, 2)
                      #把每个点绘制得明显一点
                      for p in points:
                          pygame.draw.circle(screen, (155, 155, 155), p, 3)
            pygame.display.update()
```

运行这个程序,在窗口上面单击鼠标就会有图形出来,按任意键可以重新开始,运行效果如图 12-5 所示。

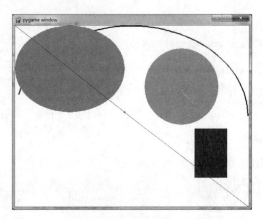

图 12-5　演示鼠标事件处理的程序的运行效果

12.2.4　Pygame 中字体的使用

Pygame 可以直接调用系统字体,也可以调用 TTF 字体。为了使用字体,首先应该创建一个 Font 对象。对于系统自带的字体,应该如下调用:

```
font1 = pygame.font.SysFont('arial', 16)
```

其中,第一个参数是字体名,第二个参数是字号。在正常情况下系统中都会有 arial 字体,如

果没有则会使用默认字体,默认字体和用户使用的系统有关。

可以使用 pygame.font.get_fonts()来获取当前系统的所有可用字体:

```
>>> pygame.font.get_fonts()
'gisha', 'fzshuti', 'simsunnsimsun', 'estrangeloedessa', 'symboltigerexpert', 'juiceitc', 'onyx',
'tiger', 'webdings', 'franklingothicmediumcond', 'edwardianscriptitc'
```

还有一种调用方法,是使用自己的 TTF 字体:

```
my_font = pygame.font.Font("my_font.ttf", 16)
```

使用这个方法的好处是可以把字体文件和游戏一起打包分发,避免出现玩家计算机上没有这个字体而无法显示的问题。一旦有了 Font 对象,就可以用 render()方法来设置文字内容,然后通过 blit()方法写到屏幕上。例如:

```
text = font1.render("坦克大战",True,(0,0,0),(255,255,255))
```

render()方法的第一个参数是写入的文字内容;第二个参数是布尔值,说明是否开启抗锯齿;第三个参数是字体本身的颜色;第四个参数是背景的颜色。如果不想有背景色,也就是让背景透明,可以不加第四个参数。

例如,自己定义一个文字处理函数 show_text(),其中参数 surface_handle 为 surface 句柄,pos 为文字的显示位置,color 为文字的颜色,font_bold 为是否加粗,font_size 为字体的大小,font_italic 为是否斜体。

```
def show_text(surface_handle, pos, text, color, font_bold = False, font_size = 13, font_
italic = False):
    # cur_font = pygame.font.SysFont("宋体", font_size)      # 获取系统字体
    cur_font = pygame.font.Font('simfang.ttf', 30)          # 获取字体,并设置文字的大小
    cur_font.set_bold(font_bold)                            # 设置是否加粗属性
    cur_font.set_italic(font_italic)                        # 设置是否斜体属性
    text_fmt = cur_font.render(text, 1, color)              # 设置文字内容
    surface_handle.blit(text_fmt, pos)                      # 绘制文字
```

在更新窗口内容(pygame.display.update())之前加入:

```
text_pos = u"坦克大战"
show_text(screen, (20, 220), text_pos, (255, 0, 0), True)
text_pos = u"坦克位置:(%d,%d)" % (tank_rect.left, tank_rect.top)
show_text(screen, (20, 420), text_pos, (0, 255, 255), True)
```

会在屏幕(20,220)处显示红色的"坦克大战"文字,同时在(20,420)处显示现在坦克所处位置的坐标。移动坦克,位置坐标的文字也会随之改变。

12.2.5　Pygame 中声音的播放

1. Sound 对象

在初始化声音设备以后,就可以读取一个音乐文件到一个 Sound 对象中了。pygame. mixer. Sound()接收一个文件名,也可以使用一个文件对象,不过这个文件必须是 WAV 或者 OGG 格式。

```
hello_sound = Pygame.mixer.Sound("hello.ogg")   ♯建立 Sound 对象
hello_sound.play()                               ♯声音播放一次
```

一旦这个 Sound 对象出来了,就可以使用 play()播放它。play(loop,maxtime)可以接收两个参数:loop 是重复的次数(取 1 是两次,注意是重复的次数而不是播放的次数,取−1 意味着无限循环);maxtime 是指多少毫秒后结束。

当不使用任何参数调用的时候,意味着把这个声音播放一次。一旦 play()方法调用成功,就会返回一个 Channel 对象,否则返回一个 None。

2. music 类

在 Pygame 中还提供了 pygame. mixer. music 类来控制背景音乐的播放。pygame. mixer. music 用来播放 MP3 和 OGG 音乐文件,不过 MP3 并不是所有的系统都支持(Linux 默认不支持 MP3 播放)。使用 pygame. mixer. music. load()来加载一个文件,然后使用 pygame. mixer. music. play()来播放,不播放的时候就用 stop()方法停止,当然也有类似录影机上的 pause()和 unpause()方法。

```
♯加载背景音乐
pygame.mixer.music.load("hello.mp3")
pygame.mixer.music.set_volume(music_volume/100.0)
♯循环播放,从音乐的第 30s 处开始
pygame.mixer.music.play(-1, 30.0)
```

在游戏退出事件中加入停止音乐播放的代码:

```
♯停止音乐的播放
pygame.mixer.music.stop()
```

music 类提供了以下丰富的函数。

1) pygame. mixer. music. load():加载音乐文件

格式:pygame. mixer. music. load(filename)

2) pygame. mixer. music. play():播放音乐

格式:pygame. mixer. music. play(loops=0, start=0.0)

其中,loops 表示循环次数,如果设置为−1,表示不停地循环播放,如果设置为 5,则播放 5+1=6 次;start 参数表示从音乐文件的哪一秒开始播放,设置为 0 表示从头开始完整播放。

3）pygame. mixer. music. rewind()：重新播放

格式：pygame. mixer. music. rewind()

4）pygame. mixer. music. stop()：停止播放

格式：pygame. mixer. music. stop()

5）pygame. mixer. music. pause()：暂停播放

格式：pygame. mixer. music. pause()

可通过 pygame. mixer. music. unpause()：恢复播放。

6）pygame. mixer. music. set_volume()：设置音量

格式：pygame. mixer. music. set_volume(value)

其中，value 的取值为 0.0～1.0。

7）pygame. mixer. music. get_pos()：获取当前播放了多长时间

格式：pygame. mixer. music. get_pos()：return time

12.2.6 Pygame 中精灵的使用

pygame. sprite. Sprite 是 Pygame 中用来实现精灵的一个类，在使用时并不需要对它实例化，只需要继承它，然后按需写出自己的类，因此非常简单、实用。

1. 精灵

精灵可以认为是一个个小图片（帧）序列（例如人物行走），它可以在屏幕上移动，并且可以与其他图形对象交互。精灵图像可以是使用
Pygame 绘制形状的函数绘制的形状，也可以是图像文件。图 12-6 是由 16 帧图片组成的人物行走画面。

2. Sprite 类的成员

pygame. sprite. Sprite 用来实现精灵类，Sprite 的数据成员和函数主要如下。

（1）self. image：负责显示什么图形。例如，self. image＝pygame. Surface([x,y])说明该精灵是一个 x,y 大小的矩形；self. image ＝ pygame. image. load(filename) 说明该精灵显示 filename 这个图片文件。

self. image. fill([color])负责对 self. image 着色，例如：

图 12-6　精灵图片序列

```
self.image = pygame.Surface([x,y])
self.image.fill([255,0,0])    ♯对 x,y 大小的矩形填充红色
```

（2）self. rect：负责在哪里显示。一般来说，先用 self. rect＝self. image. get_rect()获得 image 矩形的大小，然后给 self. rect 设定显示的位置，一般用 self. rect. topleft 确定左上角的显示位置，当然也可以用 topright、bottomright、bottomleft 分别确定其他几个角的位置。

另外，self. rect. top、self. rect. bottom、self. rect. right、self. rect. left 分别表示上、下、

基于 Pygame 的游戏设计

左、右。

(3) self.update()：负责使精灵行为生效。

(4) Sprite.add()：添加精灵到 group 中。

(5) Sprite.remove()：从精灵组 group 中删除精灵。

(6) Sprite.kill()：从精灵组 groups 中删除全部精灵。

(7) Sprite.alive()：判断某个精灵是否属于精灵组 groups。

3. 建立精灵

所有精灵在建立时都是从 pygame.sprite.Sprite 中继承的。建立精灵要设计自己的精灵类。

【例 12-5】 建立 Tank 精灵。

代码如下：

```
import pygame, sys
pygame.init()
class Tank(pygame.sprite.Sprite):
    def __init__(self, filename, initial_position):
        pygame.sprite.Sprite.__init__(self)
        self.image = pygame.image.load(filename)
        self.rect = self.image.get_rect()          # 获取 self.image 大小
        # self.rect.topleft = initial_position      # 确定左上角的显示位置
        self.rect.bottomright = initial_position    # 坦克右下角的显示位置是[150,100]
screen = pygame.display.set_mode([640,480])
screen.fill([255,255,255])
fi = 'tankU.jpg'
b = Tank(fi,[150,100])
while True:
    for event in pygame.event.get():
        if event.type == pygame.QUIT:
            sys.exit()
    screen.blit(b.image, b.rect)
    pygame.display.update()
```

【例 12-6】 使用图 12-6 中的精灵图片序列建立动画效果的人物行走精灵。

分析：在游戏动画中，人物行走是基本动画，在精灵中不断切换人物行走图片，从而达到动画的效果。

代码如下：

```
import pygame
from pygame.locals import *
class MySprite(pygame.sprite.Sprite):
    def __init__(self, target):
        pygame.sprite.Sprite.__init__(self)
        self.target_surface = target
        self.image = None
        self.master_image = None
        self.rect = None
        self.topleft = 0,0
        self.frame = 0
        self.old_frame = -1
```

```
        self.frame_width = 1
        self.frame_height = 1
        self.first_frame = 0       #第一帧的序号
        self.last_frame = 0        #最后一帧的序号
        self.columns = 1           #列数
        self.last_time = 0
```

在加载一个精灵图片序列的时候,需要告知程序一帧的大小(传入帧的宽度和高度、文件名、列数)。例如:

```
def load(self, filename, width, height, columns):
    self.master_image = pygame.image.load(filename).convert_alpha()
    self.frame_width = width
    self.frame_height = height
    self.rect = 0,0,width,height
    self.columns = columns
    rect = self.master_image.get_rect()
    self.last_frame = (rect.width // width) * (rect.height // height) - 1
```

一个循环动画通常是这样工作的:从第一帧不断加载直到最后一帧,然后返回第一帧,并不断重复这个操作。

如果只是这样做,程序会一股脑地将动画播放完,想让它根据时间间隔一张一张地播放,需要加入定时的代码。将帧速率 ticks 传递给 sprite 的 update()函数,这样就可以轻松地让动画按照帧速率来播放了。例如:

```
        def update(self, current_time, rate = 60):
            if current_time > self.last_time + rate:     #如果时间超过上次时间 + 60ms
                self.frame += 1                          #帧号加 1,意味着显示下一帧图像
            if self.frame > self.last_frame:             #帧号超过最后一帧
                self.frame = self.first_frame            #回到第一帧
                self.last_time = current_time
            if self.frame != self.old_frame:
                #首先需要计算单个帧左上角的 x,y 位置的值
                frame_x = (self.frame % self.columns) * self.frame_width
                frame_y = (self.frame // self.columns) * self.frame_height
                #然后将计算好的 x,y 值传递给位置的 rect 属性
                rect = ( frame_x, frame_y, self.frame_width, self.frame_height )   #要显示区域
                self.image = self.master_image.subsurface(rect)     #截取要显示区域的图像
                self.old_frame = self.frame
pygame.init()
screen = pygame.display.set_mode((800,600),0,32)
pygame.display.set_caption("精灵类测试")
font = pygame.font.Font(None, 18)
#启动一个定时器,然后调用 tick(num)函数就可以让游戏以 num 帧运行了
framerate = pygame.time.Clock()
cat = MySprite(screen)
```

基于 Pygame 的游戏设计

```
cat.load("sprite2.png", 92, 95, 4)          #精灵图片,每帧 92 像素 × 95 像素的大小,共 4 列
group = pygame.sprite.Group()
group.add(cat)
while True:
    framerate.tick(10)                       #指定帧速率
    ticks = pygame.time.get_ticks()          #获取运行时间
    for event in pygame.event.get():
        if event.type == pygame.QUIT:
            pygame.quit()
            exit()
        key = pygame.key.get_pressed()
        if key[pygame.K_ESCAPE]:             #Esc 键
            exit()
    screen.fill((0,0,100))
    #cat.draw(screen)                         #没有此方法
    cat.update(ticks)
    screen.blit(cat.image,cat.rect)
    #group.update(ticks)
    #group.draw(screen)
    pygame.display.update()
```

运行后可见一个人物行走的动画。另外,也可以使用精灵组 update()和 draw()函数实现精灵动画。例如:

```
group.update(ticks)    #将帧速率 ticks 传递给 sprite 的 update()函数,让动画按照帧速率来播放
group.draw(screen)
```

4. 建立精灵组

当程序中有大量实体的时候,操作这些实体将会是一件相当麻烦的事,那么有没有什么容器可以将这些精灵放在一起统一管理呢? 答案就是使用精灵组。

Pygame 使用精灵组来管理精灵的绘制和更新,精灵组是一个简单的容器。

使用 pygame.sprite.Group()函数可以创建一个精灵组:

```
group = pygame.sprite.Group()
group.add(sprite_one)
```

精灵组也有 update()和 draw()函数:

```
group.update()
group.draw()
```

Pygame 还提供了精灵与精灵之间的冲突检测、精灵与组之间的碰撞检测。这些碰撞检测技术在 12.4 节的飞机大战游戏中有所使用。

5. 精灵与精灵之间的碰撞检测

1) 两个精灵之间的矩形检测

当只有两个精灵的时候可以使用 pygame.sprite.collide_rect()函数进行一对一的冲突检

测。这个函数需要传递两个精灵,并且每个精灵都需要继承自 pygame. sprite. Sprite。

举个例子:

```
sprite_1 = MySprite("sprite_1.png",200,200,1)    #MySprite 是例 12-6 创建的精灵类
sprite_2 = MySprite("sprite_2.png",50,50,1)
result = pygame.sprite.collide_rect(sprite_1,sprite_2)
if result:
    print("精灵碰撞上了")
```

2)两个精灵之间的圆检测

矩形冲突检测并不适用于所有形状的精灵,因此在 Pygame 中还有一个圆形冲突检测。pygame. sprite. collide_circle()函数是基于每个精灵的半径值来进行检测的。用户可以自己指定精灵的半径,或者让函数计算精灵的半径。例如:

```
result = pygame.sprite.collide_circle(sprite_1,sprite_2)
if result:
    print("精灵碰撞上了")
```

3)两个精灵之间的像素遮罩检测

如果矩形检测和圆形检测都不能满足需求,那么 Pygame 还为用户提供了一个更加精确的检测,即 pygame. sprite. collide_mask()。

这个函数接收两个精灵作为参数,返回值是一个布尔变量。例如:

```
if pygame.sprite.collide_mask(sprite_1,sprite_2):
    print("精灵碰撞上了")
```

4)精灵和组之间的矩形冲突检测

在调用 pygame. sprite. spritecollide(sprite,sprite_group,bool)这个函数的时候,一个组中的所有精灵都会逐个地对另外的单个精灵进行冲突检测,发生冲突的精灵会作为一个列表返回。

这个函数的第一个参数就是单个精灵,第二个参数是精灵组,第三个参数是一个布尔值,最后这个参数起了很大的作用。当该参数为 True 的时候,会删除组中所有冲突的精灵;当该参数为 False 的时候,不会删除冲突的精灵。

```
list_collide = pygame.sprite.spritecollide(sprite,sprite_group,False);
```

另外,这个函数有一个变体——pygame. sprite. spritecollideany()。该函数在判断精灵组和单个精灵冲突的时候会返回一个布尔值。

5)精灵组之间的矩形冲突检测

利用 pygame. sprite. groupcollide()可以检测两个精灵组之间的冲突,它返回一个字典(键-值对)。

这几种常用的冲突检测函数在 12.4 节的飞机大战游戏实例中会实际用到。

12.3 基于 Pygame 设计贪吃蛇游戏

在贪吃蛇游戏中,玩家控制蛇的移动,蛇不断吃到食物(红色草莓)而增长,直到蛇身碰到边界时游戏结束。其运行效果如图 12-7 所示。

图 12-7　基于 Pygame 设计贪吃蛇游戏的运行效果

首先导入需要的模块:

```
import pygame, sys, time, random
from pygame.locals import *
```

然后输入下面两行来启用 Pygame,这样 Pygame 在该程序中就可用了:

```
pygame.init()
fpsClock = pygame.time.Clock()
```

第一行告诉 Pygame 初始化,第二行创建一个名为 fpsClock 的变量,该变量用来控制游戏的速度。再用下面两行代码新建一个 Pygame 显示层(游戏元素画布)。

```
playSurface = pygame.display.set_mode((640, 480))
pygame.display.set_caption('Raspberry Snake')
```

接下来定义一些颜色,虽然这一步不是必需的,但会减少编写的代码量。下面的代码定义了程序中用到的颜色:

```
redColour = pygame.Color(255, 0, 0)
blackColour = pygame.Color(0, 0, 0)
whiteColour = pygame.Color(255, 255, 255)
greyColour = pygame.Color(150, 150, 150)
```

下面几行代码初始化了程序中用到的一些变量。这是很重要的一步,因为如果游戏开始时这些变量为空,Python 将无法正常运行。

```
snakePosition = [100,100]                         #蛇头的位置
snakeSegments = [[100,100],[80,100],[60,100]]     #蛇身序列
raspberryPosition = [300,300]                     #草莓的位置
raspberrySpawned = 1                              #是否吃到草莓,1 为没有吃到,0 为吃到
direction = 'right'                               #运动方向,初始向右
changeDirection = direction
```

可以看到 3 个变量 snakePosition、snakeSegments 和 raspberryPosition 被设置为用逗号分隔的列表。

用下面几行代码来定义函数 gameOver():

```
def gameOver():
    gameOverFont = pygame.font.Font('freesansbold.ttf', 72)
    gameOverSurf = gameOverFont.render('Game Over', True, greyColour)
    gameOverRect = gameOverSurf.get_rect()
    gameOverRect.midtop = (320, 10)
    playSurface.blit(gameOverSurf, gameOverRect)
    pygame.display.flip()
    time.sleep(5)
    pygame.quit()
    sys.exit()
```

gameOver()函数用了一些 Pygame 命令来完成一个简单的任务:用大号字体将 Game Over 打印在屏幕上,停留 5s,然后退出 Pygame 和 Python 程序。在游戏开始之前就定义了结束函数,这看起来有点奇怪,但是所有的函数都应该在被调用之前定义。Python 是不会自己执行 gameOver()函数的,直到调用该函数。

现在程序的开头部分已经完成,接下来进入主要部分。该程序运行在一个无限循环(一个永不退出的 while 循环)中,直到蛇撞到了墙或者自己才会导致游戏结束。用下面的代码开始主循环:

```
while True:
```

没有其他的比较条件,Python 会检测 True 是否为真。因为 True 一定为真,循环会一直进行,直到调用 gameOver()函数告诉 Python 退出该循环。

```
for event in pygame.event.get():
    if event.type == QUIT:
        pygame.quit()
        sys.exit()
    elif event.type == KEYDOWN:
```

```
            if event.key == K_RIGHT or event.key == ord('d'):
                changeDirection = 'right'
            if event.key == K_LEFT or event.key ==  ord('a'):
                changeDirection = 'left'
            if event.key == K_UP or event.key == ord('w'):
                changeDirection = 'up'
            if event.key == K_DOWN or event.key == ord('s'):
                changeDirection = 'down'
            if event.key == K_ESCAPE:
                pygame.event.post(pygame.event.Event(QUIT))
```

for 循环用来检测按键等 Pygame 事件。

第一个检测 if event.type == QUIT 告诉 Python,如果 Pygame 发出了 QUIT 信息(当用户按下 Esc 键时),执行下面缩进的代码。之后的两行类似 gameOver()函数,通知 Pygame 和 Python 程序结束并退出。

第二个检测以 elif 开头的行,用来检测 Pygame 是否发出 KEYDOWN 事件,该事件在用户按下键盘时产生。

KEYDOWN 事件修改变量 changeDirection 的值,该变量用于控制蛇的运动方向。在本例中提供了两种控制蛇的方法,用鼠标或者键盘的 W、D、A 和 S 键让蛇向上、右、下和左移动。程序开始时,蛇会按照 changeDirection 预设的值向右移动,直到用户按下键盘上的键改变其方向。

程序开始的初始化部分有一个 direction 变量,这个变量协同 changeDirection 检测用户发出的命令是否有效。蛇不应该立即向后运动(如果发生该情况,蛇会死亡,同时游戏结束)。为了防止这样的情况发生,将用户发出的请求(保存在 changeDirection 中)和目前的方向(保存在 direction 中)进行比较,如果方向相反,则忽略该命令,蛇会继续按原方向运动。用下面几行代码来进行比较:

```
    if changeDirection == 'right' and not direction == 'left':
            direction = changeDirection
    if changeDirection == 'left' and not direction == 'right':
            direction = changeDirection
    if changeDirection == 'up' and not direction == 'down':
            direction = changeDirection
    if changeDirection == 'down' and not direction == 'up':
            direction = changeDirection
```

这样就保证了用户输入的合法性,蛇(屏幕上显示为一系列块)就能够按照用户的输入移动。每次转弯时,蛇会向该方向移动一小节。每个小节为 20 像素,可以告诉 Pygame 在任何方向移动一小节。

```
    if direction == 'right':
        snakePosition[0] += 20
    if direction == 'left':
```

```
        snakePosition[0] -= 20
 if direction == 'up':
        snakePosition[1] -= 20
 if direction == 'down':
        snakePosition[1] += 20
```

snakePosition 为蛇头的新位置,程序开始处另一个列表变量 snakeSegments 却不是这样。该列表存储蛇身体的位置(头部的后边)。随着蛇吃掉草莓导致长度增加,列表会增加长度,同时提高游戏的难度。随着游戏的进行,避免蛇头撞到身体的难度变大。如果蛇头撞到身体,蛇会死亡,同时游戏结束。用下面的代码使蛇身体增长:

```
 snakeSegments.insert(0,list(snakePosition))
```

这里用 insert() 方法向 snakeSegments 列表(保存了蛇当前的位置)中添加新项目。每当 Python 运行到这一行,它会将蛇的身体增加一节,同时将这一节放在蛇的头部。在玩家看来,蛇在增长。当然,只希望蛇吃到草莓时才增长,否则蛇会一直变长。输入下面几行代码:

```
 if snakePosition[0] == raspberryPosition[0]  and snakePosition[1] == raspberryPosition[1]:
        raspberrySpawned = 0
 else:
        snakeSegments.pop()
```

第一条 if 语句检查蛇头部的 x 和 y 坐标是否等于草莓(玩家的目标点)的坐标。如果等于,该草莓就会被蛇吃掉,同时 raspberrySpawned 变量置为 0。else 语句告诉 Python,如果草莓没有被吃掉,要做的事是将 snakeSegments 列表中最早的项目 pop 出来。

pop 语句简单、易用,它返回列表中末尾的项目并从列表中删除,使列表缩短一项。在 snakeSegments 列表中,它使 Python 删掉距离头部最远的一部分。在玩家看来,蛇整体在移动而不会增长。实际上,它在一端增加小节,在另一端删除小节。由于有 else 语句,pop 语句只有在蛇没吃到草莓时执行。如果吃到了草莓,则列表中的最后一项不会被删掉,所以蛇会增加一小节。

现在,蛇就可以通过吃草莓来让自己变长了。但是游戏中只有一个草莓有些无聊,所以蛇如果吃了一个草莓,则用下面的代码增加一个新的草莓到游戏界面中:

```
 if raspberrySpawned == 0:
        x = random.randrange(1,32)
        y = random.randrange(1,24)
        raspberryPosition = [int(x * 20),int(y * 20)]
 raspberrySpawned = 1
```

这部分代码通过判断变量 raspberrySpawned 是否为 0 来判断草莓是否被吃掉了,如果被吃掉了,使用程序开始引入的 random 模块获取一个随机位置,然后将这个位置和蛇的每个小节的长度(20 像素宽,20 像素高)相乘来确定它在游戏界面中的位置。随机地放置草莓是很重要的,能够防止用户预先知道下一个草莓出现的位置。最后将 raspberrySpawned 变量置为 1,以保证每个时刻界面上只有一个草莓。

现在有了让蛇移动和生长的必需代码,包括草莓的被吃和新建操作(在游戏中称为草莓重生),但是还没有在界面上绘制蛇和草莓。输入下面的代码:

```
playSurface.fill(blackColour)
for position in snakeSegments:                      #绘制蛇(一系列方块)
    pygame.draw.rect(playSurface,whiteColour,Rect(position[0], position[1], 20, 20))
    pygame.draw.rect(playSurface,redColour,Rect(raspberryPosition[0], raspberryPosition
[1], 20, 20))        #绘制草莓
pygame.display.flip()
```

这些代码让 Pygame 填充背景色为黑色,蛇的头部和身体为白色,草莓为红色。最后一行的 pygame.display.flip()让 Pygame 更新界面(如果没有这条语句,用户将看不到任何东西。每当在界面上绘制完对象时,记得使用 pygame.display.flip()让用户看到更新)。

现在还没有涉及蛇死亡的代码。如果游戏中的角色永远死不了,玩家很快就会感到无聊,所以用下面的代码来设置让蛇死亡的场景:

```
if snakePosition[0] > 620 or snakePosition[0] < 0:
    gameOver()
if snakePosition[1] > 460 or snakePosition[1] < 0:
    gameOver()
```

第一个 if 语句检查蛇是否已经走出了界面的上下边界,第二个 if 语句检查蛇是否已经走出了左右边界。这两种情况都是蛇的末日,触发前面定义的 gameOver()函数,打印游戏结束信息并退出游戏。如果蛇头撞到了自己身体的任何部分,也会让蛇死亡,所以输入下面几行代码:

```
for snakeBody in snakeSegments[1:]:
    if snakePosition[0] == snakeBody[0] and
    snakePosition[1] == snakeBody[1]:
        gameOver()
```

这里的 for 语句遍历蛇的每一小节的位置(从列表的第二项开始到最后一项),同时和当前蛇头的位置比较。这里用 snakeSegments[1:]来保证从列表的第二项开始遍历。列表的第一项为头部的位置,如果从第一项开始比较,那么游戏一开始蛇就死亡了。

最后,只需要设置 fpsClock 变量的值即可控制游戏的速度。

```
fpsClock.tick(20)
```

使用 IDLE 的 Run Module 选项或者在终端输入 python snake.py 来运行程序。
贪吃蛇 snake.py 的完整源代码如下:

```python
import pygame, sys, time, random
from pygame.locals import *
pygame.init()
fpsClock = pygame.time.Clock()
playSurface = pygame.display.set_mode((640, 480))
pygame.display.set_caption('Raspberry Snake')
#定义一些颜色
redColour = pygame.Color(255, 0, 0)
blackColour = pygame.Color(0, 0, 0)
whiteColour = pygame.Color(255, 255, 255)
greyColour = pygame.Color(150, 150, 150)
#初始化程序中用到的一些变量
snakePosition = [100,100]
snakeSegments = [[100,100],[80,100],[60,100]]
raspberryPosition = [300,300]          #草莓的位置
raspberrySpawned = 1                    #是否吃到草莓,1 为没有吃到,0 为吃到
direction = 'right'                     #运动方向
changeDirection = direction
def gameOver():
    gameOverFont = pygame.font.Font('simfang.ttf', 72)
    gameOverSurf = gameOverFont.render('Game Over', True, greyColour)
    gameOverRect = gameOverSurf.get_rect()
    gameOverRect.midtop = (320, 10)
    playSurface.blit(gameOverSurf, gameOverRect)
    pygame.display.flip()
    time.sleep(5)
    pygame.quit()
    sys.exit()
while True:
    for event in pygame.event.get():
        if event.type == QUIT:
            pygame.quit()
            sys.exit()
        elif event.type == KEYDOWN:
            if event.key == K_RIGHT or event.key == ord('d'):
                changeDirection = 'right'
            if event.key == K_LEFT or event.key == ord('a'):
                changeDirection = 'left'
            if event.key == K_UP or event.key == ord('w'):
                changeDirection = 'up'
            if event.key == K_DOWN or event.key == ord('s'):
                changeDirection = 'down'
            if event.key == K_ESCAPE:
                pygame.event.post(pygame.event.Event(QUIT))
    if changeDirection == 'right' and not direction == 'left':
        direction = changeDirection
    if changeDirection == 'left' and not direction == 'right':
        direction = changeDirection
    if changeDirection == 'up' and not direction == 'down':
        direction = changeDirection
```

```
    if changeDirection == 'down' and not direction == 'up':
            direction = changeDirection
    if direction == 'right':
        snakePosition[0] += 20
    if direction == 'left':
        snakePosition[0] -= 20
    if direction == 'up':
        snakePosition[1] -= 20
    if direction == 'down':
        snakePosition[1] += 20
    #将蛇的身体增加一节,同时将这一节放在蛇的头部
    snakeSegments.insert(0, list(snakePosition))
    #检查蛇头部的 x 和 y 坐标是否等于草莓(玩家的目标点)的坐标
    if snakePosition[0] == raspberryPosition[0] and snakePosition[1] == raspberryPosition[1]:
        raspberrySpawned = 0
    else:
        snakeSegments.pop()
    #增加一个新的草莓到游戏界面中
    if raspberrySpawned == 0:
        x = random.randrange(1, 32)
        y = random.randrange(1, 24)
        raspberryPosition = [int(x * 20), int(y * 20)]
    raspberrySpawned = 1
    playSurface.fill(blackColour)
    for position in snakeSegments:                        #绘制蛇(一系列方块)
        pygame.draw.rect(playSurface, whiteColour, Rect
        (position[0], position[1], 20, 20))
        pygame.draw.rect(playSurface, redColour, Rect
        (raspberryPosition[0], raspberryPosition[1], 20, 20))   #绘制草莓
    pygame.display.flip()
    if snakePosition[0] > 620 or snakePosition[0] < 0:
        gameOver()
    if snakePosition[1] > 460 or snakePosition[1] < 0:
        gameOver()
    for snakeBody in snakeSegments[1:]:
        if snakePosition[0] == snakeBody[0] and snakePosition[1] == snakeBody[1]:
            gameOver()
    fpsClock.tick(10)
```

12.4　习　　题

1. 基于 Pygame 开发游戏的主要流程是什么?
2. Pygame 的精灵如何使用?
3. 基于 Pygame 开发俄罗斯方块游戏。
4. 基于 Pygame 开发井字棋游戏。
5. 基于 Pygame 开发黑白棋游戏。

第13章   Python 爬取网页信息

所谓网页爬取,就是把 URL 地址中指定的网络资源从网络流中读取出来,保存到本地。类似于使用程序模拟 IE 浏览器的功能,把 URL 作为 HTTP 请求的内容发送到服务器端,然后读取服务器端的相应资源。本章详细介绍 urllib 网页爬取和 BeautifulSoup4 库来分析、处理网页内容。

13.1   HTTP 相关知识

视频讲解

HTTP(HyperText Transfer Protocol,超文本传输协议)是用于从 WWW 服务器传输超文本到本地浏览器的传送协议。它可以使浏览器更加高效,使网络传输减少。HTTP 不仅保证计算机正确、快速地传输超文本文档,还确定传输文档中的哪部分,以及哪部分内容首先显示(例如文本先于图形)等。

1. HTTP 的请求响应模型

HTTP 永远都是客户端发起请求,服务器端回送响应。这样就限制了 HTTP 的使用,无法实现在客户端没有发起请求的时候服务器端将消息回送给客户端。

HTTP 是一个无状态的协议,同一个客户端的本次请求和上次请求是没有对应关系的。

2. 工作流程

一次 HTTP 操作称为一个事务,其工作流程(如图 13-1 所示)可分为以下 4 步。

图 13-1   HTTP 的工作流程

(1)客户端与服务器端需要建立连接,只要单击某个超链接,HTTP 的工作就开始。

(2)建立连接后,客户端发送一个请求给服务器端,请求方式的格式为:统一资源标识符(URL)、协议版本号,后面是 MIME 信息,包括请求修饰符、客户端信息和可能的内容。

(3)服务器端接到请求后给予相应的响应信息,其格式为一个状态行,包括信息的协议版本号、一个成功或错误的代码,后面是 MIME 信息,包括服务器端信息、实体信息和可能的内容。

(4) 客户端接收服务器端所返回的信息,通过浏览器显示在用户的显示屏上,然后客户端与服务器端断开连接。

如果在以上过程中的某一步出现错误,那么产生错误的信息将返回到客户端,由显示屏输出。对于用户来说,这些过程是由 HTTP 自己完成的,用户只要用鼠标单击,等待信息显示就可以了。

3. 网络爬虫

网络爬虫也叫网络蜘蛛(web spider),如果把互联网比喻成一个蜘蛛网,Spider 就是一只在网络上爬来爬去的蜘蛛。网络爬虫是搜索引擎抓取系统的重要组成部分。爬虫的主要目的是将互联网的网页下载到本地形成一个互联网内容的镜像备份。网络爬虫就是根据网页的地址来寻找网页。举一个简单的例子,我们在浏览器的地址栏中输入的字符串就是 URL,例如"https://www.baidu.com/"。URL 就是统一资源定位符(Uniform Resource Locator),它的一般格式如下(带方括号[]的为可选项):

protocol:// hostname[:port] / path / [;parameters][?query]#fragment

URL 的格式由以下三部分组成。

(1) protocol:第一部分,就是协议,例如百度网使用的就是 HTTPS。

(2) hostname[:port]:第二部分,就是主机名(还有端口号,为可选参数),一般网站默认的端口号为 80,例如百度网的主机名就是 www.baidu.com,这就是服务器的地址。

(3) path:第三部分,就是主机资源的具体地址,例如目录和文件名等。

网络爬虫就是根据这个 URL 来获取网页信息的。应用网络爬虫一般分为两个步骤:①通过网络链接获取网页内容;②对获取的网页内容进行处理。这两个步骤分别使用不同的库,即 urllib(或者 requests)和 BeautifulSoup4。

13.2　urllib 库

13.2.1　urllib 库简介

urllib 是 Python 标准库中最常用的 Python 网页的访问模块,它可以让用户像访问本地文本文件一样读取网页的内容。Python 2 系列使用的是 urllib2,Python 3 以后将其全部整合为 urllib,在 Python 3.x 中可以使用 urllib 库抓取网页。

urllib 库提供了访问一个网页的简单、易懂的 API,还包括一些函数方法,用于对参数进行编码、下载网页文件等操作。这个模块的使用门槛非常低,初学者也可以尝试去抓取、读取或者保存网页。urllib 是一个 URL 处理包,在这个包中集合了一些处理 URL 的模块,具体如下。

(1) urllib.request 模块:用来打开和读取 URL。

(2) urllib.error 模块:包含一些由 urllib.request 产生的错误,可以使用 try 进行捕捉处理。

(3) urllib.parse 模块:包含一些解析 URL 的方法。

(4) urllib.robotparser 模块:用来解析 robots.txt 文本文件。它提供了一个单独的 RobotFileParser 类,通过该类提供的 can_fetch() 方法测试爬虫是否可以下载一个页面。

13.2.2 urllib 库的基本使用

视频讲解

在下面的例子中将结合使用 urllib. request 和 urllib. parse 两个模块,说明 urllib 库的使用方法。

1. 获取网页信息

使用 urllib. request. urlopen()函数可以很轻松地打开一个网站,读取并打印网页信息。urlopen()函数的格式如下:

```
urlopen(url[, data[, proxies]])
```

urlopen()返回一个 Response 对象,然后像本地文件一样操作这个 Response 对象来获取远程数据。其中,参数 url 表示远程数据的路径,一般是网址;参数 data 表示以 POST 方式提交到 URL 的数据(提交数据的两种方式为 POST 与 GET,一般情况下很少用到这个参数);参数 proxies 用于设置代理。urlopen()还有一些可选参数,对于具体信息读者可以查阅 Python 自带的文档。

urlopen()返回的 Response 对象提供了如下方法。

- ➤ read()、readline()、readlines()、fileno()、close():这些方法的使用方式与文件对象完全一样。
- ➤ info():返回一个 httplib. HTTPMessage 对象,表示远程服务器返回的头信息。
- ➤ getcode():返回 HTTP 状态码。如果是 HTTP 请求,200 表示请求成功完成;404 表示网址未找到。
- ➤ geturl():返回请求的 URL。

了解了这些,就可以编写一个最简单的爬取网页的程序:

```
# urllib_test01.py
from urllib import request
if __name__ == "__main__":
    response = request.urlopen("http://fanyi.baidu.com")
    html = response.read()
    html = html.decode("UTF-8")        # decode()命令将网页的信息进行解码,否则会出现乱码
    print(html)
```

urllib 使用 request. urlopen()打开和读取 URL 信息,返回的对象 Response 如同一个文本对象。可以调用 read()进行读取,再通过 print()将读到的信息打印出来。

运行 Python 程序文件,输出的信息如图 13-2 所示。

其实这就是浏览器接收到的信息,只不过用户在使用浏览器的时候,浏览器已经将这些信息转化成了界面信息供用户浏览。浏览器就是作为客户端从服务器端获取信息,然后将信息解析,再展示给用户的。

这里通过 decode()命令将网页的信息进行解码:

307

第 13 章

Python 爬取网页信息

图 13-2 读取的百度翻译网页的源代码

```
html = html.decode("UTF-8")
```

当然前提是用户已经知道了这个网页是使用 UTF-8 编码的,那么怎么查看网页的编码方式呢? 非常简单的方法是使用浏览器查看网页的源代码,只需要找到<head>标签开始位置的 chareset,就知道网页是采用何种编码了。

需要说明的是,urlopen()函数中的 url 参数不仅可以是一个字符串,例如"http://www.baidu.com",还可以是一个 Request 对象,这就需要先定义一个 Request 对象,然后将这个 Request 对象作为 urlopen()的参数使用,方法如下:

```
req = request.Request("http://fanyi.baidu.com/")        #Request 对象
response = request.urlopen(req)
html = response.read()
html = html.decode("UTF-8")
print(html)
```

注意:如果要把对应文件下载到本地,可以使用 urlretrieve()函数:

```
from urllib import request
request.urlretrieve("http://www.zzti.edu.cn/_mediafile/index/2017/06/24/1qjdyc7vq5.jpg",
"aaa.jpg")
```

上例就可以把网络上中原工学院的图片资源 1qjdyc7vq5.jpg 下载到本地,生成 aaa.jpg 图片文件。

2. 获取服务器响应信息

和浏览器的交互过程一样,request. urlopen()代表请求过程,它返回的 Response 对象代表响应,返回内容作为一个对象更便于操作。Response 对象的 status 属性返回请求

HTTP 后的状态，在处理数据之前要先判断状态情况。如果请求未被响应，需要终止内容处理。reason 属性非常重要，可以得到未被响应的原因，url 属性返回页面 URL。Response. read()是获取请求的页面内容的二进制形式。

另外，也可以使用 getheaders()返回 HTTP 响应的头信息，例如：

```
from urllib import request
f = request. urlopen('http://fanyi.baidu.com')
data = f. read()
print('Status:', f. status, f. reason)
for k, v in f. getheaders():
    print('% s: % s' % (k, v))
```

此时可以看到 HTTP 响应的头信息：

```
Status: 200 OK
Content - Type: text/html
Date: Sat, 15 Jul 2017 02:18:26 GMT
P3p: CP = " OTI DSP COR IVA OUR IND COM "
Server: Apache
Set - Cookie: locale = zh; expires = Fri, 11 - May - 2018 02:18:26 GMT; path = /; domain =
. baidu. com
Set - Cookie: BAIDUID = 2335F4F896262887F5B2BCEAD460F5E9:FG = 1; expires = Sun, 15 - Jul - 18
02:18:26 GMT; max - age = 31536000; path = /; domain = . baidu. com; version = 1
Vary: Accept - Encoding
Connection: close
Transfer - Encoding: chunked
```

同样也可以使用 Response 对象的 geturl()方法、info()方法、getcode()方法获取相关的 URL、响应信息和响应 HTTP 状态码。例如：

```
# - * - coding: UTF-8 - * -
from urllib import request
if __name__ == "__main__":
    req = request. Request("http://fanyi.baidu.com/")
    response = request. urlopen(req)
    print("geturl 打印信息: % s" % (response. geturl()))
    print('***************************************** ')
    print("info 打印信息: % s" % (response. info()))
    print('***************************************** ')
    print("getcode 打印信息: % s" % (response. getcode()))
```

可以得到如下运行结果：

```
geturl 打印信息: http://fanyi.baidu.com/
*****************************************
info 打印信息: Content - Type: text/html
```

Python 爬取网页信息

```
Date: Sat, 15 Jul 2017 02:42:32 GMT
P3p: CP = " OTI DSP COR IVA OUR IND COM "
Server: Apache
Set－Cookie: locale = zh; expires = Fri, 11 － May － 2018 02:42:32 GMT; path = /; domain =
.baidu.com
Set－Cookie: BAIDUID = 976A41D6B0C3FD6CA816A09BEAC3A89A:FG = 1; expires = Sun, 15 － Jul － 18
02:42:32 GMT; max－age = 31536000; path = /; domain = .baidu.com; version = 1
Vary: Accept－Encoding
Connection: close
Transfer－Encoding: chunked
*****************************************************
getcode 打印信息: 200
```

上面介绍了使用简单的语句对网页进行抓取。接下来学习如何向服务器发送数据。

3. 向服务器发送数据

可以使用 urlopen()函数中的 data 参数向服务器发送数据。根据 HTTP 规范,GET 用于信息的获取,POST 是向服务器提交数据的一种请求。换句话说,从客户端向服务器端提交数据使用 POST;从服务器端获取数据到客户端使用 GET。GET 也可以提交数据,它与POST 的区别如下。

(1) GET 方式可以通过 URL 提交数据,待提交数据是 URL 的一部分;采用 POST 方式,待提交数据放置在 HTML 头内。

(2) 以 GET 方式提交的数据最多不超过 1024B,POST 没有对提交内容的长度进行限制。

如果没有设置 urlopen()函数的 data 参数,HTTP 请求采用 GET 方式,也就是从服务器端获取信息;如果设置 data 参数,HTTP 请求采用 POST 方式,也就是向服务器端传递数据。

data 参数有自己的格式,它是一个基于 application/x-www. form-urlencoded 的格式,对于具体格式用户不用了解,因为可以使用 urllib. parse. urlencode()函数将字符串自动转换成上面的格式。

下面是发送 data 实例,向百度翻译发送要翻译的数据 data,得到翻译结果。

使用百度翻译需要输入网址"http://api. fanyi. baidu. com/api/trans/vip/translate",该网址通过 POST 或 GET 方式发送如表 13-1 中所示的请求参数访问服务。

表 13-1　请求参数

参　数　名	类　　型	必填参数	描　　述	备　　注
q	TEXT	Y	请求翻译 query	UTF-8 编码
from	TEXT	Y	翻译源语言	语言列表(可设置为 auto)
to	TEXT	Y	译文语言	语言列表(不可设置为 auto)
appid	INT	Y	APP ID	可在管理控制台查看
salt	INT	Y	随机数	
sign	TEXT	Y	签名	appid＋q＋salt＋密钥的 MD5 值

sign 签名是为了保证调用安全,使用 MD5 算法生成的一段字符串,生成的签名的长度为 32 位,签名中的英文字符均为小写格式。为保证翻译质量,请将单次请求长度控制在

6000B 以内(汉字约为 2000 个)。

签名的生成方法如下:

(1) 将请求参数中的 APP ID(appid)、翻译 query(q,注意为 UTF-8 编码)、随机数(salt),以及平台分配的密钥(可在管理控制台查看)按照 appid+q+salt+密钥的顺序拼接得到字符串 1。

(2) 对字符串 1 做 MD5,得到 32 位小写的 sign。

注意:

(1) 请先将需要翻译的文本转换为 UTF-8 编码。

(2) 在发送 HTTP 请求之前需要对各字段做 URL 解码。

(3) 在生成签名拼接 appid+q+salt+密钥字符串时,q 不需要做 URL 解码,在生成签名之后,发送 HTTP 请求之前,才需要对要发送的待翻译文本字段 q 做 URL 解码。

例如将 apple 从英文翻译成中文。

请求参数:

```
q = apple
from = en
to = zh
appid = 2015063000000001
salt = 1435660288
平台分配的密钥: 12345678
```

生成签名参数 sign:

(1) 拼接字符串 1。

```
拼接 appid = 2015063000000001 + q = apple + salt = 1435660288 + 密钥 = 12345678
得到字符串 1 = 2015063000000001apple143566028812345678
```

(2) 计算签名 sign(对字符串 1 做 MD5 加密,注意在计算 MD5 之前,串 1 必须为 UTF-8 编码)。

```
sign = md5(2015063000000001apple143566028812345678)
sign = f89f9594663708c1605f3d736d01d2d4
```

通过 Python 提供的 hashlib 模块中的 hashlib.md5()可以实现签名的计算。例如:

```
import hashlib
m = '2015063000000001apple143566028812345678'
m_MD5 = hashlib.md5(m)
sign = m_MD5.hexdigest()
print('m = ',m)
print('sign = ',sign)
```

得到签名之后,按照百度文档中的要求生成 URL 请求,提交后可返回翻译结果。
完整的请求为:

```
http://api.fanyi.baidu.com/api/trans/vip/translate?q = apple&from = en&to = zh&appid =
2015063000000001&salt = 1435660288&sign = f89f9594663708c1605f3d736d01d2d4
```

也可以使用 POST 方式传送需要的参数。
在本例中采用 urllib.request.urlopen()函数中的 data 参数向服务器发送数据。
下面是发送 data 实例,向百度翻译发送要翻译的数据 data,得到翻译结果。

```python
from urllib import request
from urllib import parse
import json
import hashlib
def translate_Word(en_str):
    # simulation browse load host url,get cookie
    URL = 'http://api.fanyi.baidu.com/api/trans/vip/translate'
    # en_str = input("请输入要翻译的内容:")
    # 创建 Form_Data 字典,存储向服务器发送的 data
    # Form_Data = {'from':'en','to':'zh','q':en_str,''appid'':'2015063000000001', 'salt':
'1435660288'}
    Form_Data = {}
    Form_Data['from'] = 'en'
    Form_Data['to'] = 'zh'
    Form_Data['q'] = en_str                        # 要翻译的数据
    Form_Data['appid'] = '20151113000005349''     # 申请的 APP ID
    Form_Data['salt'] = str(random.randint(32768,65536))      # 随机数
    Key = "osubCEzlGjzvw89dQc411"                 # 平台分配的密钥
    m = Form_Data['appid'] + en_str + Form_Data['salt'] + Key
    m_MD5 = hashlib.md5(m.encode('utf8'))
    Form_Data['sign'] = m_MD5.hexdigest()         # 实现签名计算

    data = parse.urlencode(Form_Data).encode('utf-8')   # 使用 urlencode 方法转换标准格式
    response = request.urlopen(URL,data)          # 传递 Request 对象和转换完格式的数据
    html = response.read().decode('utf-8')        # 读取信息并解码
    translate_results = json.loads(html)          # 使用 JSON
    print(translate_results)                      # 打印出 JSON 数据
    translate_results = translate_results['trans_result'][0]['dst']    # 找到翻译结果
    # print("翻译的结果是: % s" % translate_results)                  # 打印翻译信息
    return  translate_results
if __name__ == "__main__":
en_str = input("输入要翻译的内容:")
    response = translate_Word(en_str)
    print("翻译的结果是: % s" % (response))
```

这样就可以查看翻译的结果了，如下所示。

输入要翻译的内容：

```
I  am  a  teacher
```

翻译的结果是：

```
我是个教师
```

得到的 JSON 数据如下：

```
{'from': 'en', 'to': 'zh', 'trans_result': [{'dst': '我是个教师。', 'src': 'I  am  a  teacher'}]}
```

返回的结果是 JSON 格式，包含表 13-2 中的字段。

表 13-2　翻译结果中的 JSON 字段

字　段　名	类　　型	描　　述
from	TEXT	翻译源语言
to	TEXT	译文语言
trans_result	MIXED LIST	翻译结果
src	TEXT	原文
dst	TEXT	译文

其中，trans_result 包含了 src 和 dst 字段。

JSON 是一种轻量级的数据交换格式，这里面保存着用户想要的翻译结果，需要从爬取到的内容中找到 JSON 格式的数据，再将得到的 JSON 格式的翻译结果解析出来。

这里向服务器发送数据 Form_Data 也可以直接如下写：

```
Form_Data = {'from':'en',  'to':'zh',  'q':en_str,''appid'':'20150630000000001', 'salt':
'1435660288'}
```

现在只将英文翻译成中文，稍微改一下就可以将中文翻译成英文了：

```
Form_Data = { 'from':'zh',  'to':'en', 'q':en_str,''appid'':'20150630000000001', 'salt':
'1435660288' }
```

这一行中的 from 和 to 的取值应该可以用于其他语言之间的翻译。如果源语言的语种不确定，可设置为 auto，目标语言的语种不可以设置为 auto。百度翻译支持的语言的简写如表 13-3 所示。

读者请查阅资料编程，向有道翻译（http://fanyi.youdao.com/translate?smartresult=dict）发送要翻译数据 data，得到翻译结果。

表 13-3　百度翻译支持的语言的简写

语言的简写	名　称	语言的简写	名　称
auto	自动检测	bul	保加利亚语
zh	中文	est	爱沙尼亚语
en	英语	dan	丹麦语
yue	粤语	fin	芬兰语
wyw	文言文	cs	捷克语
jp	日语	rom	罗马尼亚语
kor	韩语	slo	斯洛文尼亚语
fra	法语	swe	瑞典语
spa	西班牙语	hu	匈牙利语
th	泰语	cht	繁体中文
ara	阿拉伯语	vie	越南语
ru	俄语	el	希腊语
pt	葡萄牙语	nl	荷兰语
de	德语	pl	波兰语

4. 使用 User Agent 隐藏身份

1)为何要设置 User Agent

有一些网站不喜欢被爬虫程序访问,会检测连接对象,如果是爬虫程序,也就是非人单击访问,它就会不让继续访问,所以为了让程序可以正常运行,需要隐藏自己的爬虫程序的身份。此时就可以通过设置 User Agent 来达到隐藏身份的目的,User Agent 的中文名为用户代理,简称 UA。

User Agent 存放于 Headers 中,服务器就是通过查看 Headers 中的 User Agent 来判断是谁在访问。在 Python 中,如果不设置 User Agent,程序将使用默认的参数,那么这个 User Agent 就会有 Python 的字样,如果服务器检查 User Agent,那么没有设置 User Agent 的 Python 程序将无法正常访问网站。

Python 允许修改 User Agent 来模拟浏览器访问,它的强大毋庸置疑。

2)常见的 User Agent

(1) Android。

➤ Mozilla/5.0(Linux；Android 4.1.1；Nexus 7 Build/JRO03D) AppleWebKit/535.19 (KHTML，like Gecko) Chrome/18.0.1025.166 Safari/535.19

➤ Mozilla/5.0(Linux；U；Android 4.0.4；en-gb；GT-I9300 Build/IMM76D) AppleWebKit/534.30(KHTML，like Gecko) Version/4.0 Mobile Safari/534.30

➤ Mozilla/5.0(Linux；U；Android 2.2；en-gb；GT-P1000 Build/FROYO) AppleWebKit/533.1(KHTML，like Gecko) Version/4.0 Mobile Safari/533.1

(2) Firefox。

➤ Mozilla/5.0(Windows NT 6.2；WOW64；rv:21.0) Gecko/20100101 Firefox/21.0

➤ Mozilla/5.0(Android；Mobile；rv:14.0) Gecko/14.0 Firefox/14.0

(3) Google Chrome。

➤ Mozilla/5.0(Windows NT 6.2；WOW64) AppleWebKit/537.36(KHTML，like

Gecko) Chrome/27. 0. 1453. 94 Safari/537. 36

➢ Mozilla/5. 0（Linux；Android 4. 0. 4；Galaxy Nexus Build/IMM76B）AppleWebKit/
535. 19（KHTML，like Gecko）Chrome/18. 0. 1025. 133 Mobile Safari/535. 19

（4）iOS。

➢ Mozilla/5. 0(iPad；CPU OS 5_0 like Mac OS X) AppleWebKit/534. 46(KHTML，like
Gecko) Version/5. 1 Mobile/9A334 Safari/7534. 48. 3

➢ Mozilla/5. 0(iPod；U；CPU like Mac OS X；en) AppleWebKit/420. 1(KHTML，
like Gecko) Version/3. 0 Mobile/3A101a Safari/419. 3

上面列举了 Android、Firefox、Google Chrome、iOS 的一些 User Agent。

3）设置 User Agent 的方法

设置 User Agent 有以下两种方法。

（1）在创建 Request 对象的时候填入 Headers 参数（包含 User Agent 信息），这个
Headers 参数要求为字典。

（2）在创建 Request 对象的时候不添加 Headers 参数，在创建完成之后使用 add_
header()方法添加 Headers。

方法一：使用上面提到的 Android 的第一个 User Agent，在创建 Request 对象的时候
传入 Headers 参数。编写代码如下：

```
from urllib import request
if __name__ == "__main__":
    # 以 CSDN 为例,CSDN 不更改 User Agent 是无法访问的
    url = 'http://www.csdn.net/'
    head = {}
    # 写入 User Agent 信息
    head['User - Agent'] = 'Mozilla/5. 0 (Linux; Android 4. 1. 1; Nexus 7 Build/JRO03D)
AppleWebKit/535.19 (KHTML, like Gecko) Chrome/18.0.1025.166  Safari/535.19'
    req = request.Request(url, headers = head)        # 创建 Request 对象
    response = request.urlopen(req)                    # 传入创建好的 Request 对象
    html = response.read().decode('utf-8')             # 读取响应信息并解码
    print(html)                                        # 打印信息
```

方法二：使用上面提到的 Android 的第一个 User Agent，在创建 Request 对象时不传
入 Headers 参数，在创建之后使用 add_header()方法添加 Headers。编写代码如下：

```
# - * - coding: UTF - 8 - * -
from urllib import request
if __name__ == "__main__":
    # 以 CSDN 为例,CSDN 不更改 User Agent 是无法访问的
    url = 'http://www.csdn.net/'
    req = request.Request(url)                         # 创建 Request 对象
    req.add_header('User - Agent', 'Mozilla/5. 0 (Linux; Android 4. 1. 1; Nexus 7 Build/JRO03D)
AppleWebKit/535.19 (KHTML, like Gecko) Chrome/18.0.1025.166  Safari/535.19')        # 传入 Headers
    response = request.urlopen(req)                    # 传入创建好的 Request 对象
    html = response.read().decode('utf-8')             # 读取响应信息并解码
    print(html)                                        # 打印信息
```

13.3　BeautifulSoup 库

13.3.1　BeautifulSoup 库概述

BeautifulSoup(英文原意是美丽的蝴蝶)是 Python 处理 HTML/XML 的一个函数库,是 Python 内置的网页分析工具,用来快速地转换被抓取的网页。它产生一个转换后的 DOM 树,尽可能和原文档内容的含义一致,这种措施通常能够满足搜集数据的需求。

BeautifulSoup 提供了一些简单的方法以及类 Python 语法来查找、定位、修改一棵转换后的 DOM 树。BeautifulSoup 自动将送进来的文档转换为 Unicode 编码,而且在输出的时候转换为 UTF-8。BeautifulSoup 可以找出"所有的链接< a >",或者"所有类是×××的链接< a >",再或者"所有匹配.cn 的链接 URL"。

1. BeautifulSoup 的安装

使用 pip 直接安装 BeautifulSoup4:

```
pip3 install beautifulsoup4
```

推荐在现在的项目中使用 BeautifulSoup4(bs4),在使用时需要导入 bs4。

2. BeautifulSoup 的基本使用方式

下面使用一段代码演示 BeautifulSoup 的基本使用方式。

```
from bs4 import BeautifulSoup
♯doc 可以是一个 HTML 内容的字符串,本例是列表,需要转换成字符串
doc = ['< html >< head >< title > The story of Monkey </title ></head >',
       '< body >< p id = "firstpara" align = "center"> This is one paragraph </p >',
       '< p id = "secondpara" align = "center"> This is two paragraph </p >',
       '</html >']
soup = BeautifulSoup(''.join(doc), "html.parser")        ♯提供字符串信息,''.join(doc)将 doc
                                                          ♯列表合并为字符串
print(soup.prettify())
```

在使用时 BeautifulSoup 首先必须要导入 bs4 库:

```
from bs4 import BeautifulSoup
```

创建 BeautifulSoup 对象:

```
soup = BeautifulSoup(html)                               ♯html 是一个 HTML 内容的字符串
```

另外,还可以用本地 HTML 文件来创建对象,例如:

```
soup = BeautifulSoup(open('index.html') , "html.parser")        ♯提供本地 HTML 文件
```

上面这句代码便是将本地 index. html 文件打开,用它来创建 soup 对象。

也可以使用网址 URL 获取 HTML 文件,例如:

```
from urllib import request
response = request.urlopen("http://www.baidu.com")
html = response.read()
html = html.decode("UTF-8")    #decode()命令将网页的信息进行解码,否则会出现乱码
soup = BeautifulSoup(html , "html.parser")                    #远程网站上的 HTML 文件
```

程序最后格式化输出 BeautifulSoup 对象的内容。

```
print(soup.prettify())
```

运行结果如下:

```
< html >
 < head >
  < title > The story of Monkey </title >
 </head >
 < body >
  < p align = "center" id = "firstpara">
   This is one paragraph
   </p >
  < p align = "center" id = "secondpara">
    This is two paragraph
   </p >
 </body >
</html >
```

以上便是输出结果,格式化打印出了 BeautifulSoup 对象(DOM 树)的内容。

13.3.2　BeautifulSoup 库的四大对象

BeautifulSoup 将复杂 HTML 文档转换成一个复杂的树形结构,每个结点都是 Python
对象,所有对象可以归纳为 4 种,即 Tag、NavigableString、BeautifulSoup(在前面的例子中
已经使用过)和 Comment。

1. Tag 对象

Tag 是什么? 通俗点讲,Tag 就是 HTML 中的一个个标签。例如:

```
< title > The story of Monkey </title >
< a href = "http://example.com/elsie" id = "link1"> Elsie </a >
```

上面的< title >、< a >等 HTML 标签加上里面包括的内容就是 Tag。下面用 BeautifulSoup
来获取 Tag:

```
print(soup.title)
print(soup.head)
```

输出如下:

```
< title > The story of Monkey </title >
< head >< title > The story of Monkey </title ></head >
```

可以利用 BeautifulSoup 对象 soup 加标签名轻松地获取这些标签的内容,不过要注意,它查找的是所有内容中第一个符合要求的标签,对于查询所有的标签,将在后面进行介绍。

可以验证一下这些对象的类型。

```
print(type(soup.title))               #输出: < class 'bs4.element.Tag'>
```

对于 Tag,它有两个重要的属性,即 name 和 attrs。下面分别来感受一下。

```
print(soup.name)                      #输出: [document]
print(soup.head.name)                 #输出: head
```

soup 对象本身比较特殊,它的 name 即为[document],对于其他内部标签,输出的值便为标签本身的名称。

```
print(soup.p.attrs)                   #输出: {'id': 'firstpara', 'align': 'center'}
```

在这里把< p >标签的所有属性都打印出来,得到的类型是一个字典。

可以单独获取某个属性,例如获取它的 id:

```
print(soup.p['id'] )                  #输出: firstpara
```

还可以利用 get()方法传入属性的名称,二者是等价的:

```
print(soup.p.get('id') )              #输出:firstpara
```

可以对这些属性和内容等进行修改,例如:

```
soup.p['class'] = "newClass"
```

还可以对这些属性进行删除,例如:

```
del soup.p['class']
```

2. NavigableString 对象

得到标签的内容之后,还可以用.string 获取标签内部的文字。例如:

```
soup.title.string
```

这样就轻松获取到< title >标签里面的内容,如果用正则表达式则会麻烦得多。

3. BeautifulSoup 对象

BeautifulSoup 对象表示的是一个文档的全部内容。在大部分时候可以把它当作 Tag 对象,这是一个特殊的 Tag。下面的代码可以分别获取它的类型、名称以及属性。

```
print(type(soup))                #输出: < class 'bs4.BeautifulSoup'>
print(soup.name)                 #输出: [document]
print(soup.attrs)                #输出空字典: {}
```

4. Comment 对象

Comment(注释)对象是一个特殊类型的 NavigableString 对象,其内容不包括注释符号,如果不好好处理它,可能会对文本的处理造成意想不到的麻烦。

13.3.3 BeautifulSoup 库操作解析文档树

1. 遍历文档树

1) 通过.contents 属性和.children 属性获取直接子结点

通过 tag 的.contents 属性可以将 Tag 的子结点以列表的方式输出:

```
print(soup.body.contents)
```

输出如下:

```
[< p align = "center" id = "firstpara"> This is one paragraph </p>,
    < p align = " center " id = "secondpara"> This is two paragraph </p>]
```

由于输出为列表,可以用列表索引来获取它的某一个元素:

```
print(soup.body.contents[0])                    #获取第一个< p >
```

输出如下:

```
< p align = "center" id = "firstpara"> This is one paragraph </p>
```

.children 属性返回的不是一个列表,它是一个列表生成器对象,不过可以通过遍历获取所有子结点。

```
for child in soup.body.children:
    print(child)
```

输出如下:

```
< p align = "center" id = "firstpara"> This is one paragraph </p>
< p align = " center" id = "secondpara"> This is two paragraph </p>
```

2)通过.descendants 属性获取所有子孙结点

.contents 和 .children 属性仅包含 Tag 的直接子结点,.descendants 属性可以对 Tag 的所有子孙结点进行递归循环,和.children 属性类似,也需要遍历获取其中的内容。

```
for child in soup.descendants:
    print(child)
```

从运行结果可以发现,所有的结点都被打印出来,先从最外层的< html >标签,其次从< head >标签一个个地剥离,以此类推。

3)结点内容

如果一个标签里面没有标签了,那么 .string 就会返回标签里面的内容。如果标签里面只有唯一的一个标签,那么 .string 也会返回最里面标签的内容。

如果 Tag 包含了多个子标签结点,就无法确定.string 方法应该调用哪个子标签结点的内容,.string 的输出结果是 None。

```
print(soup.title.string)        #输出< title >标签里面的内容
print(soup.body.string)         #< body >标签包含了多个子结点,所以输出 None
```

输出如下:

```
The story of Monkey
None
```

4)多个内容

.strings 获取多个内容,不过需要遍历获取,例如下面的例子:

```
for string in soup.body.strings:
    print(repr(string))
```

输出如下:

```
'This is one paragraph'
'This is two paragraph'
```

输出的字符串中可能包含了很多空格或空行,使用.stripped_strings 可以去除多余的
空白内容。

5) 父结点

.parent 属性获取父结点。

```
p = soup.title
print(p.parent.name)                    #输出父结点名 Head
```

输出如下:

```
Head
```

6) 兄弟结点

兄弟结点可以理解为和本结点处在同一级的结点,.next_sibling 属性获取该结点的下
一个兄弟结点,.previous_sibling 则与之相反,如果结点不存在,返回 None。

注意:实际文档中的 Tag 的 .next_sibling 和 .previous_sibling 属性通常是字符串或
空白,因为空白或者换行也可以被视作一个结点,所以得到的结果可能是空白或者换行。

7) 全部兄弟结点

通过 .next_siblings 和 .previous_siblings 属性可以对当前结点的兄弟结点迭代输出。
例如:

```
for sibling in soup.p.next_siblings:
    print(repr(sibling))
```

以上是遍历文档树的基本用法。

2. 搜索文档树

1) find_all(name, attrs, recursive, text, * * kwargs)

find_all() 方法搜索当前 Tag 的所有 Tag 子结点,并判断是否符合过滤器的条件。其
参数如下。

(1) name:可以查找所有名字为 name 的标签。

```
print (soup.find_all('p'))                    #输出所有<p>标签
[< p align = "center" id = "firstpara"> This is one paragraph </p >, < p align = "center" id =
"secondpara"> This is two paragraph </p >]
```

如果 name 传入正则表达式作为参数,BeautifulSoup 会通过正则表达式的 match()来匹
配内容。下面的例子找出所有以 h 开头的标签。

```
for tag in soup.find_all(re.compile("^h")):
    print(tag.name , end = " ")                                      # html    head
```

输出如下:

```
html    head
```

这表示< html >和< head >标签都被找到。

（2）attrs：按照< tag >标签的属性值检索，需要列出属性名和值,采用字典形式。

```
soup.find_all('p',attrs = {'id':"firstpara"})
```

或者

```
soup.find_all('p', {'id':"firstpara"})
```

都是查找属性值 id 是"firstpara"的< p >标签。

也可以采用关键字形式:

```
soup.find_all('p', {id = "firstpara"})
```

（3）recursive：在调用 Tag 的 find_all()方法时,BeautifulSoup 会检索当前 Tag 的所有子孙结点,如果只想搜索 Tag 的直接子结点,可以使用参数 recursive=False。

（4）text：通过 text 参数可以搜索文档中的字符串内容。

```
print(soup.find_all(text = re.compile("paragraph")))        # re.compile()正则表达式
```

输出如下:

```
['This is one paragraph', 'This is two paragraph']
```

re.compile("paragraph")正则表达式表示所有含有"paragraph"的字符串都匹配。

（5）limit：find_all() 方法返回全部的搜索结构,如果文档树很大,那么搜索会很慢。如果不需要全部结果,可以使用 limit 参数限制返回结果的数量。当搜索到的结果数量达到 limit 的限制时就停止搜索,返回结果。

在文档树中有两个 Tag 符合搜索条件,但结果只返回了一个,这是因为限制了返回数量。

```
soup.find_all("p", limit = 1)
[< p align = "center" id = "firstpara"> This is one paragraph </p >]
```

2）find(name, attrs, recursive, text)

它与 find_all()方法唯一的区别是,find_all()方法返回全部结果的列表,而 find()方法返回找到的第一个结果。

3. 用 CSS 选择器筛选元素

在写 CSS 时,标签名不加任何修饰,类名前加点,id 名前加♯,在这里也可以利用类似的方法来筛选元素,用到的方法是 soup. select(),返回类型是列表。

　　1)通过标签名查找

　　例如:

```
soup. select('title')                    #选取<title>元素
```

　　2)通过类名查找

　　例如:

```
soup. select('.firstpara')               #选取 class 是 firstpara 的元素
soup. select_one(".firstpara" )          #查找 class 是 firstpara 的第一个元素
```

　　3)通过 id 名查找

　　例如:

```
soup. select('#firstpara')               #选取 id 是 firstpara 的元素
```

　　以上 select()方法返回的结果都是列表形式,可以用遍历形式输出,然后用 get_text()
方法或 text 属性来获取它的内容。例如:

```
soup = BeautifulSoup(html, 'html.parser')
print(type(soup.select('div')))
print(soup.select('div')[0].get_text())   #输出首个<div>元素的内容
for div in soup.select('div'):
    print(div.text)                       #输出所有<div>元素的内容
```

　　处理网页需要对 HTML 有一定的理解,BeautifulSoup 库是一个非常完备的 HTML 解析函数库,有了 BeautifulSoup 库的知识,就可以进行网络爬虫的实战了。

13.4　网络爬虫实战——用 Python 爬取新浪国内新闻

视频讲解

　　用 Python 爬取新浪国内新闻,首先需要分析新浪国内新闻首页的页面组织结构,知道新闻标题、链接、时间等在哪个位置(也就是在哪个 HTML 元素中)。用 Google Chrome 浏览器打开要爬取的页面,这里以新浪国内新闻为例,网址为"https://news. sina. com. cn/china/",按 F12 键打开"开发人员工具",单击工具栏左上角的 ⌖ (即审查元素),再单击某一个新闻标题,查看到一个新闻为 class=feed-card-item 的<div>元素,如图 13-3 所示。

```
< div class = feed - card - item >
    < h2 suda - uatrack = " key = index _ feed&amp; value = news _ click:1356:14:0" class =
"undefined"> < a href = "https://news. sina. com. cn/c/2019 - 04 - 13/doc - ihvhiqax2294459.
shtml" target = "_blank">全国首部不动产登记省级地方性法规将实施</a>
```

第
13
章

Python 爬取网页信息

```
<div class = "feed - card - a feed - card - clearfix"><div class = "feed - card - time">今天
11:51</div>
</div>
```

324

图 13-3　新闻所在的<div>元素

从图 13-3 中可知,要获取新闻标题是< h2 >元素的内容,新闻的时间是 class = "feed-card-time"的< div >元素,新闻链接是< h2 >元素内部的< a href >元素。现在就可以根据元素的结构编写爬虫代码了。

首先导入需要用到的模块 BeautifulSoup、urllib. request,然后解析网页。

```
from bs4 import BeautifulSoup
from datetime import datetime
import urllib. request
new_urls = set()                                   #存放未访问 url set 集合
url = 'http://news. sina. com. cn/china/'
web_data = urllib. request. urlopen(url). read()    #调用 read()读取响应对象 Response 的内容
web_data = web_data. decode("utf - 8")
soup = BeautifulSoup(web_data,"html. parser")       #解析网页
```

下面是提取新闻的时间、标题和链接信息:

```
for news in soup. select('. feed - card - item'):
    if(len(news. select('h2')) > 0):               #去除为空的标题数据
        h2 = news. select('h2')[0]. text            #标题被存储在标签< h2 >中
        time = news. select('. feed - card - time')[0]. text    #time 是 class 类型,前面加点表示
        a = news. select('a')[0]['href']            #将新闻链接的 URL 网址存储在变量 a 中
```

```
        print(h2,time,a)
        new_urls.add(a)
```

  soup. select('. feed-card-item')取出所有特定 feed-card-item 类的元素,也就是所有新闻<div>元素。注意,soup. select()找出所有 class 为 feed-card-item 的元素,class 名前面需要加点(.),即英文状态下的句号;找出所有 id 为 artibodyTitle 的元素,id 名前面需要加井号(#)。

  h2＝news. select('h2')[0]. text,[0]是取该列表中的第一个元素,text 是取文本数据;news. select('h2')[0]. text 存储在变量 h2 中。

  time ＝ news. select('. feed-card-time')[0]. text 同上,将其数据存储在变量 time 中。

  用户要抓取的链接存放在<a>标签中,后面用 href,将链接的 URL 网址存储在变量 a 中,最后输出想要抓取的新闻标题、时间、链接。

  运行程序,爬取新浪国内新闻的部分结果为空。这是什么原因呢? 实际上按 F12 键打开的"开发人员工具"审查元素中看到的一些元素,例如<div class＝feed-card-item >,这是网页源代码在浏览器执行 JavaScript 脚本动态生成的元素,是浏览器处理过的最终网页,而爬虫获得的网页源代码是服务器发送到浏览器 HTTP 的响应内容(原始网页的源代码),并没有执行 JavaScript 脚本,所以就找不到<div class＝feed-card-item >元素,因此没有任何新闻结果。

  问题的解决办法如下:一种是直接从 JavaScript 中采集加载的数据,用 JSON 模块处理;另一种是借助 PhantomJS 和 selenium 模拟浏览器工具直接采集浏览器中已经加载好数据的网页。

  这里通过鼠标右击网页选择"查看网页源代码"项分析原始网页的源代码,发现<div style＝"display:none;">包含所需要的新闻标题及链接。

```
< div style = "display:none;">
< ul >
    < li >< a href = "https://news. sina. com. cn/c/2019 - 04 - 13/doc - ihvhiqax2294459. shtml">
全国首部不动产登记省级地方性法规将实施</a></li>
    < li >< a href = "https://news. sina. com. cn/c/2019 - 04 - 13/doc - ihvhiqax2294074. shtml">
市委书记蔡奇说,再打造一列"开往春天的列车"!</a></li>
</ul>
</div>
```

所以爬取新浪国内新闻的代码修改如下:

```
#实际使用的方法
div = soup. find_all('div',attrs = {'style':"display:none;"})          #会得到两个 div,实际使用第
                                                                        #2 个 div 元素
n = 0
for news in div[1]. find_all('li'):
    a = news. select('a')[0]['href']                     #将新闻链接的 URL 网址存储在变量 a 中
    new_urls.add(a)
```

```
        n = n + 1
        if n > 20:          ♯仅取 20 条新闻
            break
```

如果需要获取新闻的具体内容,可以进一步分析某一个新闻页面,方法同上。

```
♯根据得到的 URL 获取 HTML 文件
def get_soup(url):
    res = urllib.request.urlopen(url).read()
    res = res.decode("utf - 8")
    soup = BeautifulSoup(res,"html.parser")              ♯解析网页
    return soup
♯获取新闻中所需的新闻来源、责任编辑、新闻详情等内容
def get_information(soup,url):
    dict = {}
    title = soup.select_one('title')
    if(title == None):
        return dict
    dict['title'] = title.text
    ♯< meta name = "weibo: article:create_at" content = "2018 - 12 - 17 16:16:58" />
    time_source = soup.find('meta',attrs = {'name':"weibo: article:create_at"})
    time = time_source["content"]                        ♯新闻时间
    dict['time'] = time
      ♯< meta property = "article:author" content = "新华网" />
    site_source = soup.find('meta',attrs = {'property':"article:author"})
    dict['site'] = site_source["content"]                ♯新闻来源
    content_source = soup.find('meta',attrs = {'name':"weibo: article:create_at"})
    content_div = soup.select('♯article')      ♯正文< div class = "article" id = "article">
    dict['content'] = content_div[0].text[0:100]   ♯新闻详情
    return dict
```

get_information(soup,url)返回一个字典,包含新闻来源、责任编辑、新闻详情等内容。
最后通过循环从 url 集合中得到要访问某一个新闻的 URL,使用 get_information(soup,url)
获取新闻详情等内容。

```
content = []
while 1:
    if (not new_urls):                      ♯空集合
        break
    else:
        ♯从 url 集合中得到要访问的 URL
        url = new_urls.pop()
    soup = get_soup(url)                     ♯得到 soup
    dict = get_information(soup,url)         ♯获取新闻详情等内容
    content.append(dict)
    print(dict)
```

至此完成爬取新浪国内新闻的程序,运行后可看到每条新闻的来源、责任编辑、详情等内容。由于新浪网站不断改版,所以需要根据上面的思路进行适当的修改才能真正爬取到新浪国内新闻。

13.5 习　　题

1. Python 实战开发"中国大学排名"爬虫。

2. Python 实战开发爬取新浪网国外新闻或者某所高校的新闻。

3. 分析百度图片搜索返回结果的 HTML 代码,编写爬虫抓取图片并下载形成专题图片库。

第 14 章　科学计算和可视化应用

随着 Numpy、SciPy、Matplotlib 等众多程序库的开发,Python 越来越适合做科学计算。与科学计算领域最流行的商业软件 MATLAB 相比,Python 是一门真正的通用程序设计语言,比 MATLAB 所采用的脚本语言的应用范围更广泛,有更多程序库的支持。虽然 MATLAB 中的某些高级功能目前还无法替代,但是对于基础性、前瞻性的科研工作和应用系统的开发,完全可以用 Python 来完成。

Numpy 是非常有名的 Python 科学计算工具包,其中包含了大量有用的工具,例如数组对象(用来表示向量、矩阵、图像等)及线性代数函数。Numpy 中的数组对象可以帮助用户实现数组中重要的操作,例如矩阵乘积、转置、解方程、向量乘积和归一化, 这为图像变形、对变化进行建模、图像分类、图像聚类等提供了基础。

Matplotlib 是 Python 的 2D&3D 绘图库,它提供了一整套和 MATLAB 相似的命令 API,十分适合交互式地进行绘图和可视化,在处理数学运算、绘制图表,或者在图像上绘制点、直线和曲线时,Matplotlib 是一个很好的类库,具有比 PIL 更强大的绘图功能。

14.1　Numpy 库的使用

视频讲解

Numpy(Numerical Python 的简称)是高性能科学计算和数据分析的基础包。Numpy 是 Python 的一个科学计算库,提供了矩阵运算的功能,其一般与 SciPy、Matplotlib 一起使用。Numpy 可以从"http://www.scipy.org/Download"免费下载,其在线说明文档(http://docs.scipy.org/doc/numpy/)包含了用户可能遇到的大多数问题的答案。

其主要功能如下:

(1) 有 ndarray,它是一个具有矢量算术运算和复杂广播能力的快速且节省空间的多维数组。

(2) 用于对整组数据进行快速运算的标准数学函数(无须编写循环)。

(3) 用于读/写磁盘数据的工具以及用于操作内存映射文件的工具。

(4) 线性代数、随机数的生成以及傅里叶变换功能。

(5) 用于集成由 C、C++、FORTRAN 等语言编写的代码的工具。

14.1.1　Numpy 数组

1. Numpy 数组简介

Numpy 库中处理的最基础的数据类型是同种元素构成的数组。Numpy 数组是一个多维数组对象,称为 ndarray。Numpy 数组的维数称为秩(rank),一维数组的秩为 1,二维数组的秩为 2,以此类推。在 Numpy 中,每一个线性的数组称为一个轴(axis),秩其实是描述轴的数量。例如二维数组相当于两个一维数组,其中第一个一维数组中的每个元素又是一个一维数组。而轴的数量——秩,就是数组的维数。对于 Numpy 数组必须了解:Numpy 数组的下标从 0 开始;同一个 Numpy 数组中所有元素的类型必须是相同的。

2. 创建 Numpy 数组

创建 Numpy 数组的方法有很多。例如可以使用 array() 函数从常规的 Python 列表和元组创建数组,所创建的数组类型由原序列中的元素类型推导而来。

```
>>> from numpy import *
>>> a = array( [2,3,4] )                    #一维数组
>>> a                                        #输出 array([2, 3, 4])
>>> a.dtype                                  #输出 dtype('int32')
>>> b = array([1.2, 3.5, 5.1])
>>> b.dtype                                  #输出 dtype('float64')
```

在使用 array() 函数创建时,参数必须用由方括号括起来的列表,而不能使用多个数值作为参数调用 array。例如:

```
>>> a = array(1,2,3,4)                       #错误
>>> a = array([1,2,3,4])                     #正确
```

可以使用双重序列表示二维数组,使用三重序列表示三维数组,以此类推。例如:

```
>>> b = array( [ (1.5,2,3), (4,5,6) ] )      #二维数组
>>> b
    array([[ 1.5,  2. ,  3. ],
        [ 4. ,  5. ,  6. ]])
```

可以在创建时显式指定数组中元素的类型。例如:

```
>>> c = array( [ [1,2], [3,4] ], dtype = complex)    #complex 为复数类型
>>> c
    array([[ 1. + 0.j,  2. + 0.j],
        [ 3. + 0.j,  4. + 0.j]])
```

通常,刚开始时数组的元素未知,而数组的大小已知,因此 Numpy 提供了一些使用占位符创建数组的函数。这些函数有助于满足数组扩展的需要,同时降低了高昂的运算开销。

用 zeros() 函数可创建一个全是 0 的数组,用 ones() 函数可创建一个全为 1 的数组,用 random() 函数可创建一个内容随机并且依赖于内存状态的数组。默认创建的数组类型 (dtype) 都是 float64。可以用 d.dtype.itemsize 来查看数组中元素占用的字节数。例如:

```
>>> d = zeros((3,4))
>>> d.dtype                  #输出 dtype('float64')
```

科学计算和可视化应用

```
>>> d
array([[ 0.,  0.,  0.,  0.],
       [ 0.,  0.,  0.,  0.],
       [ 0.,  0.,  0.,  0.]])
>>> d.dtype.itemsize                    #输出 8
```

Numpy 提供了两个类似 range()的函数返回一个数列形式的数组。

1) arange()函数

其类似于 Python 的 range()函数,通过指定开始值、终值和步长来创建一维数组,注意数组不包括终值。例如:

```
>>> import numpy as np
>>> np.arange(0, 1, 0.1)                #步长 0.1
array([ 0. ,0.1,0.2,0.3,0.4,0.5,0.6,0.7,0.8,0.9])
```

此函数在区间[0,1]以 0.1 为步长生成一个数组。如果仅使用一个参数,代表的是终值,开始值为 0;如果仅使用两个参数,则步长默认为 1。

```
>>> np.arange(10)              #仅使用一个参数,相当于 np.arange(0, 10)
array([0, 1, 2, 3, 4, 5, 6, 7, 8, 9])
>>> np.arange(0, 10)
array([0, 1, 2, 3, 4, 5, 6, 7, 8, 9])
>>> np.arange(0, 5.6)
array([ 0.,1.,2.,3.,4.,5.])
>>> np.arange(0.3, 4.2)
array([ 0.3,1.3, 2.3,3.3])
```

2) linspace 函数

通过指定开始值、终值和元素个数(默认为 50)来创建一维数组,可以通过 endpoint 关键字指定是否包括终值,默认包括终值。例如:

```
>>> np.linspace(0, 1, 5)                    #元素个数为 5
array([ 0. ,  0.25,  0.5 ,  0.75,  1.  ])
```

注意,Numpy 库一般由 math 库函数的数组实现,例如 sin()、cos()、log()。基本函数(三角、对数、平方和立方等)的使用就是在函数前加上 np.,这样就能实现数组的函数计算。

```
>>> x = np.arange(0,np.pi/2,0.1)
>>> x
array([0. ,0.1, 0.2, 0.3, 0.4, 0.5, 0.6, 0.7, 0.8, 0.9, 1. ,1.1, 1.2, 1.3, 1.4, 1.5])
>>> y = sin(x)            #NameError: name 'sin' is not defined
```

改成如下:

```
>>> y = np.sin(x)
>>> y
array([ 0. ,    0.09983342,   0.19866933,   0.29552021,   0.38941834,
    0.47942554,   0.56464247,   0.64421769,   0.71735609,   0.78332691,
    0.84147098,   0.89120736,   0.93203909,   0.96355819,   0.98544973,
    0.99749499])
```

从结果可见,y 数组的元素分别是 x 数组元素对应的正弦值,计算起来十分方便。

3. Numpy 中的数据类型

对于科学计算来说,Python 中自带的整型、浮点型和复数类型远远不够,因此 Numpy 中添加了许多数据类型,如表 14-1 所示。

表 14-1　Numpy 中的数据类型

名　　称	描　　述
bool	用一字节存储的布尔类型(True 或 False)
int	由所在平台决定其大小的整数(一般为 int32 或 int64)
int8	一字节大小,$-128 \sim 127$
int16	整数,$-32\,768 \sim 32\,767$
int32	整数,$-2^{31} \sim 2^{32}-1$
int64	整数,$-2^{63} \sim 2^{63}-1$
uint8	无符号整数,$0 \sim 255$
uint16	无符号整数,$0 \sim 65\,535$
uint32	无符号整数,$0 \sim 2^{32}-1$
uint64	无符号整数,$0 \sim 2^{64}-1$
float16	半精度浮点数:16 位,正负号 1 位,指数 5 位,精度 10 位
float32	单精度浮点数:32 位,正负号 1 位,指数 8 位,精度 23 位
float64 或 float	双精度浮点数:64 位,正负号 1 位,指数 11 位,精度 52 位
complex64	复数,分别用两个 32 位浮点数表示实部和虚部
complex128 或 complex	复数,分别用两个 64 位浮点数表示实部和虚部

4. Numpy 数组中元素的访问

Numpy 数组中的元素是通过下标来访问的,可以通过方括号括起一个下标来访问数组中单一的一个元素,也可以以切片的形式访问数组中的多个元素。表 14-2 给出了 Numpy 数组的索引和切片方法。

表 14-2　Numpy 数组的索引和切片方法

方　　法	描　　述
X[i]	索引第 i 个元素
X[−i]	从后向前索引第 i 个元素
X[n:m]	切片,默认步长为 1,从前往后索引,不包含 m
X[−m,−n]	切片,默认步长为 1,从后往前索引,不包含 n
X[n,m,i]	切片,指定 i 步长的 n~m 的索引

科学计算和可视化应用

可以使用和列表相同的方式对数组的元素进行存取：

```
>>> import numpy as np
>>> a = np.arange(10)        #array([0, 1, 2, 3, 4, 5, 6, 7, 8, 9])
>>> a[5]                     #用整数作为下标可以获取数组中的某个元素
```

输出：

```
5
```

```
>>> a[3:5]                   #用切片作为下标获取数组的一部分,包括 a[3]但不包括 a[5]
```

输出：

```
array([3, 4])
```

```
>>> a[:5]                    #切片中省略开始下标,表示从 a[0]开始
```

输出：

```
array([0, 1, 2, 3, 4])
```

```
>>> a[:-1]                   #下标可以使用负数,表示从数组的最后往前数
```

输出：

```
array([0, 1, 2, 3, 4, 5, 6, 7, 8])
```

```
>>> a[2:4] = 100,101         #访问的同时修改元素的值
>>> a
```

输出：

```
array([0, 1, 100, 101, 4, 5, 6, 7, 8, 9])
```

```
>>> a[1:-1:2]                #切片中的第 3 个参数表示步长,2 表示隔一个元素取一个
                             #元素
```

输出：

```
array([1,101, 5, 7])
```

```
>>> a[::-1]          #省略切片的开始下标和结束下标,步长为-1,整个数组头尾颠倒
```

输出:

```
array([9, 8, 7, 6, 5, 4, 101, 100, 1, 0])
```

```
>>> a[5:1:-2]          #当步长为负数时,开始下标必须大于结束下标
```

输出:

```
array([5, 101])
```

多维数组可以每个轴有一个索引,这些索引由以一个逗号分隔的元组给出。下面是一个二维数组的例子:

```
import numpy as np
b = np.array([[ 0,  1,  2,  3],
              [10, 11, 12, 13],
              [20, 21, 22, 23],
              [30, 31, 32, 33],
              [40, 41, 42, 43]])
>>> b[2,3]             #输出:23
>>> b[0:5, 1]          #每行的第二个元素,输出 array([ 1, 11, 21, 31, 41])
>>> b[: ,1]            #与前面的效果相同,输出 array([ 1, 11, 21, 31, 41])
>>> b[1:3,: ]          #每列的第二和第三个元素
```

输出如下:

```
array([[10, 11, 12, 13],
       [20, 21, 22, 23]])
```

表 14-2 给出了 Numpy 数组的索引和切片方法。数组切片得到的是原始数组的视图,所有修改都会直接反映到源数组。如果需要得到 Numpy 数组切片的一份副本,需要进行复制操作,例如 b[5:8].copy()。

14.1.2 Numpy 数组的算术运算

Numpy 数组的算术运算是按元素逐个运算的。Numpy 数组在运算后将创建包含运算结果的新数组。

科学计算和可视化应用

```
>>> import numpy as np
>>> a = np.array([20,30,40,50])
>>> b = np.arange( 4)                    #相当于 np.arange(0, 4)
>>> b
```

输出:

```
array([0, 1, 2, 3])
```

```
>>> c = a - b
>>> c
```

输出:

```
array([20, 29, 38, 47])
```

```
>>> b * * 2                              #乘方运算,2 次方
```

输出:

```
array([0, 1, 4, 9])
```

```
>>> 10 * np.sin(a)                       #10 * sina
```

输出:

```
array([ 9.12945251, − 9.88031624, 7.4511316,  − 2.62374854])
```

```
>>> a < 35                               #每个元素与 35 比较大小
```

输出:

```
array([True, True, False, False], dtype = bool)
```

与其他矩阵语言不同,Numpy 中的乘法运算符(*)按元素逐个计算,矩阵乘法可以使用 dot()函数或创建矩阵对象实现。例如:

```
>>> import numpy as np
>>> A = np.array([[1,1],  [0,1]])
>>> B = np.array([[2,0],  [3,4]])
>>> A * B                                #逐个元素相乘
```

```
array([[2, 0],
       [0, 4]])
>>> np.dot(A,B)                              #矩阵相乘
array([[5, 4],
       [3, 4]])
```

需要注意的是,有些操作符,例如+=和*=,用来更改已存在的数组而不创建一个新的数组。

```
>>> a = np.ones((2,3), dtype = int)          #全 1 的 2 * 3 数组
>>> b = np.random.random((2,3))              #随机小数填充的 2 * 3 数组
>>> a *= 3
>>> a
array([[3, 3, 3],
       [3, 3, 3]])
>>> b += a
>>> b
array([[ 3.69092703, 3.8324276, 3.0114541],
       [ 3.18679111, 3.3039349, 3.37600289]])
>>> a += b                                   #b 转换为整数类型
>>> a
array([[6, 6, 6],
       [6, 6, 6]])
```

许多非数组之间的相互运算,例如计算数组的所有元素之和,都作为 ndarray 类的方法来实现,在使用时需要用 ndarray 类的实例来调用这些方法。

```
>>> a = np.random.random((3,4))
>>> a
array([[ 0.8672503 , 0.48675071, 0.32684892, 0.04353831],
       [ 0.55692135, 0.20002268, 0.41506635, 0.80520739],
       [ 0.42287012, 0.34924901, 0.81552265, 0.79107964]])
>>> a.sum()                                  #求和
6.0803274306192927
>>> a.min()                                  #最小
0.043538309733581748
>>> a.max()                                  #最大
0.86725029797617903
>>> a.sort()                                 #排序
>>> a
array([[ 0.04353831, 0.32684892, 0.48675071, 0.8672503 ],
       [ 0.20002268, 0.41506635, 0.55692135, 0.80520739],
       [ 0.34924901, 0.42287012, 0.79107964, 0.81552265]])
```

这些运算将数组看作一维线性列表。但可通过指定 axis 参数(即数组的维)对指定的轴做相应的运算:

科学计算和可视化应用

```
>>> b = np. arange(12). reshape(3,4)
>>> b
array([[ 0, 1, 2, 3],
       [ 4, 5, 6, 7],
       [ 8, 9, 10, 11]])
>>> b. sum(axis = 0)              ♯计算每一列的和,注意理解轴的含义
array([12, 15, 18, 21])
>>> b. min(axis = 1)              ♯获取每一行的最小值
array([0, 4, 8])
>>> b. cumsum(axis = 1)          ♯计算每一行的累计和
array([[ 0, 1, 3, 6],
       [ 4, 9, 15, 22],
       [ 8, 17, 27, 38]])
```

14.1.3 Numpy 数组的形状操作

1. 数组的形状

数组的形状取决于其每个轴上的元素个数。

```
>>> a = np. int32(100 * np. random. random((3,4)))    ♯3 * 4 的整数二维数组
>>> a
array([[26, 11, 0, 41],
       [48, 9, 93, 38],
       [73, 55, 8, 81]])
>>> a. shape                                           ♯3 行 4 列的数组
(3, 4)
```

2. 更改数组的形状

可以用多种方式修改数组的形状:

```
>>> a. ravel()              ♯平坦化数组
array([26, 11,  0, 41, 48,  9, 93, 38, 73, 55,  8, 81])
>>> a. shape = (6, 2)       ♯形状为 6 * 2 的数组
>>> a. transpose()          ♯对数组转置,原数组 a 不变
array([[26, 0, 48, 93, 73, 8],
       [11, 41,  9, 38, 55, 81]])
```

由 ravel()展平的数组元素的顺序通常是 C 语言风格的,就是以行为基准,最右边的索引变化得最快,所以元素 a[0,0]之后是 a[0,1]。如果数组改变成其他形状(reshape),数组仍然是 C 语言风格的。Numpy 通常创建一个以这个顺序保存数据的数组,所以 ravel()通常不需要创建调用数组的副本。但如果数组是通过切片其他数组或有不同寻常的选项,就可能需要创建其副本。另外,还可以通过一些可选参数让 reshape()和 ravel()构建 FORTRAN 风格的数组,即最左边的索引变化最快。

reshape()函数改变调用数组的形状并返回该数组(原数组自身不变),而 resize()函数改变调用数组自身。

```
>>> a
array([[26, 11],
       [ 0, 41],
       [48,  9],
       [93, 38],
       [73, 55],
       [ 8, 81]])
>>> a.resize((2,6))
>>> a
array([[26, 11, 0, 41, 48, 9],
       [93, 38, 73, 55, 8, 81]])
```

如果在 reshape()操作中指定一个维度为−1,那么其准确维度将根据实际情况计算得到。关于 shape()、reshape()、resize()和 ravel()的更多内容请参考 Numpy 示例。

14.1.4 Numpy 中的矩阵对象

Numpy 模块库中的矩阵对象为 numpy. matrix,包括矩阵数据的处理、矩阵的计算,以及基本的统计功能、转置、可逆性等,还包括对复数的处理,这些均在 Matrix 对象中。

numpy. matrix(data,dtype,copy)返回一个矩阵,其中参数 data 为 Ndarray 对象或者字符串形式;dtype 为 data 的数据类型;copy 为布尔类型。

```
>>> a = np.matrix('1 2 7; 3 4 8; 5 6 9')
>>> a                    ♯ 矩阵的换行必须使用分号(;)隔开,矩阵的元素之间必须以空格隔开
matrix([[1, 2, 7],
        [3, 4, 8],
        [5, 6, 9]])
>>> b = np.array([[1,5],[3,2]])
>>> x = np.matrix(b)     ♯ 矩阵中的 data 可以为数组对象
>>> x
matrix([[1, 5],
        [3, 2]])
```

矩阵对象的属性如下。

➤ matrix. T(transpose):返回矩阵的转置矩阵。

➤ matrix. H(conjugate):返回复数矩阵的共轭元素矩阵。

➤ matrix. I(inverse):返回矩阵的逆矩阵。

➤ matrix. A(base array):返回矩阵基于的数组。

例如:

```
>>> a
matrix([[1, 2, 7],
        [3, 4, 8],
        [5, 6, 9]])
>>> b = a.T              ♯b 是 a 的转置矩阵
```

科学计算和可视化应用

```
>>> b
matrix([[1, 3, 5],
        [2, 4, 6],
        [7, 8, 9]])
>>> a.H                           #a 的共轭元素矩阵
matrix([[1, 3, 5],
        [2, 4, 6],
        [7, 8, 9]])
```

Numpy 库还包括三角运算函数、傅里叶变换、随机和概率分布、基本数值统计、位运算、矩阵运算等,具有非常丰富的功能,读者在使用时可以到官方网站查询。

14.1.5　文件存取

Numpy 提供了多种文件操作函数,便于存取数组内容。文件存取的格式有两类,即二进制和文本,而二进制格式的文件又分为 Numpy 专用的格式化二进制类型和无格式类型。

使用数组的 tofile()函数可以方便地将数组中的数据以二进制的格式写进文件。tofile()输出的数据没有格式,因此用 np.fromfile()读入的时候需要自己格式化数据:

```
>>> import numpy as np
>>> a = np.arange(0,12)
>>> a.shape = 3,4                      #改成 3 * 4 数组
>>> a
array([[ 0,  1,  2,  3],
       [ 4,  5,  6,  7],
       [ 8,  9, 10, 11]])
>>> a.tofile("a.bin")
>>> b = np.fromfile("a.bin", dtype = np.float)      #按照 float 类型读入数据
>>> b                                  #读入的数据是错误的
array([2.12199579e-314,  6.36598737e-314,  1.06099790e-313,
       1.48539705e-313,  1.90979621e-313,  2.33419537e-313])
>>> a.dtype                            #查看 a 的 dtype
dtype('int32')
>>> b = np.fromfile("a.bin", dtype = np.int32)      #按照 int32 类型读入数据
>>> b                                  #数据是一维的
array([ 0,  1,  2,  3,  4,  5,  6,  7,  8,  9, 10, 11])
>>> b.shape = 3, 4                     #按照 a 的 shape 修改 b 的 shape
>>> b                                  #这次终于正确了
array([[ 0,  1,  2,  3],
       [ 4,  5,  6,  7],
       [ 8,  9, 10, 11]])
```

从上面的例子可以看出,在读入的时候设置正确的 dtype 和 shape 才能保证数据一致。

此外,如果调用 fromfile()和 tofile()函数时指定了 sep 关键字,则数组将以文本格式输入与输出。例如:

```
>>> a.tofile("a.bin",sep = ',')
>>> b = np.fromfile("a.bin", sep = ',')         #存入文件数据,以逗号分隔
array([  0.,   1.,   2.,   3.,   4.,   5.,   6.,   7.,   8.,   9.,  10., 11.])
>>> b = np.fromfile("a.bin", sep = ',', dtype = np.int)
>>> b
array([ 0,  1,  2,  3,  4,  5,  6,  7,  8,  9, 10, 11])
```

np. load()和 np. save()函数以 Numpy 专用的二进制类型保存数据,这两个函数会自动处理元素类型和 shape 等信息,使用它们读/写数组就方便多了,但是 np. save()输出的文件很难用其他语言编写的程序读入:

```
>>> np.save("a.npy", a)
>>> c = np.load( "a.npy" )
>>> c
array([[ 0,  1,  2,  3],
       [ 4,  5,  6,  7],
       [ 8,  9, 10, 11]])
```

14.2　Matplotlib 绘图可视化

视频讲解

Matplotlib 旨在用 Python 实现 Matlab 的功能,是 Python 下最出色的绘图库,功能很完善,同时继承了 Python 简单明了的风格,可以很方便地设计和输出二维以及三维的数据,提供了常规的笛卡儿坐标、极坐标、球坐标、三维坐标等。其输出的图片质量也达到了科技论文中的印刷质量,日常的基本绘图更不在话下。

Matplotlib 实际上是一套面向对象的绘图库,它所绘制的图表中的每个绘图元素(例如线条 Line2D、文字 Text、刻度等)都有一个对象与之对应。为了方便快速绘图,Matplotlib 通过 pyplot 模块提供了一套和 Matlab 类似的绘图 API,将众多绘图对象所构成的复杂结构隐藏在这套 API 的内部,只需要调用 pyplot 模块提供的函数就可以快速绘图以及设置图表的各种细节。pyplot 模块用法简单,不适合在较大的应用程序中使用。

在安装 Matplotlib 之前要先安装 Numpy。Matplotlib 是开源工具,可以从"http://matplotlib. sourceforge. net/"免费下载。该链接中包含非常详尽的使用说明和教程。

14.2.1　Matplotlib. pyplot 模块——快速绘图

Matplotlib 的 pyplot 子库提供了和 Matlab 类似的绘图 API,方便用户快速绘制 2D 图表。Matplotlib 还提供了一个名为 pylab 的模块,其中包括许多 Numpy 和 pyplot 模块中常用的函数,方便用户快速地进行计算和绘图,十分适合在 Python 交互式环境中使用。

先看一个简单的绘制正弦三角函数 y=sin(x)的例子。

```
#plot a sine wave from 0 to 4pi
import matplotlib.pyplot as plt
```

科学计算和可视化应用

```
from numpy import *                    ♯也可以使用 from pylab import *
plt.figure(figsize = (8,4))            ♯创建一个绘图对象,大小为 800 像素 * 400 像素
x_values = arange(0.0, math.pi * 4, 0.01)    ♯步长为 0.01,初始值为 0.0,终值为 4π
y_values = sin(x_values)
plt.plot(x_values,  y_values,  'b--',  label = '$ sin(x) $',  linewidth = 1.0)    ♯进行绘图
plt.xlabel('x ')                       ♯设置 X 轴的文字
plt.ylabel('sin(x)')                   ♯设置 Y 轴的文字
plt.ylim( -1, 1)                       ♯设置 Y 轴的范围
plt.title('Simple plot')               ♯设置图表的标题
plt.legend()                           ♯显示图例(legend)
plt.grid(True)                         ♯显示网格
plt.savefig("sin.png")                 ♯保存曲线图片
plt.show()                             ♯显示图形
```

效果如图 14-1 所示。

图 14-1 绘制正弦三角函数

1. 调用 figure()创建一个绘图对象

例如:

```
plt.figure(figsize = (8,4))
```

调用 figure()可以创建一个绘图对象,也可以不创建绘图对象直接调用 plot()函数绘图,Matplotlib 会自动创建一个绘图对象。

如果需要同时绘制多个图表,可以给 figure()传递一个整数参数指定图表的序号,如果所指定序号的绘图对象已经存在,则不创建新的对象,而只让它成为当前绘图对象。

figsize 参数指定绘图对象的宽度和高度,单位为英寸;dpi 参数指定绘图对象的分辨率,即每英寸多少像素,默认值为 100。因此本例中所创建的图表窗口的宽度为 800

（＝8×100）像素,高度为 400（＝4×100）像素。

用 show()显示出来,用工具栏中的"保存"按钮保存下来的 PNG 图像的大小是 800 像素×400 像素。这个 dpi 参数可以通过以下语句进行查看:

```
>>> import matplotlib
>>> matplotlib.rcParams["figure.dpi"]          #每英寸多少个像素
100
```

2. 通过调用 plot()函数在当前的绘图对象中进行绘图

在创建 Figure 对象之后,接下来调用 plot()在当前的 Figure 对象中绘图。实际上,plot()是在 Axes(子图)对象上绘图,如果当前的 Figure 对象中没有 Axes 对象,将会为之创建一个几乎充满整个图表的 Axes 对象,并且使此 Axes 对象成为当前的 Axes 对象。

```
x_values = arange(0.0, math.pi * 4, 0.01)
y_values = sin(x_values)
plt.plot(x_values, y_values, 'b--', linewidth = 1.0, label = "sin(x)")
```

（1）第 3 句将 x,y 数组传递给 plot。

（2）通过第 3 个参数"b——"指定曲线的颜色和线型,这个参数称为格式化参数,它能够通过一些易记的符号快速指定曲线的样式。其中,b 表示蓝色,"——"表示线型为虚线。

常用的绘图参数如下。

① 颜色(color,简写为 c)。

➤ 蓝色: 'b' (blue)。

➤ 绿色: 'g' (green)。

➤ 红色: 'r' (red)。

➤ 蓝绿色(墨绿色): 'c' (cyan)。

➤ 红紫色(洋红): 'm' (magenta)。

➤ 黄色: 'y' (yellow)。

➤ 黑色: 'k' (black)。

➤ 白色: 'w' (white)。

➤ 灰度表示: e.g. 0.75（[0,1]内的任意浮点数)。

➤ RGB 表示法: e.g. '#2F4F4F' 或 (0.18, 0.31, 0.31)。

② 线型(linestyles,简写为 ls)。

➤ 实线: '—'。

➤ 虚线: '——'。

➤ 虚点线: '—.'。

➤ 点线: ':'。

➤ 点: '.'。

➤ 星形: '*'。

科学计算和可视化应用

③ 线宽(linewidth):浮点数(float)。

pyplot 的 plot()函数与 Matlab 很相似,也可以在后面增加属性值。可以用 help 查看说明:

```
>>> import matplotlib.pyplot as plt
>>> help(plt.plot)
```

例如用'r * '(即红色)、星形来画图:

```
import math
import matplotlib.pyplot as plt
y_values = []
x_values = []
num = 0.0
#collect both num and the sine of num in a list
while num < math.pi * 4:
    y_values.append(math.sin(num))
    x_values.append(num)
    num += 0.1
plt.plot(x_values, y_values, 'r * ')
plt.show()
```

效果如图 14-2 所示。

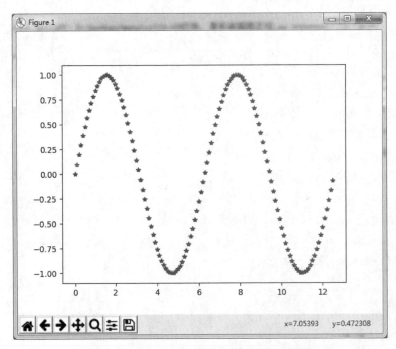

图 14-2　用红色的星形来绘制正弦三角函数

(3) 用关键字参数指定各种属性。label 给所绘制的曲线一个名字,此名字在图例 (legend)中显示。只要在字符串前后添加" $ "符号,Matplotlib 就会使用其内嵌的 LaTeX

引擎绘制的数学公式。color 指定曲线的颜色。linewidth 指定曲线的宽度。

例如：

```
plt.plot(x_values, y_values, color = 'r * ', linewidth = 1.0)        #红色,线条宽度为1
```

3. 设置绘图对象的各个属性

➤ xlabel、ylabel：分别设置 X 轴、Y 轴的标题文字。

➤ title：设置图的标题。

➤ xlim、ylim：分别设置 X 轴、Y 轴的显示范围。

➤ legend()：显示图例,即图中表示每条曲线的标签(label)和样式的矩形区域。

例如：

```
plt.xlabel('x')                      #设置 X 轴的文字
plt.ylabel('sin(x)')                 #设置 Y 轴的文字
plt.ylim( - 1, 1)                    #设置 Y 轴的范围
plt.title('Simple plot')            #设置图表的标题
plt.legend()                         #显示图例(legend)
```

pyplot 模块提供了一组与读取和显示相关的函数,用于在绘图区域中增加显示内容及读入数据,如表 14-3 所示。这些函数需要与其他函数搭配使用,此处读者有所了解即可。

表 14-3   pyplot 模块的读取和显示函数

函　　数	功　　能
plt.legend()	在绘图区域中放置绘图标签(也称图注或者图例)
plt.show()	显示创建的绘图对象
plt.matshow()	在窗口中显示数组矩阵
plt.imshow()	在子图上显示图像
plt.imsave()	保存数组为图像文件
plt.imread()	从图像文件中读取数组

4. 清空 plt 绘制的内容

例如：

```
plt.cla()                            #清空 plt 绘制的内容
plt.close(0)                         #关闭 0 号图
plt.close('all')                     #关闭所有图
```

5. 图形的保存和输出设置

可以调用 plt.savefig()将当前的 Figure 对象保存成图像文件,图像格式由图像文件的扩展名决定。下面将当前的图表保存为 test.png,并且通过 dpi 参数指定图像的分辨率为 120 像素,因此输出图像的宽度为 $8 \times 120 = 960$ 像素。

343

```
plt.savefig("test.png",dpi = 120)
```

科学计算和可视化应用

在 Matplotlib 中绘制完成图形之后通过 show()展示出来,还可以通过图形界面中的工具栏对其进行设置和保存,使用图形界面下方工具栏中的按钮(config subplot)还可以设置图形上、下、左、右的边距。

6. 绘制多子图

可以使用 subplot()快速绘制包含多个子图的图表,它的调用形式如下:

```
subplot(numRows, numCols, plotNum)
```

subplot()将整个绘图区域等分为 numRows 行 * numCols 列个子区域,然后按照从左到右、从上到下的顺序对每个子区域进行编号,左上角的子区域的编号为 1。plotNum 指定使用第几个子区域。

如果 numRows、numCols 和 plotNum 这 3 个数都小于 10,则可以把它们缩写为一个整数。例如,subplot(324)和 subplot(3,2,4)是相同的。这意味着图表被分割成 3×2(3 行 2 列)的网格子区域,在第 4 个子区域中绘制。

subplot()会在参数 plotNum 指定的区域中创建一个轴对象。如果新创建的轴和之前创建的轴重叠,则之前的轴将被删除。

通过 axisbg 参数(版本 2.0 为 facecolor 参数)给每个轴设置不同的背景颜色。例如下面的程序创建 3 行 2 列共 6 个子图,并通过 facecolor 参数给每个子图设置不同的背景颜色。

```
for idx, color in enumerate("rgbyck"):        # 红、绿、蓝、黄、蓝绿、黑
    plt.subplot(321 + idx, facecolor = color)  # axisbg = color
plt.show()
```

运行效果如图 14-3 所示。

图 14-3　为每个子图设置不同的背景颜色

subplot() 返回它所创建的 Axes 对象, 可以将它用变量保存起来, 然后用 sca() 交替让它们成为当前 Axes 对象, 并调用 plot() 在其中绘图。

7. 调节轴之间的间距和轴与边框之间的距离

当绘图对象中有多个轴的时候, 可以通过工具栏中的 Configure Subplots 按钮交互式地调节轴之间的间距和轴与边框之间的距离。

如果希望在程序中调节, 则可以调用 subplots_adjust() 函数, 它有 left、right、bottom、top、wspace、hspace 等几个关键字参数, 这些参数的值都是 0～1 的小数, 它们是以绘图区域的宽、高都为 1 进行正规化之后的坐标或者长度。

8. 绘制多个图表

如果需要同时绘制多个图表, 可以给 figure() 传递一个整数参数指定 Figure 对象的序号, 如果序号所指定的 Figure 对象已经存在, 将不创建新的对象, 而只是让它成为当前的 Figure 对象。下面的程序演示了如何依次在不同图表的不同子图中绘制曲线。

```python
import numpy as np
import matplotlib.pyplot as plt
plt.figure(1)                      # 创建图表 1
plt.figure(2)                      # 创建图表 2
ax1 = plt.subplot(211)             # 在图表 2 中创建子图 1
ax2 = plt.subplot(212)             # 在图表 2 中创建子图 2

x = np.linspace(0, 3, 100)
for i in x:
    plt.figure(1)                  # 选择图表 1
    plt.plot(x, np.exp(i * x/3))
    plt.sca(ax1)                   # 选择图表 2 的子图 1
    plt.plot(x, np.sin(i * x))
    plt.sca(ax2)                   # 选择图表 2 的子图 2
    plt.plot(x, np.cos(i * x))
    plt.show()
```

在循环中, 先调用 figure(1) 让图表 1 成为当前图表, 并在其中绘图。然后调用 sca(ax1) 和 sca(ax2) 分别让子图 ax1 和 ax2 成为当前子图, 并在其中绘图。当它们成为当前子图时, 包含它们的图表 2 也自动成为当前图表, 因此不需要调用 figure(2), 依次在图表 1 和图表 2 的两个子图之间切换, 逐步在其中添加新的曲线。其运行效果如图 14-4 所示。

9. 在图表中显示中文

Matplotlib 的默认配置文件中所使用的字体无法正确显示中文。为了让图表能正确地显示中文, 在.py 文件的头部添加如下内容:

```python
plt.rcParams['font.sans - serif'] = ['SimHei']          # 指定默认字体
plt.rcParams['axes.unicode_minus'] = False     # 解决保存的图像是负号'-'显示为方块的问题
```

其中, 'SimHei' 表示黑体字。常用的中文字体及其英文表示如下:

科学计算和可视化应用

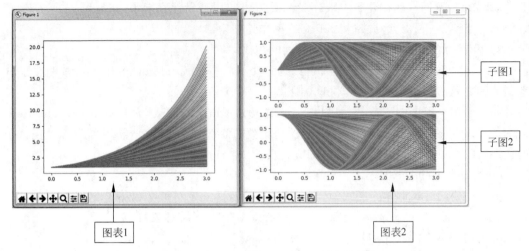

图 14-4　在不同图表的不同子图中绘制曲线

宋体 SimSun　黑体 SimHei　楷体 KaiTi　微软雅黑 Microsoft YaHei　隶书 LiSu　仿宋 FangSong
幼圆 YouYuan　华文宋体 STSong　华文黑体 STHeiti　苹果俪中黑 Apple LiGothic Medium

14.2.2　绘制条形图、饼状图和散点图

Matplotlib 是 Python 的一个绘图库,使用其绘制出来的图形效果和在 Matlab 下绘制的图形类似。pyplot 模块提供了 14 个用于绘制基础图表的常用函数,如表 14-4 所示。

表 14-4　pyplot 模块提供的绘制基础图表的常用函数

函　　　数	功　　能
plt. plot(x, y, label, color, width)	根据 x、y 数组绘制点、直线或曲线
plt. boxplot(data, notch, position)	绘制一个箱型图(box-plot)
plt. bar(left, height, width, bottom)	绘制一个条形图
plt. barh(bottom, width, height, left)	绘制一个横向条形图
plt. polar(theta, r)	绘制极坐标图
plt. pie(data, explode)	绘制饼图
plt. psd(x, NFFT=256, pad_to, Fs)	绘制功率谱密度图
plt. specgram(x, NFFT=256, pad_to, F)	绘制谱图
plt. cohere(x, y, NFFT=256, Fs)	绘制 X—Y 的相关性函数
plt. scatter()	绘制散点图(x、y 是长度相同的序列)
plt. step(x, y, where)	绘制步阶图
plt. hist(x, bins, normed)	绘制直方图
plt. contour(X, Y, Z, N)	绘制等值线
pit. vlines()	绘制垂直线
plt. stem(x, y, linefmt, markerfmt, basefmt)	绘制曲线的每个点到水平轴线的垂线
plt. plot_date()	绘制数据日期
plt. plothle()	绘制数据后写入文件

pyplot 模块还提供了 3 个区域填充函数对绘图区域填充颜色,如表 14-5 所示。

表 14-5　pyplot 模块的区域填充函数

函　　数	功　　能
fill(x,y,c,color)	填充多边形
fill_between(x,y1,y2,where,color)	填充两条曲线围成的多边形
fill_betweenx(y,x1,x2,where,hold)	填充两条水平线之间的区域

下面通过一些简单的代码介绍如何使用 Python 绘图。

1. 直方图

直方图(histogram)又称质量分布图。它是一种统计报告图,由一系列高度不等的纵向条纹或线段表示数据分布的情况,一般用横轴表示数据类型,用纵轴表示分布情况。直方图的绘制通过 pyplot 中的 hist()来实现。例如:

```
pyplot.hist(x, bins = 10, color = None, range = None, rwidth = None, normed = False, orientation = u'
vertical', * * kwargs)
```

hist 的主要参数如下。

➤ x:这个参数是 arrays,指定每个 bin(箱子)分布在 X 轴的位置。

➤ bins:这个参数指定 bin(箱子)的个数,也就是总共有几条条形图。

➤ normed:是否对 Y 轴数据进行标准化(如果为 True,则是本区间的点在所有点中所占的概率)。normed 参数现在已经不用了,替换成 density,density=True 表示概率分布。

➤ color:这个参数指定条形图(箱子)的颜色。

➤ range:指定上下界,即最大值和最小值。

在下例中 Python 产生 20 000 个正态分布的随机数,用概率分布直方图显示。运行效果如图 14-5 所示。

```
# 概率分布直方图,本例是标准正态分布
import matplotlib.pyplot as plt
import numpy as np
mu = 100                                      # 设置均值,中心所在点
sigma = 20                                    # 用于将每个点都扩大相应的倍数
# x 中的点分布在 mu 旁边,以 mu 为中点
x = mu + sigma * np.random.randn(20000)       # 随机样本的数量为 20000
# bins 设置分组的个数 100(显示有 100 个直方)
# plt.hist(x,bins = 100,color = 'green',normed = True)    # 旧版本语法
plt.hist(x,bins = 100,color = 'green',density = True, stacked = True)
plt.show()
```

2. 条形图

条形图(也称柱状图)是用一个单位长度表示一定的数量,根据数量的多少画成长短不同的直条,然后把这些直条按一定的顺序排列起来。从条形图中能够很容易地看出各种数量的多少。条形图的绘制通过 pyplot 中的 bar()或者 barh()来实现。bar()默认是绘制竖直方向的条形图,也可以通过设置 orientation = "horizontal" 参数来绘制水平方向的条形图。barh()绘制水平方向的条形图。例如:

科学计算和可视化应用

图 14-5　直方图实例

```
import matplotlib. pyplot as plt
import numpy as np
y = [20,10,30,25,15,34,22,11]
x = np. arange(8)                  ♯0~7
plt. bar(x = x, height = y, color = 'green', width = 0.5)      ♯通过 x 设置并列显示
plt. show()
```

运行效果如图 14-6 所示。另外,也可以绘制层叠的条形图,运行效果如图 14-7 所示。

```
import numpy as np
import matplotlib. pyplot as plt
x = np. random. randint(10, 50, 20)                ♯随机产生 20 个[10,50]的数
y1 = np. random. randint(10, 50, 20)
y2 = np. random. randint(10, 50, 20)
plt. ylim(0, 100)       ♯设置 Y 轴的显示范围
plt. bar(x = x, height = y1, width = 0.5, color = "red", label = " $ y1 $ ")
♯设置一个底部,底部就是 y1 的显示结果,y2 在上面继续累加即可
plt. bar(x = x, height = y2, bottom = y1, width = 0.5, color = "blue", label = " $ y2 $ ")
plt. legend()
plt. show()
```

3. 散点图

散点图(scatter diagram)在回归分析中是数据点在直角坐标系平面上的分布图。一般

图 14-6　条形图实例

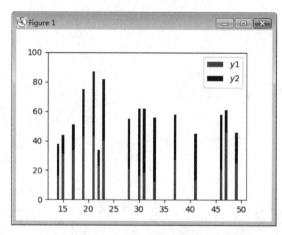

图 14-7　层叠的条形图实例

用两组数据构成多个坐标点,考查坐标点的分布,判断两变量之间是否存在某种关联或总结坐标点的分布模式。使用 pyplot 中的 scatter()绘制散点图,例如:

```
import matplotlib.pyplot as plt
import numpy as np
#产生 100~200 的 10 个随机整数
x = np.random.randint(100, 200, 10)
y = np.random.randint(100, 130, 10)
#x 指 X 轴,y 指 Y 轴
#s 设置数据点显示的大小(面积),c 设置显示的颜色
```

科学计算和可视化应用

```
#marker 设置显示的形状, "o"是圆,"∨"是向下的三角形,"∧"是向上的三角形,所有的类型见网址
# https://matplotlib.org/stable/api/markers_api.html
#alpha 设置点的透明度
plt.scatter(x, y, s = 100, c = "r", marker = "∨", alpha = 0.5)      #绘制图形
plt.show()                    #显示图形
```

散点图实例的效果如图 14-8 所示。

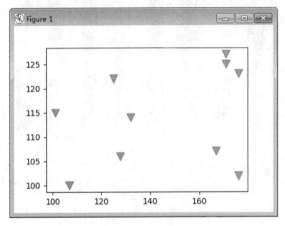

图 14-8   散点图实例

4. 饼状图

饼状图(sector graph,又名 pie graph)显示一个数据系列中各项的大小与各项总和的比例。饼状图中的数据点显示为整个饼状图的百分比。使用 pyplot 中的 pie()绘制饼状图,例如:

```
import numpy as np
import matplotlib.pyplot as plt
plt.rcParams['font.sans - serif'] = ['SimHei']              #指定默认字体
labels = ["一季度", "二季度", "三季度", "四季度"]
facts = [25, 40, 20, 15]
explode = [0, 0.03, 0, 0.03]
#设置显示的是一个正圆,长宽比为 1:1
plt.axes(aspect = 1)
#x 为数据, 根据数据在所有数据中所占的比例显示结果
#labels 设置每个数据的标签
#autopct 设置每一块所占的百分比
#explode 设置某一块或者很多块突出显示出来, 由上面定义的 explode 数组决定
#shadow 设置阴影,这样显示的效果更好
plt.pie(x = facts, labels = labels, autopct = "%.0f%%", explode = explode, shadow = True)
plt.show()
```

饼状图实例的效果如图 14-9 所示。

图 14-9　饼状图实例

14.2.3　交互式标注

有时用户需要和某些应用交互,例如在一幅图像中标记一些点,或者标注一些训练数据。例用 pyplot 库中的 ginput()函数可以实现交互式标注,下面是一个简单的例子:

```
#交互式标注
from PIL import Image
from numpy import *
import matplotlib.pyplot as plt
im = array(Image.open('D:\\test.jpg'))
plt.imshow(im)                    #显示 test.jpg 图像
print('Please click 3 points')
x = plt.ginput(3)                 #等待用户单击 3 次
print('you clicked:',x )
plt.show()
```

上面的程序首先绘制一幅图像,然后等待用户在绘图窗口的图像区域中单击 3 次。程序将这些单击的坐标(x,y)自动保存在 x 列表中。

14.3　习　　题

1. 编写绘制余弦三角函数 $y=\cos(2x)$ 的程序。

2. 编写绘制笛卡儿心形线的程序。

3. 用 Python 实现图像的手绘效果。

4. 使用 Numpy 和 Matplotlib 实现学生成绩分布的条形图。

科学计算和可视化应用

第 15 章　　　　Python 图像处理

本章讲解操作和处理图像的基础知识,将通过大量示例介绍处理图像所需的 Python 图像处理类库 PIL,并介绍用于读取图像、图像转换和缩放及保存结果等的基本图像操作函数。

15.1　Python 图像处理类库

PIL(Python Imaging Library,图像处理类库)提供了通用的图像处理功能,以及大量有用的基本图像操作,例如图像缩放、裁剪、旋转、颜色转换等。PIL 是 Python 语言的第三方库,安装 PIL 的方法如下(需要安装的库的名字是 pillow):

```
C:\> pip install pillow
```

或者

```
pip3 install pillow
```

PIL 支持图像的存储、显示和处理,它能够处理几乎所有的图片格式,可以完成对图像的缩放、剪裁、叠加以及向图像添加线条和文字等操作。

PIL 主要可以实现图像归档和图像处理两方面的功能需求。

(1) 图像归档:对图像进行批处理、生成图像预览、图像格式转换等。

(2) 图像处理:图像基本处理、像素处理、颜色处理等。

根据功能不同,PIL 共包括 21 个与图像相关的类,这些类可以被看作子库或 PIL 中的模块,模块有 Image、ImageChops、ImageCrackCode、ImageDraw、ImageEnhance、ImageFile、ImageFileIO、ImageFilter、ImageFont、ImageGrab、ImageOps、ImagePath、ImageSequence、ImageStat、ImageTk、ImageWin、PSDraw。

下面介绍最常用的模块。

1. Image 模块

Image 模块是 PIL 中最重要的模块,它提供了诸多图像操作的功能,例如创建、打开、显示、保存图像等功能,合成、裁剪、滤波等功能,获取图像属性的功能,例如图像直方图、通道数等。

PIL 中的 Image 模块提供了 Image 类,可以使用 Image 类从大多数图像格式的文件中读取数据,然后将其写入最常见的图像格式文件中。如果要读取一幅图像,可以使用:

```
from PIL import Image
pil_im = Image.open('empire.jpg')
```

上述代码的返回值 pil_im 是一个 PIL 图像对象。

也可以直接用 Image.new(mode, size, color=None)创建图像对象, color 的默认值是黑色。

```
newIm = Image.new('RGB', (640, 480), (255, 0, 0))        #新建一个 Image 对象
```

上述代码新建一个红色背景、大小为 640 像素×480 像素的 RGB 空白图像。

图像的颜色转换可以使用 Image 类的 convert()方法来实现。如果要读取一幅图像, 并将其转换成灰度图像, 只需要加上 convert('L'), 例如:

```
pil_im = Image.open('empire.jpg').convert('L')        #转换成灰度图像
```

2. ImageChops 模块

ImageChops 模块包含一些算术图形操作, 例如 channel operations("chops")。这些操作可用于诸多目的, 例如图像特效、图像组合、算法绘图等。通道操作只用于位图像(例如 L 模式和 RGB 模式)。大多数通道操作有一个或者两个图像参数, 返回一个新的图像。

通道指每张图片都是由一个或者多个数据通道构成。以 RGB 图像为例, 每张图片都是由 3 个数据通道构成, 分别为 R、G 和 B 通道, 而对于灰度图像, 只有一个通道。

ImageChops 模块的使用如下:

```
from PIL import Image
im = Image.open('D:\\1.jpg')
from PIL import ImageChops
im_dup = ImageChops.duplicate(im)              #复制图像,返回给定图像的副本
print(im_dup.mode)                              #输出模式: 'RGB'
im_diff = ImageChops.difference(im, im_dup)      #返回两幅图像像素差的绝对值形成的图像
im_diff.show()
```

由于图像 im_dup 是由 im 复制过来的, 所以它们的差为 0, 图像 im_diff 显示为全黑图。

3. ImageDraw 模块

ImageDraw 模块为 image 对象提供了基本的图形处理功能。例如, 它可以为图像添加几何图形。

ImageDraw 模块的使用如下:

```
from PIL import Image, ImageDraw
im = Image.open('D:\\1.jpg')
draw = ImageDraw.Draw(im)
draw.line((0,0) + im.size, fill = 128)
draw.line((0, im.size[1], im.size[0], 0), fill = 128)
im.show()
```

结果是在原有图像上画了两条对角线。

4. ImageEnhance 模块

ImageEnhance 模块包括一些用于图像增强的类,它们分别为 Color 类、Brightness 类、Contrast 类和 Sharpness 类。

ImageEnhance 模块的使用如下:

```
from PIL import Image, ImageEnhance
im = Image.open('D:\\1.jpg')
enhancer = ImageEnhance.Brightness(im)
im0 = enhancer.enhance(0.5)
im0.show()
```

结果是图像 im0 的亮度为图像 im 的一半。

5. ImageFile 模块

ImageFile 模块为图像的打开和保存提供了相关支持功能。

6. ImageFilter 模块

ImageFilter 模块包括各种滤波器的预定义集合,与 Image 类的 filter()方法一起使用。该模块包含一些用于图像增强的滤波器,例如 BLUR、CONTOUR、DETAIL、EDGE_ENHANCE、EDGE _ ENHANCE _ MORE、EMBOSS、FIND _ EDGES、SMOOTH、SMOOTH_MORE 和 SHARPEN。

ImageFilter 模块的使用如下:

```
from PIL import Image
im = Image.open('D:\\1.jpg')
from PIL import ImageFilter
imout = im.filter(ImageFilter.BLUR)        # ImageTilter.BLUR 为模糊滤波
print(imout.size)   # 图像的尺寸大小(300, 450)是一个二元组,即水平和垂直方向上的像素数
imout.show()
```

7. ImageFont 模块

ImageFont 模块定义了一个同名的类,即 ImageFont 类。在这个类的实例中存储着 bitmap 字体,需要与 ImageDraw 类的 text()方法一起使用。

下面通过学习这些类来处理和使用图像。

15.2   PIL 中 Image 类的使用

Image 模块是 PIL 中最重要的模块,它提供了一个相同名称的类,即 Image 类,用于表示 PIL 图像。Image 类有很多函数、方法及属性,接下来将依次对 Image 类的属性、函数和方法进行介绍。

15.2.1   Image 类的属性

1. format

format 是源文件的文件格式。如果是由 PIL 创建的图像,则其文件格式为 None。

```
from PIL import Image
im = Image.open("D:\\test.jpg")
print(im.format)                   ♯输出'JPEG'
```

注意：test.jpg 是 JPEG 图像，所以其文件格式为 JPEG。

2. mode

mode 是图像的模式。这个字符串表明图像所使用像素的格式。该属性典型的取值为"1"、"L"、"RGB"或"CMYK"。图像模式就是定义了图像的类型和像素的位宽。图像当前支持的常用模式如下。

- ➤ 1：1 位像素，为黑白图像，但是存储时每个像素用 8b 表示。0 表示黑，255 表示白。
- ➤ L：8 位像素，为灰色图像，它的每个像素用 8b 表示。0 表示黑，255 表示白，其他数字表示不同的灰度。
- ➤ RGB：3×8 位像素，为真彩色。
- ➤ RGBA：4×8 位像素，有透明通道的真彩色。
- ➤ CMYK：4×8 位像素，颜色分离。

用户可以通过 mode 属性读取图像的模式，其返回值是包括上述模式的字符串。例如：

```
from PIL import Image
im = Image.open("D:\\test.jpg")
print(im.mode)                    ♯输出'RGB'
```

3. size

size 指图像的尺寸，按照像素数计算。它的返回值为宽度和高度的二元组（width，height）。

4. info

info 是存储图像相关数据的字典。使用该字典传递从文件中读取的各种非图像信息。如果用户需要这些信息，需要在 open()方法返回时保存这个字典。例如：

```
from PIL import Image
im = Image.open("D:\\test.jpg")
print(im.info)
```

输出如下：

```
{'adobe': 100, 'exif': b'Exif\x00\x00……, 'jfif': 258, 'jfif_version': (1, 2), 'dpi': (200, 200)}
```

15.2.2　转换图像格式

通过 Image 类的 save()方法，PIL 可以将图像保存成多种格式的文件。下面的例子从文件名列表（filelist）中读取所有的图像文件，并转换成 JPEG 格式：

```
from PIL import Image
import os
```

```
path1 = "D:\\python\\image2\\"
filelist = os.listdir(path1)                          # 获取 D:\\python\\image2 的所有文件
for infile in filelist:
    outfile = os.path.splitext(infile)[0] + ".jpg"  # 生成的新 JPEG 文件名
    print(infile, outfile)
    if infile != outfile:
        try:
            im = Image.open(path1 + infile)
            im = im.convert('RGB')                    # 当前图像转换为其他模式
            im = im.save(path1 + outfile)             # 生成的新 JPEG 文件
        except IOError:
            print("cannot convert", infile)
```

PIL 的 open()函数用于创建 PIL 图像对象,save()方法用于保存图像到具有指定文件名的文件。除了扩展名变为".jpg"外,上述代码的新文件名和原文件名相同。PIL 是一个足够智能的类库,可以根据文件的扩展名来判定图像的格式。PIL 函数会进行简单的检查,如果文件不是 JPEG 格式,会自动将其转换成 JPEG 格式;如果转换失败,则会输出一条失败消息。

下面的代码是创建一个获取指定 path 文件夹中所有 GIF 文件的文件名列表的函数。

```
import os
def get_imlist(path):
    """ 返回 path 文件夹中所有 GIF 文件的文件名列表"""
    return [os.path.join(path, f) for f in os.listdir(path) if f.endswith('.gif')]
```

15.2.3 创建缩略图

使用 PIL 可以很方便地创建图像的缩略图。thumbnail()方法接收一个元组参数(该参数指定生成缩略图的大小),然后将图像转换成符合元组参数指定大小的缩略图。例如创建宽、高均为 128 像素的缩略图,可以使用下列命令:

```
im.thumbnail((128,128))
```

如果输入的宽高和原图像的宽高比不同,则会依据最长对应边按原比例缩放。例如一张 700×650 像素大小的图片,当参数为(200,200)时,生成的缩略图大小为 200×185 像素,保持原图的宽高比。

下面的代码生成缩略图并保存成文件 qqq1.jpg。

```
from PIL import Image
im = Image.open("D:\\python\\image2\\bj1.png")
im = im.convert('RGB')
im.show()                        # 调用 show()会在图片查看工具中显示当前操作的 Image 对象
im.thumbnail((128,128))
im.save("D:\\python\\image2\\qqq1.jpg")
```

15.2.4　复制和粘贴图像区域

使用 crop() 方法可以从一幅图像中复制指定区域。例如：

```
box = (100,100,400,400)
region = im.crop(box)
```

该区域使用四元组来指定。四元组的坐标是(左,上,右,下)。PIL 中指定坐标系的左上角的顶点坐标为(0,0)。可以旋转上面代码中获取的区域,然后使用 paste() 方法将该区域放回去,具体实现如下：

```
region = region.transpose(Image.ROTATE_180)      #逆时针旋转 180°
im.paste(region,box)
```

15.2.5　调整尺寸和旋转

如果要调整一幅图像的尺寸,可以调用 resize() 方法。该方法的参数是一个元组,用来指定新图像的大小：

```
out = im.resize((128,128))
```

如果要旋转一幅图像,可以使用逆时针方式表示旋转角度,然后调用 rotate() 方法：

```
out = im.rotate(45)                              #逆时针旋转 45°
```

15.2.6　转换成灰度图像

对于彩色图像,不管其图像格式是 PNG 还是 BMP,或是 JPEG,在 PIL 中使用 Image 模块的 open() 函数打开后,返回的图像对象的模式都是 RGB。对于灰度图像,不管其图像格式是 PNG 还是 BMP,或是 JPEG,打开后其模式都为 L。

PNG、BMP 和 JPEG 彩色图像格式之间的转换都可以通过 Image 模块的 open() 和 save() 函数来完成。在打开这些图像时,PIL 会将它们解码为三通道的 RGB 图像,用户可以基于这个 RGB 图像对其进行处理,处理完毕后,可以使用 save() 函数将处理结果保存成 PNG、BMP 和 JPEG 的任意格式之一,这样就完成了格式之间的转换。当然,对于不同格式的灰度图像,也可以通过类似途径完成,只是 PIL 解码后是模式为 L 的图像。

这里详细介绍一下 Image 模块的 convert() 函数,它用于不同模式图像之间的转换。
convert() 函数有 3 种形式的定义,它们的定义形式如下：

```
im.convert(mode)
im.convert('P', * * options)
im.convert(mode, matrix)
```

使用不同的参数,将当前的图像转换为新的模式(PIL 中有 9 种不同模式,分别为 1、L、P、RGB、RGBA、CMYK、YCbCr、I、F),并产生新的图像作为返回值。

例如:

```
from PIL import Image              #或直接 import Image
im = Image.open('a.jpg')
im1 = im.convert('L')             #将图片转换成灰度图
```

模式 L 为灰色图像,它的每个像素用 8b 表示,0 表示黑,255 表示白,其他数字表示不同的灰度。在 PIL 中,从模式 RGB 转换为模式 L 是按照下面的公式转换的:

```
L = R * 299/1000 + G * 587/1000 + B * 114/1000
```

打开图片并转换成灰度图的方法是:

```
im = Image.open('a.jpg').convert('L')
```

如果转换成的是黑白图片(为二值图像),那么就是模式 1(非黑即白)的图像,每个像素用 8b 表示,0 表示黑,255 表示白。下面将彩色图像转换为黑白图像:

```
from PIL import Image              #或直接 import Image
im = Image.open('a.jpg')
im1 = im.convert('1')             #将彩色图像转换成黑白图像
```

15.2.7 对像素进行操作

getpixel(x,y)获取指定像素的颜色,如果图像为多通道,则返回一个元组。该方法执行得比较慢,如果用户需要使用 Python 处理图像中较大部分的数据,可以使用像素访问对象 load()或者 getdata()方法。putpixel(xy, color)可改变单个像素点的颜色。例如:

```
img = Image.open("smallimg.png")
img.getpixel((4,4))              #获取(4,4)像素的颜色
img.putpixel((4,4),(255,0,0))    #改变单个(4,4)像素点为红色
img.save("img1.png","png")
```

说明:getpixel()得到图片 img 的坐标为(4,4)的像素点。putpixel()将坐标为(4,4)的像素点变为(255,0,0),即红色。

15.3 PIL 中 ImageFilter 和 ImageEnhance 类的使用

15.3.1 ImageFilter 类

ImageFilter 模块提供了滤波器的相关定义,这些滤波器主要用于 Image 类的 filter()

方法。

1. BLUR

ImageFilter.BLUR 为模糊滤波,处理之后的图像会整体变得模糊。例如:

```
from PIL import ImageFilter
from PIL import Image
im02 = Image.open("D:\\test.jpg")
im = im02.filter(ImageFilter.BLUR)
im.save("D:\\test2.jpg")
```

运行效果如图 15-1 所示。

(a) 原图   (b) 模糊后的图

图 15-1　test.jpg 原图与模糊后的图

2. CONTOUR

ImageFilter.CONTOUR 为轮廓滤波,将图像中的轮廓信息全部提取出来。例如:

```
im = im02.filter(ImageFilter.CONTOUR)
im.save("D:\\test3.jpg")
```

运行效果如图 15-2 所示。

3. DETAIL

ImageFilter.DETAIL 为细节增强滤波,会使得图像中的细节更加明显。

4. EDGE_ENHANCE

ImageFilter.EDGE_ENHANCE 为边缘增强滤波,突出、加强和改善图像中不同灰度区域之间的边界和轮廓的图像,经处理使边界和边缘在图像上表现为图像灰度的突变,用于提高人眼识别能力。

图 15-2　test.jpg 图像的轮廓图

5. EDGE_ENHANCE_MORE

ImageFilter.EDGE_ENHANCE_MORE 为深度边缘增强滤波,会使图像中的边缘部分更加明显。

6. EMBOSS

ImageFilter.EMBOSS 为浮雕滤波,会使图像呈现出浮雕效果。

7. FIND_EDGES

ImageFilter.FIND_EDGES 为寻找边缘信息的滤波,会找出图像中的边缘信息。

8. SMOOTH

ImageFilter.SMOOTH 为平滑滤波,突出图像的宽大区域、低频成分、主干部分或抑制图像噪声和干扰高频成分,使图像的亮度平缓渐变,减小突变梯度,改善图像的质量。

9. SMOOTH_MORE

ImageFilter.SMOOTH_MORE 为深度平滑滤波,会使图像变得更加平滑。

10. SHARPEN

ImageFilter.SHARPEN 为锐化滤波,补偿图像的轮廓,增强图像的边缘及灰度跳变的部分,使图像变得清晰。

15.3.2　ImageEnhance 类

在 PIL 模块中有一个 ImageEnhance 类,该类专门用于图像的增强处理,不仅可以增强(或减弱)图像的亮度、对比度、色度,还可以增强图像的锐度。具体见下面的例子:

```python
from PIL import Image
from PIL import ImageEnhance
#原始图像
image = Image.open('test.jpg')
image.show()
enh_bri = ImageEnhance.Brightness(image)         #亮度增强
brightness = 1.5
image_brightened = enh_bri.enhance(brightness)
image_brightened.show()
enh_col = ImageEnhance.Color(image)              #色度增强
color = 1.5
image_colored = enh_col.enhance(color)
image_colored.show()
enh_con = ImageEnhance.Contrast(image)           #对比度增强
contrast = 1.5
image_contrasted = enh_con.enhance(contrast)
image_contrasted.show()
enh_sha = ImageEnhance.Sharpness(image)          #锐度增强
sharpness = 3.0
image_sharped = enh_sha.enhance(sharpness)
image_sharped.show()
```

15.4　PIL 中 ImageDraw 类的使用

15.4.1　ImageDraw 类的基础知识

1. Coordinates 坐标

ImageDraw 绘图接口使用和 PIL 一样的坐标系统,即(0,0)为左上角顶点的坐标。

2. Colours 颜色

为了指定颜色,用户可以使用数字或者元组。对于模式为 1、L 和 I 的图像,使用整数;对于 RGB 图像,使用整数组成的三元组;对于 F 图像,使用整数或者浮点数。

3. Fonts 字体

PIL 可以使用 Bitmap 字体或者 OpenType/TrueType 字体。

Bitmap 字体被存储在 PIL 自己的格式中。它一般包括两个文件:一个为 .pil,包含字体的矩阵;另一个通常为 .pbm,包含栅格数据。

在 ImageFont 模块中,使用 load() 函数加载一个 Bitmap 字体。

在 ImageFont 模块中,使用 truetype() 函数加载一个 OpenType/TrueType 字体。注意,这个函数依赖于第三方库,而且并不是在所有的 PIL 版本中都有效。

15.4.2 ImageDraw 类的方法

1. draw

创建一个可以在给定图像上绘图的对象,注意图像内容将会被修改。例如:

```
from PIL import Image, ImageDraw
im01 = Image.open("D:\\test.jpg")
draw = ImageDraw.Draw(im01)                #创建一个绘图对象
```

也可以新建一个空白图片来创建一个绘图对象,例如:

```
from PIL import Image, ImageDraw
blank = Image.new("RGB",[1024,768],"white")        #新建一个空白图片
draw = ImageDraw.Draw(blank)                       #创建一个绘图对象
```

2. arc

例如:

```
arc(xy, start, end, options)
```

在给定的区域 xy 内,在开始(start)和结束(end)角度之间绘制一条弧(圆的一部分)。变量 options 中的 fill 设置弧的颜色。

注意:变量 xy 是需要设置的一个区域,此处使用四元组,包含了区域的左上角和右下角两个点的坐标。

```
draw.arc((0,0,200,200),0, 90, fill = (255,0,0))   #在(0,0,200,200)区域用红色绘制90°的弧
```

3. chord

例如:

```
chord(xy,start, end, options)
```

和 arc()方法一样,但是使用直线连接弦或弧的起点和终点。变量 options 中的 outline 给定弦轮廓的颜色,fill 给定弦内部的颜色。绘制一个圆,并在圆内绘制弦的示例如下,效果如图 15-3 所示。

```
draw.ellipse((100,100,600,600),outline = 128)        ♯绘制圆
draw.chord((100,100,600,600),0,90,outline = "red")   ♯绘制一条弦
draw.chord((100,100,600,600),90,180,fill = "red")    ♯绘制弦并且将弦与弧包围区域的涂色
```

4. ellipse
例如:

```
ellipse(xy,options)
```

在给定的区域绘制一个椭圆形。变量 options 中的 outline 给定椭圆形轮廓的颜色,fill 给定椭圆形内部的颜色。

```
draw.ellipse((100,100,600,600),outline = 128)
draw.ellipse((100,250,600,450),fill = "blue")
```

图 15-3　chord()绘制效果

5. line
例如:

```
line(xy,options)
```

在变量 xy 列表所表示的坐标之间绘线。坐标列表可以是任何包含二元组[(x,y),…]或者数字[x,y,…]的序列对象。它至少包括两个坐标。变量 options 中的 fill 给定线的颜色,width 给定线的宽度。

```
draw.line([(0,0),(100,300),(200,500)], fill = (255,0,0), width = 5)
draw.line([50,10,100,200,400,300], fill = (0,255,0), width = 10)
```

6. rectangle
例如:

```
rectangle(box,options)
```

绘制矩形。变量 box 是包含二元组[(x,y),…]或者数字[x,y,…]的任何序列对象。它应该包括两个坐标值。

```
draw.rectangle((200,200,500,500),outline = "red")                ♯绘制矩形
draw.rectangle((250,300,450,400),fill = 128)
```

7. bitmap
例如:

```
bitmap(xy, bitmap, options)
```

在给定的区域绘制变量 bitmap 所对应的位图,变量 bitmap 对应的位图应该是一个有效的透明模板(模式为 1)或者蒙版(模式为 L 或者 RGBA)。这个方法与 Image.paste(xy, color, bitmap)有相同的功能。

8. text

例如:

```
text(position,string, options)
```

在给定的位置绘制一个字符串。变量 position 给出了文本左上角的位置。变量 options 中的 font 用于指定所用字体。字体应该是 ImageFont 类的一个实例,可以使用 ImageFont 模块的 ImageFont. truetype(filename, wordsize)创建字体对象,这个函数创建字体对象给 ImageDraw 中的 text()函数使用。

```
font1 = ImageFont.truetype("C:\Windows\Fonts\simsun.ttc",36)
draw.text((0,0),"Hello", fill = (255,0,0) ,font = font1)      #在图像的(0,0)位置绘制出字
                                                              #符串"Hello"
```

下面是一个综合使用例子,实现在已有的 test.jpg 图片上添加线条和文字"你好"。

```
from PIL import Image, ImageDraw, ImageFont
img = Image.open('D:\\test.jpg')
a = ImageDraw.Draw(img)                    #从现有 test.jpg 图片创建一个绘图对象
a. line(((0,0),(508,493)),fill = (255,0,0))
a. line(((0,493),(508,0)),fill = (0,255,0))
a. arc((10,10,100,100),0,360,fill = 255)
font1 = ImageFont.truetype ("C:\Windows\Fonts\simfang.ttf",36)      #可以更改默认字体
a. text((10,10),"你好",fill = (255,0,0),font = font1)
img.save("D:\\img1.png")
```

运行效果如图 15-4 所示。

说明:

(1) 画图需要导入 ImageDraw 库。

(2) a=ImageDraw. Draw(img),获取对 img 图像进行绘图操作的对象 a。

(3) a. line,绘制直线。((0,0),(508,493))为直线左、右起点的坐标。fill=(255,0,0)为直线填充的颜色。

(4) a. arc,绘制弧线。(10,20,100,300)为弧线最左侧距离左边、弧线最上面距离上面、弧线最右边距离左边、弧线最下面距离左边的距离。fill=255为填充的颜色,也可以写成(255,0,0,0)的格式。

图 15-4 添加线条和文字"你好"后的 test. jpg 图片

15.5 用 Python 生成验证码图片

基本上大家使用每一种网络服务都会遇到验证码,验证码一般是网站为了防止恶意注册、发帖而设置的验证手段。其生成原理是将一串随机产生的数字或符号生成一幅图片,图片中加上一些干扰像素。下面详细讲解如何生成验证码。

除了配置好的 Python 环境外,还需要配有 Python 中的 PIL,这是 Python 中专门用来处理图片的库。

要生成验证码图片,首先要生成一个随机字符串,包含 26 个字母和 10 个数字。

```python
#用来随机生成一个字符串
def gene_text():
    # source = list(string.letters)                    #效果同上面的注释
    # source = ['a', 'b', 'c', 'd', 'e', 'f', 'g', 'h', 'i', 'j', 'k', 'l', 'm', 'n', 'o', 'p', 'q',
'r', 's', 't', 'u', 'v', 'w', 'x', 'y', 'z']
    source = list(string.ascii_letters)
    for index in range(0,10):
        source.append(str(index))                      #追加 0～9 数字到列表
    return ''.join(random.sample(source,number))       #number 是生成验证码的位数
```

然后创建一个图片,写入字符串。需要说明的是,这里面的字体由不同系统而定,如果没有找到系统字体的路径,也可以不设置。接下来在图片上绘制几条干扰线。

最后创建扭曲,加上滤镜,用来增强验证码的效果。下面是用程序生成的一个验证码。

完整的代码如下:

```python
# coding = utf-8
import random, string, sys, math
from PIL import Image, ImageDraw, ImageFont, ImageFilter
font_path = 'C:\Windows\Fonts\simfang.ttf'            #字体的位置
number = 4                                             #生成几位数的验证码
size = (80,30)                                         #验证码图片的高度和宽度
bgcolor = (255,255,255)                                #背景颜色,默认为白色
fontcolor = (0,0,255)                                  #字体颜色,默认为蓝色
linecolor = (255,0,0)                                  #干扰线的颜色,默认为红色
draw_line = True                                       #是否要加入干扰线
line_number = (1,5)                                    #加入干扰线的条数的上、下限
#用来随机生成一个字符串
def gene_text():
    # source = list(string.letters)
    # source = ['a', 'b', 'c', 'd', 'e', 'f', 'g', 'h', 'i', 'j', 'k', 'l', 'm', 'n', 'o', 'p', 'q',
'r', 's', 't', 'u', 'v', 'w', 'x', 'y', 'z']
```

```
        source = list(string.ascii_letters)
        for index in range(0,10):
            source.append(str(index))
        return ''.join(random.sample(source,number))    # number 是生成的验证码的位数
# 用来绘制干扰线
def gene_line(draw,width,height):
        begin = (random.randint(0, width), random.randint(0, height))
        end = (random.randint(0, width), random.randint(0, height))
        draw.line([begin, end], fill = linecolor)
# 生成验证码
def gene_code():
        width,height = size                              # 宽和高
        image = Image.new('RGBA',(width,height),bgcolor)    # 创建图片
        font = ImageFont.truetype(font_path,25)          # 验证码的字体
        draw = ImageDraw.Draw(image)                     # 创建画笔
        text = gene_text()                               # 生成字符串
        font_width, font_height = font.getsize(text)
        draw.text(((width - font_width) / number, (height - font_height) / number),text,
                font = font,fill = fontcolor)            # 填充字符串
        if draw_line:
            gene_line(draw,width,height)
        image = image.transform((width + 20, height + 10), Image.AFFINE,
            (1, - 0.3, 0, - 0.1, 1, 0), Image.BILINEAR)   # 创建扭曲
        image = image.filter(ImageFilter.EDGE_ENHANCE_MORE)    # 滤镜, 边界加强
        image.save('idencode.png')                       # 保存验证码图片
if __name__ == "__main__":
        gene_code()
```

15.6 习　　题

1. 使用 PIL 的滤镜实现图像轮廓信息的显示。

2. 选择一张彩色照片处理成黑白照片。

3. 将一个图片分割成 3 行 3 列的小图片,并且将小图片依次按 001.jpg、002.jpg、…、009.jpg 存储。

第16章　数据挖掘和机器学习

scikit-learn(简称 sklearn)是 Python 的一个开源机器学习模块,它建立在 Numpy 和 SciPy 模块之上,能够为用户提供各种机器学习算法接口,包括分类、回归、聚类系列算法,主要算法有 SVM、逻辑回归、朴素贝叶斯、KMeans、DBSCAN 等,可以让用户简单、高效地进行数据挖掘和数据分析。

16.1　sklearn 库的安装

下面介绍 Windows 操作系统中机器学习库 sklearn 的安装,在 Ubuntu 系统中的安装过程类似。

视频讲解

1. 用 pip 直接安装

首先需要安装 Numpy:pip3 install numpy。

然后安装 SciPy:pip3 install scipy。

再安装 scikit-learn:pip3 install sklearn。

这样,pip3 安装的库就在"D:\python3.7\Lib\site-packages"路径下(D:\python3.7 是 Python 安装路径)。最后输出 Successfully installed scikit-learn-0.23.2 表示安装完成。

在命令行里面输入 pip3 list 进行测试,若能列出 sklearn 这一项就表明安装成功了。

2. 在 Windows 7 系统上安装

首先下载.whl 文件,可以从"http://www.lfd.uci.edu/~gohlke/pythonlibs/"网站中下载相关包文件,这是 Windows 下的 Python 扩展包网站,界面风格比较单调,进到页面直接按 Ctrl+F 键搜索需要的包文件,下载后进行安装。在此要注意所选择的版本以及对应的位数,下载后通过命令行进入.whl 文件所在的目录:pip3 install ***.whl(文件全名)。

例如,Numpy 文件:

numpy-1.19.2+mkl-cp37-cp37m-win_amd64.whl(64 位,Python 3.7)

numpy-1.19.2+mkl-cp37-cp37m-win32.whl　　(32 位,Python 3.7)

例如,SciPy 文件:

scipy-1.5.3-cp37-cp37m-win_amd64.whl(64 位,Python 3.7)

scipy-1.5.3-cp37-cp37m-win32.whl　　(32 位,Python 3.7)

例如,scikit-learn 文件:

scikit_learn-0.23.2-cp37-cp37m-win_amd64.whl(64 位,Python 3.7)

scikit_learn-0.23.2-cp37-cp37m-win32.whl　　(32 位,Python 3.7)

然后在 cmd 命令行中进入刚下载的文件的路径,执行(以 32 位为例):

pip3 install numpy-1.19.2+mkl-cp37-cp37m-win32.whl

pip3 install scipy-1.5.3-cp37-cp37m-win32.whl

pip3 install scikit_learn-0.23.2-cp37-cp37m-win32.whl

只要注意依赖包之间的安装顺序，安装工程就会非常顺利。如果确实遇到问题，有可能是已安装的部分依赖包版本和待安装依赖包所需的版本不一致，那么可尝试先卸载旧版本依赖包"pip3 uninstall（相应包）"，之后再下载对应的最新包安装，这样就能解决绝大多数的环境配置问题。

16.2 sklearn 库的应用

数据挖掘和机器学习通常包括数据采集、数据分析、特征选择、模型训练、模型评估等步骤。使用 sklearn 工具可以方便地进行特征选择和模型训练工作，图 16-1 所示为一个基本的数据挖掘过程。

使用 sklearn 可以进行虚线框内的工作（sklearn 也可以进行文本特征的提取）。sklearn 库提供了数据挖掘中涉及的数据预处理、监督学习、无监督学习、模型选择和评估等系列方法，包含众多子库或模块，例如数据集 sklearn.datasets，特征预处理 sklearn.preprocessing，特征选择 sklearn.feature_selection，特征抽取 feature_extraction，模型评估（sklearn.metrics、sklearn.cross_validation）子库，实现机器学习基础算法的模型训练（sklearn.cluster、sklearn.semi_supervised、sklearn.svm、sklearn.tree、sklearn.linear_model、sklearn.naive_bayes、sklearn.neural_network）子库等。sklearn 库常见的引用方式如下：

```
from sklearn import <模块名>
```

sklearn 常用的模块和类如表 16-1 所示。

表 16-1 sklearn 常用的模块和类

库（模块）	类	类　别	功　能　说　明
sklearn.preprocessing	StandardScaler	无监督	标准化
	MinMaxScaler	无监督	区间缩放
	Normalizer	无信息	归一化
	Binarizer	无信息	定量特征二值化
	OneHotEncoder	无监督	定性特征编码
	Imputer	无监督	缺失值计算
	PolynomialFeatures	无信息	多项式变换
	FunctionTransformer	无信息	自定义函数变换（自定义函数在 transform 方法中调用）
sklearn.feature_selection	VarianceThreshold	无监督	方差选择法
	RFE	有监督	递归特征消除法
	SelectFromModel	有监督	自定义模型训练选择法
sklearn.decomposition	PCA	无监督	PCA 降维
sklearn.lda	LDA	有监督	LDA 降维
sklearn.cluster	KMeans	无监督	KMeans 算法
	DBSCAN	无监督	基于密度的聚类算法
sklearn.linear_model	LinearRegression	有监督	线性回归算法
sklearn.neighbors	KNeighborsClassifier	有监督	K 近邻算法（KNN）
sklearn.tree	DecisionTreeClassifier	有监督	决策树分类算法

图 16-1　基本的数据挖掘过程

说明：机器学习和数据挖掘是大家经常一起提及的两个相关词语。机器学习是数据挖掘的一种重要工具。数据挖掘不仅要研究、拓展、应用一些机器学习方法，还要通过许多非机器学习技术来解决数据仓储等实践问题。机器学习的应用广泛，不仅可以用在数据挖掘领域，还可以应用到与数据挖掘不相关的其他领域，例如增强学习与自动控制等。总体来说，数据挖掘是从应用角度定义的名词，而机器学习是从方法过程角度定义的名词。

sklearn 库对所提供的各类算法进行了较好的封装，几乎所有的数据挖掘算法都可以使用 fit()、predict()、score() 等函数进行训练、预测和评价。每个数据挖掘算法都对应一个模型，记为 model，sklearn 库为每个模型提供的常用接口如表 16-2 所示。

表 16-2　sklearn 库为数据挖掘模型提供的常用接口

接　　口	用　　途
model. fit()	训练数据，监督模型时为 fit(X, Y)，非监督模型时为 fit(X)
model. predict()	预测测试样本
model. predict_prob a()	输出与预测结果相对应的置信概率
model. score()	用于评价模型在新数据上拟合质量的评分
model. transform()	对特征进行转换

本章主要围绕聚类、分类和回归介绍 sklearn 库的一些基本使用。

16.2.1　训练数据集——鸢尾花

sklearn 自带了一些数据集，下面先看 iris 和 digits：

```
from sklearn import datasets
iris = datasets.load_iris()
digits = datasets.load_digits()
print(iris.data.shape)
#print(digits.items())          #.items()列出所有属性
print(digits.images.shape)
```

iris 指鸢尾植物，这里存储了其萼片和花瓣的长与宽，一共有 4 个属性，鸢尾植物又分 3 类。与之相对应，iris 里有两个属性 iris. data、iris. target，data 里是一个矩阵，每一列代表萼片和花瓣的长与宽，一共 4 列，每一列代表某个被测量的鸢尾植物，一共采样了 150 条记录，所以查看这个矩阵的形状，iris. data. shape 返回：

```
(150, 4)
```

其中，target 是一个数组，存储了 data 中的每条记录属于哪一类鸢尾植物，所以数组的长度是 150，因为共有 3 类鸢尾植物，所以数组元素的不同值只有 3 个。

digits 存储了数字识别的数据，包含 1797 条记录，每条记录又是一个 8 行 8 列的矩阵，存储的是每幅数字图里的像素点信息，digits. images. shape 返回：

```
(1797, 8, 8)
```

因为 sklearn 的输入数据必须是(n_samples, n_features)的形状,所以需要对 digits. image 做一个编号,把 8×8 的矩阵变成一个含有 64 个元素的向量,具体方法如下:

```
import pylab as pl
data = digits. images. reshape((digits. images. shape[0], -1))
```

data. shape 返回(1797, 64)。

以上是 sklearn 最常用的两个数据集。

16. 2. 2 sklearn 库的聚类

聚类是一个无监督学习过程,不需要进行样本数据训练。sklearn 提供了多种聚类函数 供不同聚类使用,KMeans 是聚类中最为常用的算法之一,它属于基于划分的聚类方法。 KMeans 的基本用法如下:

```
from sklearn. cluster import KMeans
model = KMeans()                    ♯输入参数建立模型
model.fit(Data)                     ♯将数据集 Data 提供给模型进行聚类
```

此外还有基于层次的聚类方法,该方法将数据对象组成一棵聚类树,采用自底向上或自 顶向下方式遍历,最终形成聚类。例如,sklearn 中的 AgglomerativeClustering 方法是一种 聚合式层次聚类方法,其层次方向是自底向上。它首先将样本集合中的每个对象作为一个 初始簇,然后将距离最近的两个簇合并组成新的簇,再将这个新簇与剩余簇中最近的簇合 并,这种合并过程需要反复进行,直到所有的对象最终被聚到一个簇中。

AgglomerativeClustering 的使用方法如下:

```
from sklearn. cluster import AgglomerativeClustering
model = AgglomerativeClustering()              ♯输入参数建立模型
model.fit(Data)                                ♯将数据集 Data 提供给模型进行聚类
```

DBSCAN 是一个基于密度的聚类算法。它不是基于距离而是基于密度进行分类,其目 的是寻找被低密度区域分离的高密度区域。简单地说,它把扎堆的点找出来,而将点稀疏的 区域作为分割区域。这种方法对噪声点的容忍性非常好,应用广泛。

DBSCAN 的使用方法如下:

```
from sklearn. cluster import DBSCAN
model = DBSCAN()                    ♯输入参数建立模型
model.fit(Data)                     ♯将数据集 Data 提供给模型进行聚类
```

关于聚类,建议读者掌握 KMeans 方法。

【例 16-1】 10 个点的聚类。假设有 10 个点(1,2)、(2,5)、(3,4)、(4,5)、(5,8)、(10, 13)、(11,10)、(12,11)、(13,15)和(15,14),请将它们分成两类,并绘制聚类效果。

采用 KMeans 方法,代码如下:

```
#Cluster10Points.py
from sklearn.cluster import KMeans
import numpy as np
import matplotlib.pyplot as plt
dataSet = np.array([[1,2],[2,5],[3,4],[4,5],[5,8], [10,13],[11,10],[12,11],[13,15],
[15,14]])
km = KMeans(n_clusters = 2)
km.fit(dataSet)
plt.figure(facecolor = 'w')
plt.axis([0,16,0,16])
mark = ['or', 'ob']              #指定两种颜色,即红色和蓝色
for i in range(dataSet.shape[0]):
    plt.plot(dataSet[i, 0], dataSet[i, 1], mark[km.labels_[i]])
plt.show()
```

运行后的聚类结果如图 16-2 所示。类 A 和类 B 中的点以不同颜色区分,结果如下。

类 A:(1,2)、(2,5)、(3,4)、(4,5)、(5,8)。

类 B:(10,13)、(11,10)、(12,11)、(13,15)、(15,14)。

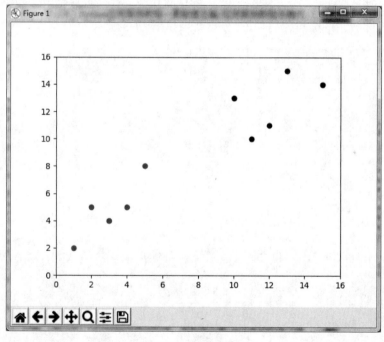

图 16-2　聚类结果

16.2.3　sklearn 库的分类

很多应用需要一个能够智能分类的工具。类似人的思维过程,为了能够让程序学会分类,需要让程序学习一些带有标签的数据,建立数据和分类结果的关联,然后用学到的"知识"分类未带标签数据的类别结果。与聚类不同,分类需要利用标签数据,分类问题是有监督学习的问题。

最常用的分类算法是 K 近邻算法,简称 KNN 算法。该算法也是最简单的机器学习分类算法,对大多数问题都非常有效。K 近邻算法的主要思想是:如果一个样本在特征空间中最相似(即特征空间中最邻近)的 K 个样本大多数属于某个类别,则该样本也属于这个类别。K 近邻算法在 sklearn 库中的基本用法如下:

```
from sklearn.neighbors import KNeighborsClassifier
model = KNeighborsClassifier()           #建立分类器模型
model.fit(Data, y)                        #为模型提供学习数据 Data 和数据对应的标签结果 y
```

此外,决策树算法也是用于分类的数据挖掘经典算法之一,常用于特征中含有类别信息的分类或回归问题,这种方法非常适合多分类情况。决策树算法的基本用法如下:

```
from sklearn.neighbors import DecisionTreeClassifier
model = DecisionTreeClassifier()          #建立分类器模型
model.fit(Data, y)                        #为模型提供学习数据 Data 和数据对应的标签结果 y
```

【例 16-2】 基于聚类结果的坐标点分类器。例 16-1 中的 10 个点被分成了 A 和 B 两类,现在有一个新的点(6,9),在分类结果 A 和 B 的基础上新的点属于哪一类?

采用 K 近邻方法的分类代码如下,分类结果如图 16-3 所示。

```
#m11.2Classifier.py
from sklearn.neighbors import KNeighborsClassifier
from sklearn.cluster import KMeans
import numpy as np
import matplotlib.pyplot as plt
dataSet = np.array([[1,2],[2,5],[3,4],[4,5],[5,8],[10,13],[11,10],[12,11],[13,15],[15,
14]])
km = KMeans(n_clusters = 2)
km.fit(dataSet)                            #训练 KMeans 聚类模型
labels = km.labels_                        #获取 KMeans 聚类标签
#使用 KMeans 聚类结果进行分类
knn = KNeighborsClassifier()
knn.fit(dataSet, labels)                   #训练 KNN 聚类模型,学习分类结果
data_new = np.array([[6,9]])
label_new = knn.predict(data_new)          #对点(6,9)进行分类预测
plt.figure(facecolor = 'w')
plt.axis([0,16,0,16])
mark = ['or', 'ob']
for i in range(dataSet.shape[0]):
    plt.plot(dataSet[i, 0], dataSet[i, 1], mark[labels[i]])
plt.plot(data_new[0,0], data_new[0,1], mark[label_new[0]], markersize = 17)   #绘制新增加的点
plt.show()
```

从图 16-3 可以看到,点(6,9)被分为 A 类。这种分类采用了聚类结果,然而分类本身并不一定使用聚类结果,聚类结果只是给出了数据点和类别的一种对应关系。只要分类器"学习"了某种对应关系,它就能够进行分类。

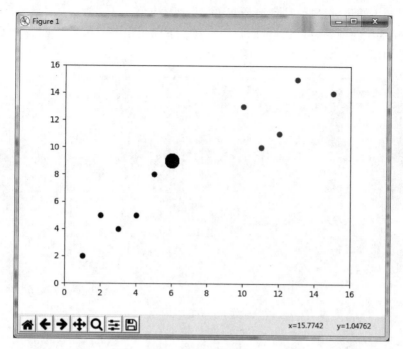

图 16-3　分类结果

16.2.4　sklearn 库的回归

回归是一个统计预测模型,用于描述和评估因变量与一个或多个自变量之间的关系,即自变量 X 与因变量 y 的关系。

最简单的回归模型是线性回归,它是数据挖掘中的基础算法之一。线性回归的思想是根据数据点形成一个回归函数 y=f(X),函数的参数由数据点通过解方程获得。线性回归在 sklearn 库中的基本用法如下:

```
from sklearn.linear_model import LinearRegression
model = LinearRegression()              # 建立回归模型
model.fit(X,y)                          # 建立回归模型, X 是自变量, y 是因变量
predicted = model.predict(X_new)        # 对新样本进行预测
```

很多实际问题都可以归结为逻辑回归问题,即回归函数的 y 值只有两个可能,也称为二元回归。逻辑回归可以使用 LogisticRegression() 函数接收数据并进行预测。逻辑回归在 sklearn 库中的基本用法如下:

```
from sklearn.linear_model import LogisticRegression
model = LogisticRegression()            # 建立回归模型
model.fit(X,y)                          # 建立回归模型, X 是自变量, y 是因变量
predicted = model.predict(X_new)        # 对新样本进行预测
```

373

【例 16-3】　坐标点的预测器。已知 10 个点,此时获得信息,将在横坐标 7 的位置出现

一个新的点,却不知道纵坐标,请预测最有可能的纵坐标值。

这是典型的预测问题,可以通过回归来实现。下面给出基于线性回归模型的预测器代码,预测结果如图 16-4 所示,预测点用菱形标出。

```python
# Regression.py
from sklearn import linear_model
import numpy as np
import matplotlib.pyplot as plt
dataSet = np.array([[1,2],[2,5],[3,4],[4,5],[5,8], [10,13],[11,10],[12,11],[13,15],
[15,14]])
X = dataSet[:,0].reshape(-1,1)
y = dataSet[:,1]
linear = linear_model.LinearRegression()
linear.fit(X,y)                        # 根据横、纵坐标构造回归函数
X_new = np.array([[7]])
plt.figure(facecolor = 'w')
plt.axis([0,16,0,16])
plt.scatter(X, y, color = 'black')     # 绘制所有点
plt.plot(X, linear.predict(X), color = 'blue', linewidth = 3)
plt.plot(X_new, linear.predict(X_new), 'Dr', markersize = 17)
plt.show()
```

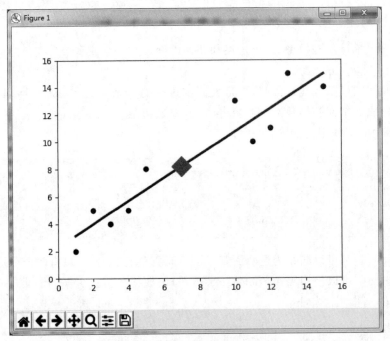

图 16-4 预测点用菱形标出

16.2.5 鸢尾花的分类

在了解数据挖掘聚类、分类和回归方法的基础上还可以对 iris 数据集进一步操作。iris

数据集中的每个数据都有 4 个属性特征,即萼片长度、萼片宽度、花瓣长度、花瓣宽度。可以利用这些特征训练一个分类模型,用来对不同品种的鸢尾花进行分类。

在分类模型中最常用的是 K 近邻算法。该算法首先需要学习,所以将 iris 数据集随机分成 140 个数据的训练集和 10 个数据的测试集,并对预测准确度进行计算。由于 iris 数据集包括人工识别的标签,所以 140 个数据的学习将比较准确。对于实际应用,可以采集一个小规模数据集并人工分类,再利用分类结果识别大数据集内容。

```python
# IrisClassifier.py
from sklearn import datasets
from sklearn.neighbors import KNeighborsClassifier
import numpy as np
def loadIris():
    iris = datasets.load_iris()          # 从 datasets 中导入数据
    Data = iris.data                     # 每个鸢尾花 4 个数据
    Label = iris.target                  # 每个鸢尾花所属的品种
    np.random.seed(0)                    # 设随机种子
    indices = np.random.permutation(len(Data))
    DataTrain = Data[indices[:140]]      # 训练数据 140 个
    LabelTrain = Label[indices[:140]]
    DataTest = Data[indices[-10:]]       # 测试数据 10 个
    LabelTest = Label[indices[-10:]]
    return DataTrain, LabelTrain, DataTest, LabelTest
def calPrecision(prediction, truth):
    numSamples = len(prediction)
    numCorrect = 0
    for k in range(0, numSamples):
        if prediction[k] == truth[k]:
            numCorrect += 1
    precision = float(numCorrect) / float(numSamples)
    return precision
def main():
    iris_data_train, iris_label_train, iris_data_test\
    , iris_label_test = loadIris()
    knn = KNeighborsClassifier()          # 将分类器实例化并赋给变量 knn
    knn.fit(iris_data_train, iris_label_train)  # 调用 fit() 函数将训练数据导入分类器
                                          # 进行训练
    predict_label = knn.predict(iris_data_test)
    print('测试集中鸢尾花的预测类别: {}'.format(predict_label))
    print('测试集中鸢尾花的真实类别: {}'.format(iris_label_test))
    precision = calPrecision(predict_label, iris_label_test)
    print('KNN 分类器的准确度: {} %'.format(precision * 100))
main()
```

为了计算预测的准确度,定义一个函数 calPrecision(),通过比较测试集数据的预测结果和 iris 中记录的真实分类情况的差异对 KNN 分类器的准确度进行评价。依次对两个列表中相同位置的值进行比较,统计正确预测的次数。最后用正确次数除以总预测数,得到预测准确度。

运行结果如下：

测试集中鸢尾花的预测类别：[1 2 1 0 0 0 2 1 2 0]
测试集中鸢尾花的真实类别：[1 1 1 0 0 0 2 1 2 0]
KNN 分类器的准确度：90.0 %

16.3 习　　题

1. 假设有 8 个点 $(3,1)$、$(3,2)$、$(4,1)$、$(4,2)$、$(1,3)$、$(1,4)$、$(2,3)$ 和 $(2,4)$，使用 KMeans 算法对它们进行聚类。假设初始的聚类中心点为 $(0,4)$ 和 $(3,3)$，则最终的聚类中心点为（_____，_____）和（_____，_____）。

2. 在空白处补充一个属性，用于获取 data 中每条数据的聚类标签。

```
data = loadData()
km = KMeans(n_clusters = 3)
cluster = km.fit(dataSet)
label = cluster._____
```

第 17 章   Python 数据分析

Python Data Analysis Library(简称 Pandas)是基于 Numpy 的一种工具,该工具是为了解决数据分析任务而创建的。Pandas 提供了一些标准的数据模型和大量能快速、便捷地处理数据的函数和方法,使 Python 成为大型数据集强大而高效的数据分析工具。本章就来学习 Pandas 的操作方法。

17.1   Pandas

视频讲解

Pandas 是 Python 的一个数据分析包,Pandas 最初被作为金融数据分析工具开发出来,因此 Pandas 为时间序列分析提供了很好的支持。Pandas 的名称来自面板数据(panel data)和 Python 数据分析(data analysis)。panel data 是经济学中关于多维数据集的一个术语,在 Pandas 中也提供了 Panel 的数据类型。

Pandas 提供了如下数据类型。

1. Series

Series(系列)是能够保存任何类型的数据(整数、字符串、浮点数、Python 对象等)的一维标记数组。Series 与 Numpy 中的一维 Array(一维数组)类似。两者与 Python 基本的数据结构 List(列表)也很相近,其区别是 List 和 Series 中的元素可以是不同的数据类型,而 Array 中只允许存储相同的数据类型,Array 可以更有效地使用内存,提高运算效率。

2. DataFrame

DataFrame(数据框)是二维的表格型数据结构,很多功能与 R 中的 data.frame 类似,可以将 DataFrame 理解为 Series 的容器。

3. Panel

Panel(面板)是三维的数组,可以理解为 DataFrame 的容器。限于篇幅,这里不再介绍。

使用 Pandas 首先需要安装,在命令行下使用 pip3 install pandas 即可。安装成功后才可以使用 Pandas。Pandas 约定俗成的导入方法如下:

```
import pandas as pd
from pandas import Series,DataFrame
```

如果能导入成功,则说明安装成功。

17.1.1 Series

Series 就如同列表一样是一系列数据,每个数据对应一个索引值,可以看作一个定长的有序字典。

1. 创建 Pandas 系列

假如有一个列表[中国,美国,日本],如果跟索引值写到一起,如下所示:

index	data
0	中国
1	美国
2	日本

```
>>> s = Series(['中国','美国','日本'])          #注意这里是默认索引 0,1,2
```

这里实质上使用列表创建了一个 Series 对象,这个对象有自己的属性和方法。例如,下面的两个属性可以依次显示:

```
>>> print(s.values)
['中国''美国''日本']
>>> print(s.index)
RangeIndex(start = 0, stop = 3, step = 1)
```

Series 对象包含两个主要的属性 index 和 values,分别为上例中的左、右两列。列表的索引只能是从 0 开始的整数,在默认情况(未指定索引)下 Series 的索引也是如此,不过 Series 可以自定义索引:

```
>>> s = Series(['中国','美国','日本'], index = ['a','b','c'])
>>> s = Series(data = ['中国','美国','日本'], index = ['a','b','c'])
```

这样数据存储形式如下:

index	data
'a'	中国
'b'	美国
'c'	日本

Pandas 系列可以使用以下构造函数创建:

```
pandas.Series(data, index, dtype, copy)
```

Series 构造函数的参数的含义如表 17-1 所示。

表 17-1　Series 构造函数的参数的含义

参　　数	含　　义
data	数据可以采取各种形式,例如 ndarray、list、constants(常量)、dict (字典)
index	索引值必须是唯一的,与数据的长度相同。如果没有传递索引值,则默认为 np. arange(n)
dtype	用于数据类型,如果没有,则将推断数据类型
copy	用于复制数据,默认值为 False

如果数据是 ndarray,则传递的索引必须与数据有相同的长度。如果没有传递索引值,那么默认的索引将是 np. arange(n),其中 n 是数组长度 len(array),即 $[0,1,2,3,\cdots,len(array)-1]$。例如:

```
import pandas as pd
import numpy as np
data = np.array(['a','b','c','d'])
s = pd.Series(data)
```

字典可以作为输入传递,如果没有指定索引,则按排序顺序取得字典键以构造索引。例如:

```
>>> data = {'a' : 100, 'b' : 110, 'c' : 120}
>>> s = pd.Series(data)
>>> print(s.values)          #结果是 [100  110  120]
```

如果数据是标量值(常量),则必须提供索引,将重复该值以匹配索引的长度。例如:

```
>>> s = pd.Series(5, index = [0, 1, 2, 3])
>>> print(s.values)          #结果是[5  5  5  5]
```

2. 访问 Pandas 系列

1) 使用位置访问 Pandas 系列中的数据

Pandas 系列 Series 中的数据可以类似于访问 ndarray 中的数据来访问。例如,下面的代码访问 Pandas 系列中的第一个元素、前三个元素和最后三个元素。

```
import pandas as pd
s = pd.Series([1,2,3,4,5],index = ['a','b','c','d','e'])
print(s[0] )                 #访问第一个元素 1
print(s[:3] )                #检索系列中的前三个元素 1、2、3
print(s[ - 3:] )             #检索系列中的最后三个元素 3、4、5
```

2) 使用索引访问 Pandas 系列中的数据

Series 就像一个固定大小的字典,可以通过索引标签获取和设置值。例如:

```
import pandas as pd
s = pd.Series([1,2,3,4,5],index = ['a','b','c','d','e'])
print(s['b'])               #结果是 2
print(s[['a','c','d']])     #获取索引 a,c,d 对应的值
```

执行上面的代码，得到以下结果：

```
2
a    1
c    3
d    4
```

视频讲解

17.1.2 DataFrame

DataFrame（数据框）是二维数据结构，即数据以行和列的表格方式排列。基本上可以把 DataFrame 看成共享同一个索引的 Series 的集合。数据框的示意图如图 17-1 所示。

	xuehao	name	Physics	Python	Math	English
0	199901	张海	100	100	25	72
1	199902	赵大强	95	54	44	88
2	199903	李志宽	54	76	13	91
3	199904	吉建军	89	78	26	100

图 17-1 数据框的示意图

Pandas 中的 DataFrame 可以使用以下构造函数创建：

```
pandas.DataFrame(data, index, columns, dtype, copy)
```

构造函数的参数的含义如表 17-2 所示。

表 17-2 DataFrame 构造函数的参数的含义

参　　数	含　　义
data	数据可以采取各种形式，例如 ndarray、series、map、list、dict、constant 和 DataFrame
index	对于行标签（索引），如果没有传递索引值，则索引是默认值 np.arange(n)
columns	对于列标签（列名），如果没有列名，默认是 np.arange(n)
dtype	每列的数据类型
copy	用于复制数据，默认值为 False

1. 从列表创建 DataFrame

可以使用单个列表或多维列表创建数据框（DataFrame）。

1）使用单个列表创建 DataFrame

例如：

```
import pandas as pd
data = [10,20,30,40,50]
```

```
df = pd.DataFrame(data)
print(df)
```

2）使用多维列表创建 DataFrame

例如：

```
import pandas as pd
data = [['Alex',10],['Bob',12],['Clarke',13]]
df = pd.DataFrame(data,columns = ['Name','Age'])
print(df)
```

执行上面的代码，得到以下结果：

```
     Name    Age
0    Alex    10
1    Bob     12
2    Clarke  13
```

3）从键值为 ndarray/List 的字典来创建 DataFrame

所有的键值 ndarray/List 必须具有相同的长度。如果有索引，则索引的长度应等于 ndarray/List 的长度，如果没有索引，则默认情况下索引将为 np.arange(n)，其中 n 为 ndarray/List 的长度。

```
import pandas as pd
data = {'Name':['Tom', 'Jack', 'Steve', 'Ricky'],'Age':[28,34,29,42]}
df = pd.DataFrame(data)
print(df)
```

执行上面的代码，得到以下结果：

```
     Age    Name
0    28     Tom
1    34     Jack
2    29     Steve
3    42     Ricky
```

注意，这里默认情况下索引是 0,1,2,3。字典键默认为列名。

下面是指定索引的情况。

```
import pandas as pd
data = {'Name':['Tom', 'Jack', 'Steve', 'Ricky'],'Age':[28,34,29,42]}
df = pd.DataFrame(data, index = ['19001','19002','19003','19004'])
print(df)
```

Python 数据分析

执行上面的代码,得到以下结果:

```
        Age     Name
19001   28      Tom
19002   34      Jack
19003   29      Steve
19004   42      Ricky
```

注意,index 参数为每行分配一个索引。Age 和 Name 列使用相同的索引。

4) 从系列 Series 的字典来创建 DataFrame

系列 Series 的字典可以传递以形成一个 DataFrame。例如:

```
import pandas as pd
d = {'one' : pd.Series([1, 2, 3], index = ['a', 'b', 'c']),
     'two' : pd.Series([1, 2, 3, 4], index = ['a', 'b', 'c', 'd'])}
df = pd.DataFrame(d)
print(df)
```

执行上面的代码,得到以下结果:

```
    one     two
a   1.0     1
b   2.0     2
c   3.0     3
d   NaN     4
```

注意,对于第一个系列,观察到没有索引标签'd',但在结果中,对于索引标签'd'添加了
NaN 值。

2. DataFrame 的基本功能

表 17-3 列出了 DataFrame 基本功能的重要属性或方法。

表 17-3　DataFrame 基本功能的重要属性或方法

属性或方法	描　　述
T	转置行和列
axes	返回一个行轴标签和列轴标签的列表
dtypes	返回此对象中的数据类型(dtypes)
empty	如果 DataFrame 完全为空,则返回 True
ndim	返回维度的大小
shape	返回表示 DataFrame 的维度的元组
size	DataFrame 中的元素数
values	DataFrame 中的元素(Numpy 的二维数组形式)
head()	返回开头前 n 行
tail()	返回最后 n 行
columns	返回所有列名的列表
index	返回行轴标签(索引)的列表

下面从 CSV 文件(保存成绩信息)创建一个 DataFrame,并使用上述属性和方法。

```
>>> import pandas as pd
>>> df = pd.read_csv("marks2.csv")        #marks2.csv 是成绩信息
>>> df
```

执行上面的代码,得到以下结果:

	xuehao	name	Physics	Python	Math	English
0	199901	张海	100	100	25	72
1	199902	赵大强	95	54	44	88
2	199903	李志宽	54	76	13	91
3	199904	吉建军	89	78	26	100

可以看出 df 就是一个 DataFrame 数据。行索引标签是默认的数字 0~3,列名是 CSV 文件的第一行。

```
>>> df ['name'][1]          #结果是'赵大强'
```

还有另外一种方法:

```
>>> df = pd.read_table("marks2.csv", sep = ",")
```

创建一个 DataFrame 后,就可以使用上述属性和方法。

1) T(转置)

返回 DataFrame 的转置,实现行和列的交换。例如:

```
>>> df.T
             0         1          2          3
xuehao    199901    199902     199903     199904
name       张海      赵大强     李志宽     吉建军
Physics    100        95         54         89
Python     100        54         76         78
Math        25        44         13         26
English     72        88         91        100
```

2) axes

返回行轴标签和列轴标签的列表。例如:

```
>>> df.axes
  [RangeIndex(start = 0, stop = 4, step = 1), Index(['xuehao', 'name', 'Physics', 'Python', 'Math',
'English'], dtype = 'object')]
```

3) index

返回行轴标签(索引)。例如:

```
>>> df.index
RangeIndex(start = 0, stop = 4, step = 1)
```

4) columns

返回所有列名的列表。例如:

```
>>> df.columns
Index(['xuehao', 'name', 'Physics', 'Python', 'Math', 'English'], dtype = 'object')
```

5) shape

返回表示 DataFrame 的维度的元组。在元组(a,b)中,a 表示行数,b 表示列数。例如:

```
>>> df.shape
(4, 6)
```

6) values

将 DataFrame 中的实际数据作为 Numpy 数组返回。例如:

```
>>> df.values
array([[199901, '张海', 100, 100, 25, 72],
       [199902, '赵大强', 95, 54, 44, 88],
       [199903, '李志宽', 54, 76, 13, 91],
       [199904, '吉建军', 89, 78, 26, 100]], dtype = object)
```

7) head()和 tail()

如果要查看 DataFrame 对象的部分数据,可以使用 head()和 tail()方法。head()返回前 n 行(默认数量为 5),tail()返回最后 n 行(默认数量为 5)。

例如:

```
>>> df.head(2)
    xuehao    name      Physics   Python   Math   English
0   199901    张海        100       100      25     72
1   199902    赵大强       95        54       44     88
>>> df.tail(1)
    xuehao    name      Physics   Python   Math   English
3   199904    吉建军       89        78       26     100
```

3. DataFrame 的行、列操作

1) 选择列

通过列名从数据框(DataFrame)中选择一列。例如:

```
import pandas as pd
d = {'one' : pd.Series([11, 12, 13], index = ['a', 'b', 'c']),
     'two' : pd.Series([1, 2, 3, 4], index = ['a', 'b', 'c', 'd'])}
df = pd.DataFrame(d)
print(df['one'])            #选择 one 列
```

执行上面的代码,得到以下结果:

```
     one
a    11.0
b    12.0
c    13.0
d    NaN
```

对于第一个系列,由于没有索引标签'd',所以对于索引标签'd'附加了 NaN(无值)。

2) 添加列

例如:

```
print("Adding a new column by passing as Series:")
df['three'] = pd.Series([10,20,30], index = ['a','b','c'])
print("Adding a new column using the existing columns in DataFrame:")
df['four'] = df['one'] + df['three']
```

执行上面的代码,得到以下结果:

```
     one    two    three    four
a    11.0   1      10.0     21.0
b    12.0   2      20.0     32.0
c    13.0   3      30.0     43.0
d    NaN    4      NaN      NaN
```

3) 删除列

例如:

```
import pandas as pd
d = {'one' : pd.Series([1, 2, 3], index = ['a', 'b', 'c']),
     'two' : pd.Series([1, 2, 3, 4], index = ['a', 'b', 'c', 'd']),
     'three' : pd.Series([10,20,30], index = ['a','b','c'])}
df = pd.DataFrame(d)
#使用 DEL 删除功能
del df['one']              #删除 one 列
#使用 POP 删除功能
df.pop('two')             #删除 two 列
print(df)
```

执行上面的代码,得到以下结果:

```
     three
a    10.0
b    20.0
c    30.0
d    NaN
```

4) 行的选择、添加和删除

可以通过将行标签传递给 loc()函数来选择行。例如:

```
import pandas as pd
d = {'one' : pd.Series([1, 2, 3], index = ['a', 'b', 'c']),
     'two' : pd.Series([1, 2, 3, 4], index = ['a', 'b', 'c', 'd'])}
df = pd.DataFrame(d)
print(df.loc['b'])
```

执行上面的代码,得到以下结果:

```
one    2.0
two    2.0
```

也可以通过将行号传递给 iloc()函数来选择行。例如:

```
import pandas as pd
d = {'one' : pd.Series([1, 2, 3], index = ['a', 'b', 'c']),
     'two' : pd.Series([1, 2, 3, 4], index = ['a', 'b', 'c', 'd'])}
df = pd.DataFrame(d)
print(df.iloc[2])          #注意行号是从零开始,所以实际是第 3 行
```

执行上面的代码,得到以下结果:

```
one    3.0
two    3.0
```

也可以进行行切片,使用:运算符选择多行。例如:

```
import pandas as pd
d = {'one' : pd.Series([1, 2, 3], index = ['a', 'b', 'c']),
     'two' : pd.Series([1, 2, 3, 4], index = ['a', 'b', 'c', 'd'])}
df = pd.DataFrame(d)
print(df[2:4])             #选择第 3、4 行
```

执行上面的代码,得到以下结果:

```
     one   two
c    3.0   3
d    NaN   4
```

5）添加行

使用 append()函数将新行添加到 DataFrame 中。例如：

```
import pandas as pd
df = pd.DataFrame([[1, 2], [3, 4]], columns = ['a','b'])
df2 = pd.DataFrame([[5, 6], [7, 8]], columns = ['a','b'])
df = df.append(df2)
print(df)
```

执行上面的代码，得到以下结果：

```
   a  b
0  1  2
1  3  4
0  5  6
1  7  8
```

6）删除行

使用索引标签从 DataFrame 中删除行，如果标签重复，则会删除多行。例如：

```
import pandas as pd
df = pd.DataFrame([[1, 2], [3, 4]], columns = ['a','b'])
df2 = pd.DataFrame([[5, 6], [7, 8]], columns = ['a','b'])
df = df.append(df2)
print(df)
print('Drop rows with label 0')
df = df.drop(0)
print(df)
```

执行上面的代码，得到以下结果：

```
   a  b
0  1  2
1  3  4
0  5  6
1  7  8
Drop rows with label 0
   a  b
1  3  4
1  7  8
```

在上面的例子中一共有两行被删除，因为这两行包含相同的标签 0。

17.2 Pandas 统计功能

17.2.1 基本统计

视频讲解

DataFrame 有很多函数用来计算描述性统计信息和其他相关操作。

1. 描述性统计

描述性统计又称统计分析,一般统计某个变量的平均值、标准偏差、最小值、最大值以及 1/4 中位数、1/2 中位数、3/4 中位数。表 17-4 列出了 Pandas 中主要的描述性统计信息的函数。

表 17-4　Pandas 中主要的描述性统计信息的函数

函　　数	描　　述	函　　数	描　　述
count()	非空值的数量	min()	所有值中的最小值
sum()	所有值之和	max()	所有值中的最大值
mean()	所有值的平均值	abs()	绝对值
median()	所有值的中位数	prod()	数组元素的乘积
mode()	值的模值	cumsum()	累计总和
std()	值的标准偏差	cumprod()	累计乘积

在创建一个 DataFrame 后,可以使用表 17-4 中的统计信息函数进行统计操作。

1) sum()函数

返回所请求轴的值的总和,默认情况下按列求和,即轴为 0(axis＝0),按行求和时轴为 1(axis＝1)。例如:

```
>>> df.sum()        # 按列求和,即轴为 0(axis = 0)
```

2) std()函数

返回数字列的标准偏差。例如:

```
>>> df.std()
```

由于 DataFrame 列的数据类型不一致,所以当 DataFrame 包含字符或字符串数据时,例如 abs(),cumprod()函数会抛出异常。

2. 汇总 DataFrame 列数据

describe()函数用来计算有关 DataFrame 列的统计信息的摘要,包括数量 count、平均值 mean、标准偏差 std、最小值 min、最大值 max,以及 1/4 中位数、1/2 中位数、3/4 中位数。

```
>>> df.describe()
            xuehao       Physics       Python        Math      English
count      4.000000      4.000000      4.000000    4.000000     4.000000
mean    199902.50000     84.500000     77.000000   27.000000    87.750000
std          1.290994     20.824665     18.797163   12.780193    11.672618
min     199901.000000    54.000000     54.000000   13.000000    72.000000
25 %    199901.750000    80.250000     70.500000   22.000000    84.000000
50 %    199902.500000    92.000000     77.000000   25.500000    89.500000
75 %    199903.250000    96.250000     83.500000   30.500000    93.250000
max     199904.000000   100.000000    100.000000   44.000000   100.000000
```

17.2.2 分组统计

1. 分组

Pandas 有多种方式来分组(groupby):

```
obj.groupby('key')
obj.groupby(['key1','key2'])
obj.groupby(key,axis = 1)
```

例如:

```
import pandas as pd
df = pd.DataFrame([ [199901, '张海', '男',100, 100, 25, 72],
                    [199902, '赵大强', '男', 95, 54, 44, 88],
                    [199903, '李梅', '女', 54, 76, 13, 91],
                    [199904, '吉建军', '男', 89, 78, 26, 100]],
                    columns = ['xuehao', 'name', 'sex', 'Physics', 'Python', 'Math', 'English'])
grouped = df.groupby('sex')          # 按性别分组
```

2. 查看分组

在使用 groupby()以后,可以用 groups 查看分组的情况。

```
print (df.groupby('sex').groups)
{'男': Int64Index([0, 1, 3], dtype = 'int64'), '女': Int64Index([2], dtype = 'int64')}
```

由结果可知,男所在行为[0，1，3],女所在行为[2]。

3. 选择一个分组

使用 get_group()方法可以选择一个组。例如:

```
grouped = df.groupby('sex')
print(grouped.get_group('男'))
```

执行上面的代码,得到以下结果:

Python 数据分析

```
    xuehao   name   sex  Physics  Python  Math  English
0   199901   张海    男      100     100    25     72
1   199902   赵大强   男       95      54    44     88
3   199904   吉建军   男       89      78    26     100
```

4. 聚合

聚合函数为每个组返回单个聚合值。当创建了分组对象以后,就可以对分组数据执行多个聚合操作。比较常用的是通过 agg()方法聚合。

```
import numpy as np
grouped = df.groupby('sex')
```

查看每个分组的平均值的方法是应用 mean()函数。

```
print(grouped['English '].agg(np.mean))
```

结果如下:

```
sex
女    91.000000
男    86.666667
```

可知女生的英语平均分为 91,男生的英语平均分为 86.666667。
查看每个分组的大小的方法是应用 size()函数。

```
print(grouped.agg(np.size))
```

结果如下:

```
sex
女    1
男    3
```

视频讲解

可知女生的人数为 1,男生的人数为 3。

17.3   Pandas 合并、连接和排序

17.3.1   合并和连接

Pandas 具有功能全面的、高性能的内存连接操作,与 SQL 关系数据库非常相似。Pandas 提供了一个 merge()函数,实现 DataFrame 对象之间所有标准数据库的连接操作。

```
merge(left, right, how = 'inner', on = None, left_on = None, right_on = None, left_index = False,
right_index = False, sort = True)
```

参数的含义如下。

➤ left：一个 DataFrame 对象(认为是左 DataFrame 对象)。

➤ right：另一个 DataFrame 对象(认为是右 DataFrame 对象)。

➤ on：列(名称)连接，必须在左、右 DataFrame 对象中存在(找到)。

➤ left_on：左侧 DataFrame 中用于匹配的列(作为键)，可以是列名。

➤ right_on：右侧 DataFrame 中用于匹配的列(作为键)，可以是列名。

➤ left_index：如果为 True，则使用左侧 DataFrame 中的索引(行标签)作为其连接键。

➤ right_index：如果为 True，则使用右侧 DataFrame 中的索引(行标签)作为其连接键。

➤ how：left、right、outer 以及 inner 中的一个，默认为 inner。

➤ sort：按照字典序通过连接键对结果 DataFrame 进行排序。默认为 True，当设置为 False 时，在很多情况下能够大大提高性能。

现在创建如图 17-2 所示的 DataFrame 并对其执行合并操作，介绍每种连接操作的用法。

	Name	id	subject_id
0	Alex	1	sub1
1	Amy	2	sub2
2	Allen	3	sub4
3	Alice	4	sub6
4	Ayoung	5	sub5

(a) left数据框

	Name	id	subject_id
0	Billy	1	sub2
1	Brian	2	sub4
2	Bran	3	sub3
3	Bryce	4	sub6
4	Betty	5	sub5

(b) right数据框

图 17-2　数据框

代码如下：

```
import pandas as pd
left = pd.DataFrame({
        'id':[1,2,3,4,5],
        'Name': ['Alex', 'Amy', 'Allen', 'Alice', 'Ayoung'],
        'subject_id':['sub1','sub2','sub4','sub6','sub5']})
right = pd.DataFrame(
        {'id':[1,2,3,4,5],
        'Name': ['Billy', 'Brian', 'Bran', 'Bryce', 'Betty'],
        'subject_id':['sub2','sub4','sub3','sub6','sub5']})
```

'id'列用作键合并两个数据框：

```
rs = pd.merge(left,right,on = 'id')
print(rs)
```

执行上面的代码，得到以下结果：

```
     Name_x     id      subject_id_x     Name_y     subject_id_y
0    Alex       1       sub1             Billy      sub2
1    Amy        2       sub2             Brian      sub4
2    Allen      3       sub4             Bran       sub3
3    Alice      4       sub6             Bryce      sub6
4    Ayoung     5       sub5             Betty      sub5
```

多列(这里是'id'、'subject_id'列)用作键合并两个数据框:

```
rs = pd.merge(left, right, on = ['id', 'subject_id'])
print(rs)
```

执行上面的代码,得到以下结果:

```
     Name_x     id      subject_id     Name_y
0    Alice      4       sub6           Bryce
1    Ayoung     5       sub5           Betty
```

可以使用 how 参数合并两个数据框。表 17-5 列出了 how 选项和 SQL 等效名称。

表 17-5 how 选项和 SQL 等效名称

合 并 方 法	SQL 等效名称	描　　述
left	LEFT OUTER JOIN	使用左侧对象的键
right	RIGHT OUTER JOIN	使用右侧对象的键
outer	FULL OUTER JOIN	使用键的联合
inner	INNER JOIN	使用键的交集

下面学习 left join(连接)。示例如下:

```
rs = pd.merge(left, right, on = 'subject_id', how = 'left')
print(rs)
```

执行上面的代码,得到以下结果:

```
     Name_x     id_x    subject_id     Name_y     id_y
0    Alex       1       sub1           NaN        NaN
1    Amy        2       sub2           Billy      1.0
2    Allen      3       sub4           Brian      2.0
3    Alice      4       sub6           Bryce      4.0
4    Ayoung     5       sub5           Betty      5.0
```

right join 示例:

```
rs = pd.merge(left, right, on = 'subject_id', how = 'right')
```

outer join 示例：

```
rs = pd.merge(left, right, on = 'subject_id', how = 'outer')
```

inner join 示例：

```
rs = pd.merge(left, right, on = 'subject_id', how = 'inner')
print(rs)
```

执行上面的 inner join 示例代码，得到以下结果：

```
   Name_x    id_x    subject_id    Name_y    id_y
0  Amy       2       sub2          Billy     1
1  Allen     3       sub4          Brian     2
2  Alice     4       sub6          Bryce     4
3  Ayoung    5       sub5          Betty     5
```

17.3.2 排序和排名

根据条件对 Series 对象或 DataFrame 对象的值排序（sorting）和排名（ranking）是 Pandas 的一种重要的内置运算。Series 对象或 DataFrame 对象可以使用 sort_index() / sort_values() 函数进行排序，使用 rank() 函数进行排名。

1. Series 的排序

Series 的 sort_index() 排序函数如下：

```
sort_index(ascending = True)
```

它表示对 Series 的索引进行排序，默认是升序。
例如：

```
import pandas as pd
s = pd.Series([10, 20, 33], index = ["a", "c", "b"])      # 定义一个 Series
print(s.sort_index())                                     # 对 Series 的索引进行排序，默认是升序
```

结果如下：

```
a    10
b    33
c    20
```

对索引进行降序排序如下：

```
print(s.sort_index(ascending = False))          ♯ascending = False 是降序排序
```

对 Series 不仅可以按索引(标签)进行排序,还可以使用 sort_values()函数按值排序。例如:

```
print(s.sort_values(ascending = False))          ♯ascending = False 是降序排序
```

结果如下:

```
b     33
c     20
a     10
```

2. DataFrame 的排序

DataFrame 的 sort_index()排序函数如下:

```
sort_index(self, axis = 0, level = None, ascending = True, inplace = False, kind = 'quicksort',
na_position = 'last', sort_remaining = True, by = None)
```

参数的含义如下。

➤ axis：0 按照行索引(标签)排序；1 按照列名排序。

➤ level：默认为 None,否则按照给定的级别 level 顺序排列。

➤ ascending：默认 True 为升序排列；False 为降序排列。

➤ inplace：默认为 False,否则排序之后的数据直接替换原来的数据框。

➤ kind：默认为 quicksort,排序的方法。

➤ na_position：缺失值默认排在最前/后{"first","last"}。

➤ sort_remaining：如果为 True,则在按指定级别 level 排序后再按其他排序。

➤ by：按照 by 指定列数据进行排序。

例如:

```
import pandas as pd
df = pd.DataFrame([ [199901, '张海', '男',100, 100, 25, 72],
                 [199902, '赵大强', '男', 95, 54, 44, 88],
                 [199903, '李梅', '女', 54, 76, 13, 91],
                 [199904, '吉建军', '男', 89, 78, 26, 100]],
                 columns = ['xuehao', 'name', 'sex', 'Physics', 'Python', 'Math', 'English'],
                 index = [1,4,6,2])
```

使用 sort_index()方法可以对 DataFrame 进行排序。在默认情况下按照升序对行索引(标签)进行排序。例如:

```
sorted_df = df.sort_index()          ♯对行索引(标签)进行升序排序
print(sorted_df)
```

结果如下：

	xuehao	name	sex	Physics	Python	Math	English
1	199901	张海	男	100	100	25	72
2	199904	吉建军	男	89	78	26	100
4	199902	赵大强	男	95	54	44	88
6	199903	李梅	女	54	76	13	91

通过将布尔值传递给参数 ascending 可以控制排序顺序。例如：

```
sorted_df = df.sort_index(ascending = False)          ♯对行索引降序排序
```

通过传递 axis 参数值为 0 或 1，可以按行索引（标签）或按列进行排序。在默认情况下 (axis = 0 时)逐行排列。下面举例来理解 axis 参数。

```
sorted_df = df.sort_index(axis = 1)          ♯按列名排序
print(sorted_df)
```

结果如下：

	English	Math	name	Physics	Python	sex	xuehao
1	72	25	张海	100	100	男	199901
4	88	44	赵大强	95	54	男	199902
6	91	13	李梅	54	76	女	199903
2	100	26	吉建军	89	78	男	199904

实际上，在日常计算中主要按数据值排序。例如按分数高低、学号、性别排序，这时可以使用 sort_values()。DataFrame 的 sort_values() 是按值排序的函数，它接收一个 by 参数指定排序的列名。例如：

```
sorted_df2 = df.sort_values(by = 'English')          ♯按列的值排序
print(sorted_df2)
```

运行后结果如下。

	xuehao	name	sex	Physics	Python	Math	English
1	199901	张海	男	100	100	25	72
4	199902	赵大强	男	95	54	44	88
6	199903	李梅	女	54	76	13	91
2	199904	吉建军	男	89	78	26	100

如果 English 成绩相同时如何排列呢？实际上可以通过 by 参数指定排序需要的多列。例如：

```
import pandas as pd
import numpy as np
unsorted_df = pd.DataFrame({'col1':[2,1,1,1],'col2':[1,3,2,4]})
sorted_df = unsorted_df.sort_values(by = ['col1','col2'])
print(sorted_df)
```

结果如下:

```
     col1   col2
2     1      2
1     1      3
3     1      4
0     2      1
```

可见,col1 相同时再按照 col2 排序。这里可以认为 col1 是第一排序条件,col2 是第二排序条件,只有在 col1 值相同时才用到第二排序条件。

sort_values()提供了一个从 mergesort(合并排序)、heapsort(堆排序)和 quicksort(快速排序)中选择排序算法的参数 kind,其中 mergesort 是唯一稳定的算法。例如:

```
import pandas as pd
unsorted_df = pd.DataFrame({'col1':[2,1,1,1],'col2':[1,3,2,4]})
sorted_df = unsorted_df.sort_values(by = 'col1',kind = 'mergesort')
print(sorted_df)
```

3. 排名

排名跟排序关系密切,且它会增设一个排名值(从 1 开始,一直到 Pandas 中有效数据的数量)。需要注意如何处理出现相同的值。下面介绍 Series 和 DataFrame 的 rank()函数。

Series 的 rank()排序函数如下:

```
rank(method = "average",ascending = True)
```

对于出现相同的值,method 参数值 first 按值在原始数据中的出现顺序分配排名,min使用整个分组的最小排名,max 使用整个分组的最大排名,average 使用平均排名,这也是默认的排名方式。另外还可以设置 ascending 参数,设置其是降序排序还是升序排序。

例如:

```
import pandas as pd
s = pd.Series([1 ,3 ,2 ,1 ,6] , index = ["a" ,"c" ,"d" ,"b" ,"e"])
#1 是最小的,所以第一个 1 排在第一,第二个 1 排在第二,因为取的是平均排名,所以 1 的排名为 1.5
print(s.rank())          #默认是根据值的大小进行平均排名
```

原始如下：

```
a    1.5
c    4.0
d    3.0
b    1.5
e    5.0
print(s.rank(method = "first"))          ＃根据值在 Series 中出现的顺序进行排名
```

结果如下：

```
a    1.0
c    4.0
d    3.0
b    2.0
e    5.0
```

DataFrame 的 rank()排序函数如下：

```
rank(axis = 0, method = "average", ascending = True)
```

其 method 参数和 ascending 参数的设置与 Series 一样，axis 参数可以选择按行（axis＝1）或者按列（axis＝0）分别进行排名。

例如：

```
import pandas as pd
a = [[9, 3, 1], [1, 2, 8], [1, 0, 5]]
data = pd.DataFrame(a, index = ["0", "2", "1"], columns = ["c", "a", "b"])
print(data)
```

原始数据如下：

```
   c  a  b
0  9  3  1
2  1  2  8
1  1  0  5
print(data.rank())          ＃默认按列进行排名
```

结果如下：

```
     c    a    b
0  3.0  3.0  1.0
2  1.5  2.0  3.0
1  1.5  1.0  2.0
print(data.rank(axis = 1))          ＃按行进行排名
```

397

第
17
章

结果如下:

```
      c    a    b
0   3.0  2.0  1.0
2   1.0  2.0  3.0
1   2.0  1.0  3.0
```

17.4　Pandas 筛选和过滤功能

17.4.1　筛选

Pandas 的逻辑筛选功能比较简单,直接在方括号里输入逻辑运算符即可。假设数据框如下:

```
import pandas as pd
df = pd.DataFrame([ [199901, '张海', '男',100, 100, 95, 72],
            [199902, '赵大强', '男', 95, 54, 44, 88],
            [199903, '李梅', '女', 54, 76, 13, 91],
            [199904, '吉建军', '男', 89, 78, 26, 100]],
            columns = ['xuehao', 'name', 'sex', 'Physics', 'Python', 'Math', 'English'],
            index = [1,4,6,2])
```

1. df[ ]或 df. 选取列数据

```
df.xuehao               # 选取 xuehao 列
df[xuehao]              # 选取 xuehao 列
df[['xuehao','Math']]   # 选取 xuehao、Math 列
```

df[]支持在括号内写筛选条件,常用的筛选条件包括等于(==)、不等于(!=)、大于(>)、小于(<)、大于或等于(>=)、小于或等于(<=)等。逻辑组合包括与(&)、或(|)和取反(not)。范围运算符为 between。

例如,筛选出 Math 大于 80 分并且 English 大于 90 分的行:

```
df1 = df [(df.Math > 80) & (df.English > 90)]
```

对于字符串数据,可以使用 str. contains(pattern,na=False)匹配。例如:

```
df2 = df [df['name']. str.contains('吉', na = False)]
```

或者

```
df2 = df [df.name. str.contains('吉', na = False)]
```

以上是获取姓名中包含'吉'的行。

可使用范围运算符 between 筛选出 english 大于等于 60 并且小于等于 90 的行。

```
df3 = df [df.english.between (60,90)]
df3 = df [(df. english >= 60) & (df. english <= 90)]    # 和上面 between 等效
```

2. df. loc[[index],[column]] 通过标签选择数据

当不对行进行筛选时,[index]处填:(不能为空),即 df.loc[:,'Math']表示选取所有行的 Math 列数据。

```
df.loc[0,'Math']                   # 第 1 行的 Math 列数据
df.loc[0:5,'Math']                 # 第 1~5 行的 Math 列数据
df.loc[0:5,['Math','English']]     # 第 1~5 行的 Math 列和 English 列的数据
df.loc[:,'Math']                   # 表示选取所有行的 Math 列数据
```

loc()可以使用逻辑运算符设置具体的筛选条件,例如:

```
df2 = df.loc[df ['Math'] > 80]              # 表示选取 Math 列大于 80 分的行
print(df2)
```

结果如下:

	xuehao	name	sex	Physics	Python	Math	English
1	199901	张海	男	100	100	95	72

Pandas 的 loc()函数还可以同时对多列数据进行筛选,并且支持不同筛选条件逻辑组合。常用的筛选条件包括等于(==)、不等于(!=)、大于(>)、小于(<)、大于或等于(>=)、小于或等于(<=)等。逻辑组合包括与(&)、或(|)和取反(not)。例如以下代码:

```
df2 = df.loc[(df['Math'] > 80) & (df['English'] > 90),['name', 'Math','English']]
```

使用"与"逻辑,筛选出 Math>80 分并且 English>90 分的数据,并限定了显示的列名称。

对于字符串数据,可以使用 str. contains(pattern,na=False)匹配。例如:

```
df2 = df.loc[df['name'].str.contains('吉', na = False)]
print(df2)
```

以上是获取姓名中包含'吉'的行,结果如下:

	xuehao	name	sex	Physics	Python	Math	English
2	199904	吉建军	男	89	78	26	100

3. df. iloc[[index],[column]] 通过位置选择数据

当不对行进行筛选时,同 df. loc[],即[index]处不能为空。注意,位置号从 0 开始。

```
df.iloc[0,0]                          # 第 1 行第 1 列的数据
df.iloc[0:5,1:3]                      # 第 1~5 行的第 2、3 列的表格数据
df.iloc[[0,1,2,3,4,5],[1,2,3]]        # 第 1~5 行的第 2、3 列的表格数据
```

4. df.ix[[index],[column]] 通过索引标签或位置选择数据

df.ix[]混合了索引标签和位置选择。需要注意的是,在[index]和[column]的框内需要指定同一类的选择。例如:

```
df.ix[[0:1],[ 'Math',3]]      # 错误,'Math'和位置 3 不能混用
```

5. isin()方法来筛选特定的值

用户还可以使用 isin()方法来筛选特定的值。把要筛选的值写到一个列表中,例如 list1:

```
list1 = [199901,199902]
```

假如选择 xuehao 列数据有 list1 中的值的行:

```
df2 = df[df['xuehao'].isin(list1)]
print(df2)
```

结果如下:

```
     xuehao   name   sex   Physics   Python   Math   English
1    199901   张海    男    100       100      95     92
4    199902   赵大强  男    95        54       44     88
```

17.4.2 按筛选条件进行汇总

在实际的分析工作中,筛选只是分析过程中的一个步骤,很多时候还需要对筛选后的结果进行汇总,例如求和、计数或计算均值等,也就是 Excel 中常用的 sumif()和 countif()函数。

1. 按筛选条件求和

在筛选后求和相当于 Excel 中的 sumif()函数的功能。例如:

```
s2 = df.loc[df ['Math']< 80].Math.sum()
```

表示对数据表中所有 Math 列值小于 80 分的 Math 成绩求和。

2. 按筛选条件计数

将前面的.sum()函数换为.count()函数就变成了 Excel 中的 countif()函数的功能:

```
s2 = df.loc[df['sex'] == '男'].sex.count()      # 表示选取性别为男的行计数
```

实现统计男生人数。

与前面的代码相反,下面的代码对数据表中 sex 列值不为男的所有行计数。

```
s2 = df.loc[df['sex']!= '男'].sex.count()        #表示选取性别为女的行计数
```

3. 按筛选条件计算均值

在 Pandas 中.mean()是用来计算均值的函数,将.sum()和.count()替换为.mean(),相当于 Excel 中的 averageif()函数的功能。

```
s2 = df.loc[df['sex'] == '男'].English.mean()        #计算男生的英语平均分
```

4. 按筛选条件计算最大值和最小值

最后两个是 Excel 中没有的函数功能,就是对筛选后的数据表计算最大值和最小值。例如:

```
s2 = df.loc[df['sex'] == '男'].English.max()        #计算男生的英语最高分
s3 = df.loc[df['sex'] == '男'].English.min()        #计算男生的英语最低分
```

17.4.3 过滤

过滤根据定义的条件选择数据,并返回满足条件的数据集。filter()函数用于过滤数据。filter()函数的格式如下:

```
Series.filter(items = None, like = None, regex = None, axis = None)
DataFrame.filter(items = None, like = None, regex = None, axis = None)
```

例如:

```
import pandas as pd
df = pd.DataFrame([ [199901, '张海', '男',100, 100, 95, 72],
                [199902, '赵大强', '男', 95, 54, 44, 88],
                [199903, '李梅', '女', 54, 76, 13, 91],
                [199904, '吉建军', '男', 89, 78, 26, 100]],
                columns = ['xuehao', 'name', 'sex', 'Physics', 'Python', 'Math', 'English'],
                index = [1,4,6,2])
df1 = df.filter(items = ['sex', 'Math', 'English'])        #筛选需要的列
print(df1)
```

在上述过滤条件下返回 sex、Math、English 列的数据,结果如下:

```
    sex    Math    English
1    男      95      92
4    男      44      88
6    女      13      91
2    男      26      100
```

另外也可以使用 regex 正则表达式参数。例如获取列名以 h 结尾的数据：

```
df2 = df.filter(regex = 'h$', axis = 1)
    Math    English
1   95      92
4   44      88
6   13      91
2   26      100
```

like 参数意味着"包含"。例如获取行索引包含 2 的数据：

```
df3 = df.filter(like = '2', axis = 0)
print(df3)
```

结果如下：

```
    xuehao    name    sex    Physics    Python    Math    English
2   199904    吉建军   男     89         78        26      100
```

视频讲解

17.5　Pandas 数据的导入和导出

17.5.1　导入 CSV 文件

CSV 逗号分隔值(Comma Separated Values)有时也称为字符分隔值,因为分隔字符也可以不是逗号,其文件以纯文本形式存储表格数据(数字和文本)。纯文本意味着该文件是一个字符序列,不含必须像二进制数字那样被解读的数据。CSV 文件由任意数目的记录组成,记录间以某种换行符分隔;每条记录由字段组成,字段间的分隔符是其他字符或字符串,最常见的是逗号或制表符。通常,所有记录都有完全相同的字段序列。

CSV 是一种通用的、相对简单的文件格式,在表格类型的数据中用途很广泛,很多关系型数据库都支持这种类型文件的导入与导出,并且 Excel 也能和 CSV 文件转换。

```
import pandas as pd
df = pd.read_csv("marks.csv")
```

还有另外一种方法：

```
df = pd.read_table("marks.csv", sep = ",")
```

17.5.2　读取其他格式的数据

CSV 是常用来存储数据的格式之一,此外常用的还有 Excel 格式的文件,以及 JSON 和 XML 格式的数据等,它们都可以使用 Pandas 来轻易读取。

1. 导入 Excel 文件

其格式如下：

```
pd.read_excel(filename)
```

例如：

```
xls = pd.read_excel("marks.xlsx")
sheet1 = xls.parse("Sheet1")
```

sheet1 是一个 DataFrame 对象。

在读取或导出 Excel 文件时需要使用 openpyxl 模块。用 pip 安装 openpyxl 模块：

```
pip install openpyxl
```

2. 导入 JSON 格式文件

Pandas 提供的 read_json()函数可以用来创建 Series 或者 Pandas DataFrame 数据结构。

1）利用 JSON 字符串

例如：

```
import pandas as pd
json_str = '{"country":"china","city":"zhengzhou"}'
df = pd.read_json(json_str,typ = 'series')
s = df.to_json()      # to_json()方法将其从 Pandas Series 转换成 JSON 字符串
```

上面的例子是利用 JSON 字符串来创建 Pandas Series 的。

2）利用 JSON 文件

在调用 read_json()函数时既可以向其传递 JSON 字符串，也可以指定一个 JSON 文件。例如：

```
data = pd.read_json('aa.json',typ = 'series')            # 导入 JSON 格式文件
```

17.5.3　导出 Excel 文件

导出 Excel 文件的格式如下：

```
data.to_ excel(filepath, header = True, index = True)
```

其中，filepath 为文件路径，header 表示是否导出列名，默认为 True；参数 index＝False 表示导出时去掉行名称，默认为 True。

例如:

```
import pandas as pd
df = pd.DataFrame([[1,2,3],[2,3,4],[3,4,5]])
#给 DataFrame 增加行、列名
df.columns = ['col1','col2','col3']
df.index = ['line1','line2','line3']
df.to_excel("aa.xlsx", index = True)
```

17.5.4 导出 CSV 文件

导出 CSV 文件的格式如下:

```
data.to_ csv (filepath, sep = "," , header = True, index = True)
```

其中,filepath 为生成的 CSV 文件路径;sep 参数是 CSV 分割符,默认为逗号;参数 index＝ False 表示导出时去掉行名称,默认为 True;header 表示是否导出列名,默认为 True。
例如:

```
import pandas as pd
df = pd.DataFrame([[1,2,3],[2,3,4],[3,4,5]] , columns = ['col1','col2','col3'] , index =
['line1','line2','line3'] )
df.to_csv("aa.csv", index = True)
```

17.5.5 Pandas 读取和写入数据库

Pandas 连接数据库进行查询和更新的方法如下。
read_sql_table(table_name, con[, schema, …]):把数据表里的数据转换成 DataFrame。
read_sql_query(sql, con[, index_col, …]):用 sql 查询数据到 DataFrame 中。
read_sql(sql, con[, index_col, …]):同时支持上面两个功能。
DataFrame.to_sql(self, name, con[, schema, …]):把记录数据写到数据库里。
有时需要存储 DataFrame 到数据库文件,这里以 sqlite3 数据库为例说明。代码如下:

```
# 保存到 SQL 数据库
import sqlite3
con = sqlite3.connect("database.db")
df.to_sql('exam', con)
```

保存到数据库是使用 con 数据库连接将一个新表插入到数据库中。
从数据库中读取加载数据,可以使用 Pandas 的 read_sql_query()方法。

```
# 读取 SQL 数据库
import sqlite3
```

```
con = sqlite3.connect("database.db")
df = pd.read_sql_query("SELECT * FROM exam", con) #读取数据库的记录到 DataFrame
```

假如 Pandas 要读取 MySQL 数据库中的数据,首先要安装 MySQLdb 模块(命令行运行 pip install mysqlclient)。假设数据库安装在本地,用户名为 my,密码为 123,要读取 mydb 数据库中的数据,对应的代码如下:

```
import pandas as pd
import MySQLdb
mysql_cn = MySQLdb.connect(host = 'localhost', port = 3306,user = 'my', passwd = '123', db = '
mydb')
df = pd.read_sql('SELECT * FROM exam', con = mysql_cn)
mysql_cn.close()
```

可以看出读取不同种类数据库的方法基本相同。

17.6 习　题

1. 假设有如表 17-6 所示的用户数据表 users. csv,完成以下任务。

表 17-6　用户数据表 users. csv

id	user_id	age	gender	occupation	zip_code
0	1	24	M	technician	85711
1	2	53	F	other	94043
2	3	23	M	writer	32067
⋮	⋮	⋮	⋮	⋮	⋮
945	943	22	M	student	77841

(1) 加载数据(users. csv)。

(2) 以 occupation 分组,求每种职业所有用户的平均年龄。

(3) 求每一种职业男性的占比,并按照从低到高的顺序排列。

(4) 获取每一种职业对应的最大和最小的用户年龄。

2. 假设有如表 17-7 所示的订单数据表 order. csv,实现其中数据的过滤与排序。

表 17-7　订单数据表 order. csv

id	order_id	quantity	item_name	item_price/美元
0	1	1	Chips and Fresh Tomato Salsa	2. 39
1	1	1	Izze	3. 39
2	2	2	Chicken Bowl	16. 98
3	3	1	Canned Soda	10. 98
⋮	⋮	⋮	⋮	⋮

（1）导入数据计算出有多少商品大于 10 美元。

（2）根据商品的价格对数据进行排序。

（3）在所有商品中最贵商品的数量(quantity)是多少？

（4）在商品订单中商品 Veggie Salad Bowl 的订单数目是多少？

（5）在所有订单中购买商品 Chicken Bowl 的数量大于 1 的订单有几个？

3. 使用 Pandas 进行简单的统计计算。假设有一个成绩单文件 score.xls 如表 17-8 所示，完成如下功能：

表 17-7　计算机 05 成绩单文件 score. xls

学号	姓名	班级	出生日期	年龄	高数	英语	计算机	总分	等级
050101	田晴	计算机 051	2001/8/19	86.0	71.0	87.0			
050102	杨庆红	计算机 051	2002/10/8	61.0	75.0	70.0			
050103	李秋兰	计算机 051	2001/7/6	90.0	78.0	93.0			
050104	周磊	计算机 051	2002/5/10	56.0	68.0	86.0			
050201	王海茹	计算机 052	2002/12/16	77.0	88.0	81.0			
050202	陈晓英	计算机 052	2003/6/25	65.0	88.0	66.0			
050203	吴涛	计算机 052	2001/8/18	87.0	81.0	82.0			
050204	赵文敏	计算机 052	2002/9/17	80.0	93.0	91.0			

（1）统计每个学生的总分。

（2）按照总成绩分为优秀≥240、良好≥180、一般＜180 三个等级。

（3）计算出每个人的年龄。

（4）按班级进行汇总每班的高数、英语、计算机成绩的平均分。

（5）统计每科的平均分、最高分和最低分。

附录 A　全国计算机等级考试二级 Python 语言程序设计考试大纲(2021 年版)

基本要求

1. 掌握 Python 语言的基本语法规则。

2. 掌握不少于两个基本的 Python 标准库。

3. 掌握不少于两个 Python 第三方库,掌握获取并安装第三方库的方法。

4. 能够阅读和分析 Python 程序。

5. 熟练使用 IDLE 开发环境,能够将脚本程序转变为可执行程序。

6. 了解 Python 计算生态在以下方面(不限于)的主要第三方库名称:网络爬虫、数据分析、数据可视化、机器学习、Web 开发等。

考试内容

一、Python 语言的基本语法元素

1. 程序的基本语法元素:程序的格式框架、缩进、注释、变量、命名、保留字、数据类型、赋值语句、引用。

2. 基本输入与输出函数:input()、eval()、print()。

3. 源程序的书写风格。

4. Python 语言的特点。

二、基本数据类型

1. 数字类型:整数类型、浮点数类型和复数类型。

2. 数字类型的运算:数值运算操作符、数值运算函数。

3. 字符串类型及格式化:索引、切片、基本的 format()格式化方法。

4. 字符串类型的操作:字符串操作符、处理函数和处理方法。

5. 类型判断和类型间转换。

三、程序的控制结构

1. 程序的 3 种控制结构。

2. 程序的分支结构:单分支结构、二分支结构、多分支结构。

3. 程序的循环结构:遍历循环、无限循环、break 和 continue 循环控制。

4. 程序的异常处理:try-except。

四、函数和代码复用

1. 函数的定义和使用。

2. 函数的参数传递:可选参数传递、参数名称传递、函数的返回值。

3. 变量的作用域：局部变量和全局变量。

五、组合数据类型

1. 组合数据类型的基本概念。

2. 列表类型：定义、索引、切片。

3. 列表类型的操作：列表的操作函数、列表的操作方法。

4. 字典类型：定义、索引。

5. 字典类型的操作：字典的操作函数、字典的操作方法。

六、文件和数据格式化

1. 文件的使用：文件打开、读/写和关闭。

2. 数据组织的维度：一维数据和二维数据。

3. 一维数据的处理：表示、存储和处理。

4. 二维数据的处理：表示、存储和处理。

5. 采用 CSV 格式对一、二维数据文件的读/写。

七、Python 计算生态

1. 标准库：turtle 库(必选)、random 库(必选)、time 库(可选)。

2. 基本的 Python 内置函数。

3. 第三方库的获取和安装。

4. 脚本程序转变为可执行程序的第三方库：PyInstaller 库(必选)。

5. 第三方库：jieba 库(必选)、wordcould 库(可选)。

6. 更广泛的 Python 计算生态，只要求了解第三方库的名称，不限于以下领域：网络爬虫、数据分析、文本处理、数据可视化、用户图形界面、机器学习、Web 开发、游戏开发等。

考试方式

上机考试，考试时长 120 分钟，满分 100 分。

1. 题型及分值。

单项选择题 40 分(含公共基础知识部分 10 分)。

操作题 60 分(包括基本编程题和综合编程题)。

2. 考试环境。

Windows 操作系统，建议用 Python 3.4.2 至 Python 3.5.3 版本，IDLE 开发环境。

参 考 文 献

[1]　刘浪. Python 基础教程[M]. 北京：人民邮电出版社，2015.

[2]　江红，余青松. Python 程序设计教程[M]. 北京：北京交通大学出版社，2014.

[3]　陈锐，李欣，夏敏捷. Visual C♯经典游戏编程开发[M]. 北京：科学出版社，2011.

[4]　郑秋生，夏敏捷. Java 游戏编程开发教程[M]. 北京：清华大学出版社，2016.

[5]　嵩天，礼欣，黄天羽. Python 语言程序设计基础[M]. 2 版. 北京：高等教育出版社，2017.

[6]　余本国. Python 数据分析基础[M]. 北京：清华大学出版社，2017.

图书资源支持

感谢您一直以来对清华版图书的支持和爱护。为了配合本书的使用,本书提供配套的资源,有需求的读者请扫描下方的"书圈"微信公众号二维码,在图书专区下载,也可以拨打电话或发送电子邮件咨询。

如果您在使用本书的过程中遇到了什么问题,或者有相关图书出版计划,也请您发邮件告诉我们,以便我们更好地为您服务。

我们的联系方式:

地　　址:北京市海淀区双清路学研大厦 A 座 714

邮　　编:100084

电　　话:010-83470236　010-83470237

客服邮箱:2301891038@qq.com

QQ:2301891038(请写明您的单位和姓名)

资源下载:关注公众号"书圈"下载配套资源。

资源下载、样书申请

书 圈

获取最新书目

观看课程直播